普通高等教育“十一五”国家级规划教材
普通高等教育农业部“十二五”规划教材
普通高等教育“十四五”规划教材

动物解剖学实验教程

第3版

雷治海　主编

动物医学、动物科学、动物药学专业用

中国农业大学出版社
·北京·

内 容 简 介

动物解剖学实验教程(第3版)分上下2篇。上篇为系统解剖学实验，指导学生以牛为观察对象，按系统观察牛体各器官的形态结构及毗邻关系，比较猪、马、犬部分器官的形态结构特点，并实际解剖猪和鸡，了解畜禽机体结构的差异和特点。每个实验后面附有思考题和填图，通过思考题和填图启发学生动脑思考，加深对所学知识的记忆和理解，并联系临床应用。下篇为解剖学实习，采用局部解剖学的方法，按颈部、胸部、腹部、骨盆、前肢、后肢和头部7个部位，由表及里逐层进行解剖观察，使学生了解牛体不同部位不同层次各器官的形态结构、位置和毗邻关系，建立动物体结构的整体概念，培养学生的实践动手能力，为后续课程的学习和临床实践奠定基础。

图书在版编目(CIP)数据

动物解剖学实验教程/雷治海主编. —3版. —北京：中国农业大学出版社，2020.11(2025.5重印)

ISBN 978-7-5655-2449-3

Ⅰ.①动… Ⅱ.①雷… Ⅲ.①动物解剖学-实验-高等学校-教材 Ⅳ.①Q954.5-33

中国版本图书馆CIP数据核字(2020)第211107号

书　　名 动物解剖学实验教程　第3版
Dongwu Jiepouxue Shiyan Jiaocheng

作　　者 雷治海　主编

策划编辑 张　程　潘晓丽　　**责任编辑** 韩元凤
封面设计 郑　川　李尘工作室
出版发行 中国农业大学出版社
社　　址 北京市海淀区圆明园西路2号　　**邮政编码** 100193
电　　话 发行部 010-62733489，1190　　读者服务部 010-62732336
编辑部 010-62732617，2618　　出　版　部 010-62733440
网　　址 http://www.caupress.cn　　**E-mail** cbsszs@cau.edu.cn
经　　销 新华书店
印　　刷 天津鑫丰华印务有限公司
版　　次 2020年11月第3版　　2025年5月第4次印刷
规　　格 185mm×260 mm　　16开本　　11.25印张　　280千字
定　　价 34.00元

第 3 版编写人员

主　编　雷治海（南京农业大学）

副主编　金光明（安徽科技学院）
陈树林（西北农林科技大学）
苏　娟（南京农业大学）

编　者　雷治海（南京农业大学）
陈树林（西北农林科技大学）
金光明（安徽科技学院）
刘为民（佛山科技学院）
吴建云（西南大学）
苏　娟（南京农业大学）
何文波（华中农业大学）
杨桂红（福建农林科技大学）
张国敏（南京农业大学）
段德勇（湖南农业大学）

主　审　周浩良（南京农业大学）

第 2 版编写人员

主　编　雷治海（南京农业大学）

副主编　金光明（安徽科技学院）
陈树林（西北农林科技大学）

编　者　雷治海（南京农业大学）
陈树林（西北农林科技大学）
金光明（安徽科技学院）
刘为民（佛山科技学院）
刘自逵（湖南农业大学）
吴建云（西南大学）
苏　娟（南京农业大学）
何文波（华中农业大学）
杨桂红（福建农林科技大学）

主　审　周浩良（南京农业大学）

第 1 版编写人员

主　编　雷治海（南京农业大学）

副主编　金光明（安徽科技学院）
　　　　孙裕光（西南大学）

参　编　刘自逵（湖南农业大学）
　　　　吴建云（西南大学）
　　　　刘　彬（西南大学）
　　　　陈树林（西北农林科技大学）
　　　　刘为民（佛山科技学院）

主　审　周浩良（南京农业大学）

第 3 版前言

党的二十大报告提出，“深化教育领域综合改革，加强教材建设和管理”。为了提高本科生人才培养的质量，教育部于 2019 年出台了实施一流本科课程的“双万计划”，计划用 3 年左右的时间，建成万门左右国家级和万门左右省级一流本科课程，包括本科理论课、实验课和社会实践课程。动物解剖学实验是畜牧兽医专业本科生的专业基础课，是理论联系实际、提高学生观察和动手能力的重要实践环节。兽医执业资格考试的填图考题及近年兴起的本科生实践技能竞赛和解剖学绘图竞赛，也对本门课程提出了新的要求，学生不但要能识别不同的动物器官，而且还要能识图和绘图。要建设动物解剖学实验“金课”，首先要建设一流的教材。动物解剖学实验教程为普通高等教育国家级规划教材，经过多年的使用得到了读者的肯定，但也存在不足之处。动物解剖学实验教程(第 3 版)在第 2 版的基础上修订而成，保持了第 2 版的基本框架和风格，采用最新的兽医解剖学名词(第 6 版，2017)，规范统一了专业名词，完善了部分实验的内容，增加了一些与临床有关的知识，更换了部分解剖学图片，精简了部分填图的内容(使填图内容与当日实验吻合)，增强了指导性，使学生通过实物和图片对照学习，加深了对各器官的形态、位置和结构的了解，建立动物体结构的整体概念，为后续课程的学习和临床实践奠定了基础。此外，在教学过程中，要重视课程思政，融入党的二十大精神。全面贯彻党的教育方针，落实立德树人根本任务，培养德智体美劳全面发展的社会主义建设者和接班人。要宣传国家有关动物疫病防控、环境保护、动物保护等的政策法规，弘扬科学精神，鼓励学生敢于创新，勇于实践，学好本领，奉献祖国。作为动物解剖学实验课的延伸，可开展动物解剖学兴趣课程或创新课程，指导学生利用课余时间制作动物骨骼标本、器官标本和禽类剥制标本等，也可开展动物解剖学绘图竞赛和标本制作竞赛，巩固所学知识，提升实践动手能力。多年来，南京农业大学在动物解剖学实习后，开展动物标本制作竞赛，收到了良好的效果。

本实验教程由南京农业大学、西北农林科技大学、华中农业大学、西南大学、安徽科技学院、湖南农业大学、佛山科技学院和福建农林科技大学编写。具体分工为南京农业大学雷治海教授、苏娟副教授和张国敏副教授编写实验一、十、十六至二十和解剖学实习；西南大学吴建云副教授编写实验二、三；湖南农业大学段德勇副教授编写实验四、五；西北农林科技大学陈树林教授编写实验六、七；佛山科技学院刘为民教授编写实验八；华中农业大学何文波副教授编写实验九；福建农林科技大学杨桂红副教授编写实验十一；安徽科技学院金光明教授编写实验十二至十五。

由于各农业高校动物医学、动物科学、动物药学等专业动物解剖学学时不同，本实验教程实验安排仅供参考，各校可根据本校实际情况删减和合并。此外本实验教程也可供相关学科的教师和研究生参考。

由于编者水平有限，不足之处在所难免，敬请读者批评指正。本实验教程在编写过程中经过南京农业大学周浩良教授的审阅，也引用了 K. M. Dyce 等、R. Nickel 等、K. D. Budras 等、P. Popesko 等、H. E. König 和 H. G. Liebich 等的专著和教材的插图，在此一并表示感谢！

编　者

2023 年 10 月

第 2 版前言

动物解剖学实验教程(第 2 版)被评为普通高等教育农业部“十二五”规划教材。动物解剖学实验教程(第 1 版)为普通高等教育“十一五”国家级规划教材,经过多年的使用得到了读者的肯定,也发现一些不足之处。动物解剖学实验教程(第 2 版)在第 1 版的基础上修订而成,保持了第 1 版的基本框架和风格,对部分文字做了删减,对图片进行了调整,全书有 96 个插图,更换 35 个,新增 28 个,主要增加了比较解剖学的图片及猪、鸡、牛实地解剖的图片,增强了指导性,突出图文并茂,使学生通过实物和图片对照学习,加深了对各器官的形态、位置和结构的了解,建立动物体结构的整体概念,为后续课程的学习和临床实践奠定了基础。

本实验教程由南京农业大学、西北农林科技大学、华中农业大学、安徽科技学院、西南大学、湖南农业大学、佛山科技学院和福建农林科技大学编写。具体分工为南京农业大学雷治海教授和苏娟副教授编写实验一、十、十六至二十和解剖学实习;安徽科技学院金光明教授编写实验十二至十五;西北农林科技大学陈树林教授编写实验六和七;西南大学吴建云副教授编写实验二和三;湖南农业大学刘自逵副教授编写实验四和五;佛山科技学院刘为民教授编写实验八;华中农业大学何文波副教授编写实验九;福建农林科技大学杨桂红博士编写实验十一。

由于各农业高校动物医学、动物科学、动物药学等专业动物解剖学学时不同,本实验教程实验安排仅供参考,各校可根据本校实际情况删减和合并。此外本实验教程也可供相关学科的教师和研究生参考。

由于编者水平有限,不足之处在所难免,敬请读者批评指正。本实验教程在编写过程中经过南京农业大学周浩良教授的审阅,也引用了 P. Popesko 等、K. M. Dyce 等、K. D. Budras 等、R. Nickel 等、H. E. König 和 H. G. Liebich 等的专著和教材的插图,在此一并表示感谢!

编　者

2013 年 12 月

第1版前言

随着我国改革开放的不断深入和建设社会主义小康社会伟大事业的顺利进行，我国畜牧业生产得到了突飞猛进的发展，为人民提供了丰富的高质量的畜产品，满足了人们对肉、蛋、奶等畜产品的需求，为提高人民生活水平和保障人民身体健康做出了一定的贡献。随着我国加入世界贸易组织，为防止外来疫病的传入，保障国家安全、动物性食品安全和人民健康，我国即将建立官方兽医制和实行兽医执业资格认证，加之近几年一些人畜共患病(SARS、禽流感、猪链球菌病)的肆虐，兽医工作者保障人民健康的地位日益突出，这些均使兽医事业迎来了千载难逢的机遇和挑战。社会需要基础知识厚实、动手能力强、富有创新精神的畜牧兽医工作者。但由于近年招生规模的扩大，教育资源的紧缺，以及部分学校和师生轻视教学实践环节，一些学生的动手能力大大下降，不能满足工作实践的要求！提高学生的动手能力势在必行。家畜解剖学是畜牧兽医的基础课程，其动手能力的强弱对后续课程的学习和生产实践影响很大。为加强和规范家畜解剖学实验和实习，我们编写了本实验教程。

本实验教程的特点是以牛为例讲述，然后进行比较，实验内容比较详尽，能适应培养高层次人才的需求，一方面能指导学生自学、自认解剖标本，熟悉解剖程序，掌握动物机体的主要结构和不同家畜的结构特点，建立整体概念；另一方面也可作为家畜解剖学讲义，只要掌握了本实验教程的内容，也就基本掌握了本门课程的内容。本实验教程后面附有思考题和填图练习，既可巩固实验内容，也可启发学生思考问题，培养思维创新能力。

由于各农业高校畜牧、动物医学、动物药学等专业家畜解剖学学时不同，本实验教程实验安排仅供参考，各校可根据本校实际情况删减和合并。此外，本实验教程也可供相关学科的教师和研究生参考。

由于编者水平有限，不足之处在所难免，敬请读者批评指正。本实验教程在编写过程中经过南京农业大学周浩良教授的审阅，也引用了部分专著和教材的插图，在此一并表示感谢！

编　者

2005年8月

动物解剖学实验课程思政要点

1. 不忘初心，牢记使命，学好本领，护佑生灵。作为一名动物医学专业的学生，要巩固专业思想，从动物解剖学开始，扎扎实实学好每一门课程，夯实专业基础，提高实践动手能力，培养科研创新能力，掌握专业技能，保障动物健康，服务祖国社会经济的发展；加强人兽共患病的防控，保护人类的健康。

2. 通过课堂案例，宣传党的有关疾病防控的政策。如《中华人民共和国动物防疫法》，了解几种重要的动物疫病，在动物实验、动物尸体处理等过程中严格按规范要求执行。

3. 崇尚科学，探求真理，坚持创新在我国现代化建设全局中的核心地位。在教学中，介绍学科发展的新成果，增加学生的兴趣，启迪学生思考，鼓励学生探索创新，如申请各类大学生科研训练或创新项目，培养学生的科研兴趣和创新能力，以及团队合作和奉献精神。

4. 坚持理论联系实际，勇于实践。通过实验课加深对理论知识的理解，建立机体结构的三维立体概念，提高实践操作能力，为后续专业课程的学习奠定扎实的基础。

5. 增强环保意识，保护自然环境。大自然是人类赖以生存发展的基本条件。尊重自然、顺应自然、保护自然，是全面建设社会主义现代化国家的内在要求。动物解剖学实验需要实验动物，实验动物的存放、灌注及实验动物尸体的处理等，每个环节处理不好都会污染环境。所以，每位师生都要从我做起，规范操作，不留隐患，保护环境。

6. 爱护公共财产，厉行节约，反对浪费，保证教学有序进行。实验教学使用大量的动物骨骼标本、浸制标本和实验动物，教学投入很大。要求学生在实验过程中，在保证实验质量的情况下，节约实验材料，爱护实验标本，营造良好的实验环境，保证实验教学顺利进行。

7. 注重动物福利，善待实验动物。尽量减少实验动物的使用数量，在实验动物的使用过程中善待实验动物，尽量减少动物的痛苦。

目　　录

上篇

系统解剖学实验

实验一　躯干骨和头骨

一、实验目的和要求

1. 了解骨的形态结构及化学组成；
2. 了解家畜躯干骨和头骨的组成和形态特点；
3. 比较牛、猪、马、犬躯干骨和头骨形态结构的异同；
4. 能够识别不同的椎骨、不同动物的躯干骨和头骨。

二、实验仪器和材料

1. 新鲜骨标本，长骨和扁骨的纵切面标本，煅烧和用酸处理过的骨标本；
2. 牛、猪、马和犬整体骨骼标本；
3. 分离的牛、猪、马和犬躯干骨；
4. 牛（黄牛、水牛）、猪、马和犬头骨标本，牛头骨正中切面，分离的牛头骨标本；
5. 探针、细铁丝等。

三、实验内容和方法

1. 骨的分类

骨按形态分长骨、短骨、扁骨和不规则骨。长骨分骨体和骨端，骨体内的空腔为骨髓腔。

2. 骨的基本结构

骨由骨膜、骨质、骨髓和血管神经组成。

（1）骨膜　被覆于骨的外表面，由结缔组织构成，分纤维层和成骨层。衬于骨髓腔内面及骨小梁表面的为骨内膜。

（2）骨质　构成骨的主体，由骨组织构成，分骨密质和骨松质。骨密质位于骨质的表面，由骨板构成，致密坚硬；骨松质位于骨质的内部，由骨针和骨小梁构成，呈海绵状。

（3）骨髓　位于长骨体的骨髓腔和骨松质的间隙内，幼畜为红骨髓，成年多为黄骨髓。在躯干骨、髂骨和一些长骨近端的骨松质内，终生都是红骨髓，临床上选其进行骨髓穿刺。

3. 骨的化学组成

骨由有机质和无机质组成。用酸脱去骨的无机质保留有机质，骨柔软易弯曲；经煅烧除去骨的有机质而保留无机质，骨的原有形态虽保留，但骨脆且易碎。

4. 牛的躯干骨

牛的躯干骨包括椎骨、肋和胸骨。

（1）椎骨的一般形态　以腰椎为例。椎骨由椎体、椎弓和突起组成。椎体位于椎骨的腹侧，呈圆柱状，前端凸为椎头，后端凹为椎窝，相邻椎骨的椎头、椎窝成关节。椎弓位于椎骨的背侧，为弓形的骨板，椎弓与椎体围成椎孔，椎孔相连构成椎管，内藏脊髓。椎弓基部的前、后缘左右两侧各有一缺刻，分别称椎前切迹和椎后切迹，相邻椎骨的椎前、后切迹围成椎间孔，供血管神经通过。突起有3种，从椎弓基部向外水平伸出的突起称横突，自椎弓背侧中线向上伸出的突起称棘突，横突和棘突主要供肌肉附着；椎弓背侧缘前、后方左右两侧带有关节面的突起为前、后关节突，相邻椎骨的前、后关节突构成关节。

(2)各部椎骨的特点

①颈椎7枚，其中第3～5颈椎的形态相似，椎头、椎窝明显，椎体有腹侧嵴；棘突短小，向前倾斜；关节突发达，关节面平坦；横突分为2支，腹侧支伸向前方，背侧支伸向后方，横突基部有横突孔，内有椎动脉、静脉、神经通过。第1颈椎也称寰椎，呈环形，由背侧弓、侧块和腹侧弓组成；前端有前关节凹，与枕髁成关节，后端有后关节凹，与枢椎成关节；横突呈板状，称寰椎翼，其腹侧凹称寰椎窝，寰椎翼背侧面前部有一对孔，内侧的为椎外侧孔，外侧的为翼孔；牛寰椎翼无横突孔。第2颈椎也称枢椎，椎体最长，棘突发达呈板状；横突不分支，基部有小的横突孔，其前上方有大而圆的椎外侧孔；椎体前端有呈半圆形的齿突，与寰椎成关节。第6颈椎的主要特点是椎体短，棘突较长，无腹侧嵴，横突背侧支向外侧伸出，腹侧支呈宽板状，垂直伸向腹侧。第7颈椎的主要特点是棘突较长，横突一支，无横突孔，椎窝两侧有与肋骨头成关节的肋凹。

②胸椎13枚，椎体较短，椎头、椎窝不明显，椎头的两侧有前肋凹，椎窝的两侧有后肋凹，最后胸椎无后肋凹，相邻椎体之间有椎间孔和椎外侧孔；棘突发达向后倾斜，至第13胸椎变直，第2～6胸椎棘突特别发达，形成鬐甲的骨质基础；横突短，腹侧有横突肋凹，背侧有乳突。

③腰椎6枚，椎头、椎窝不明显，棘突高度与最后胸椎相似，横突长，向两侧水平伸出，水牛的横突前缘有钩突；前关节突关节面呈槽状，后关节突呈轴状。

④荐椎5枚，愈合成荐骨，呈三角形；前端为荐骨底，后端为荐骨尖。棘突愈合形成荐正中嵴；关节突愈合成荐中间嵴，与荐正中嵴之间有荐背侧孔；横突愈合成荐骨侧部，前部宽大呈四边形，称荐骨翼，上有耳状面，与髂骨翼的耳状面成关节，后部薄锐，称荐外侧嵴；在荐中间嵴前端可见第1荐椎前关节突，第1荐椎椎体前缘腹侧的隆起为荐骨岬。荐骨的盆面(腹侧面)有4对荐盆侧孔。

⑤尾椎16～20枚，前5～6枚具有椎骨的一般形态，此后突起和椎弓逐渐消失，最后只剩棒状的椎体。前位尾椎腹侧有一血管沟。

(3)肋　牛有13对。肋分为背侧的肋骨和腹侧的肋软骨。肋骨由骨质组成，略呈弓形，包括肋头、肋颈和肋体。肋头位于肋骨的椎骨端，有前、后两个关节面，分别与前、后肋凹成关节。肋头之后缩细的部分为肋颈，肋颈之后的部分为肋体，肋体的近端有一背侧结节，称肋结节，有关节面与胸椎的横突肋凹成关节。肋骨的前缘外侧面上部有肌沟，后缘内侧面有血管沟。肋软骨由软骨组成，呈棒状，前8对肋的肋软骨与胸骨相连构成胸肋关节，这些肋称真肋或胸骨肋；其余肋的肋软骨借结缔组织与前一肋软骨相连形成肋弓，附着于第8肋软骨，这些肋称假肋、弓肋或非胸骨肋；有的肋的下端游离，不参与形成肋弓，称浮肋。牛有8对真肋，5对假肋。相邻肋之间的间隙称肋间隙。

(4)胸骨　由7枚胸骨节片组成，第1枚称胸骨柄，第2～6枚为胸骨体，最后1枚为剑状突，后端附着有圆盘状的剑状软骨。胸骨的两侧有肋切迹与肋软骨成关节。牛的胸骨背、腹压扁，无柄软骨和胸骨嵴。

(5)胸廓　由背侧的胸椎、两侧的肋和腹侧的胸骨组成的前窄后宽的锥形腔体。前口呈纵的椭圆形，由第 1 胸椎、第 1 对肋和胸骨柄组成；后口宽大倾斜，由最后胸椎、最后 1 对肋、肋弓和剑状软骨组成。

5. 比较猪、马、犬躯干骨的差异

例如，马：脊柱式为 $C_7T_{18}L_6S_5Ca_{15\sim21}$。寰椎有横突孔。第 6 颈椎横突分 3 支。第 6 腰椎横突与第 5 腰椎横突后面和荐骨翼前面成关节。荐骨棘突不愈合形成荐正中嵴。胸骨呈舟形，有柄软骨和胸骨嵴。

6. 牛头骨

牛头骨分颅骨和面骨。

(1)颅骨　是参与构成颅腔的骨骼，包括枕骨、顶骨、顶间骨、额骨、筛骨、蝶骨、颞骨、翼骨和犁骨，其中顶骨、额骨、颞骨和翼骨成对。

①枕骨构成颅腔的后壁和底壁的后部，包括一枕鳞、两个侧部和一底部。底部构成颅腔底壁的后部，与蝶骨交界处腹侧有肌结节。侧部位于颅腔后壁的下部，两侧部之间有枕骨大孔，枕骨大孔两侧为枕髁，与寰椎成关节；枕髁外侧伸向腹侧的长突起为髁旁突(颈静脉突)，枕髁腹侧的凹陷为髁腹侧窝，内有舌下神经孔。枕鳞位于侧部背侧，正中的粗糙隆起为枕外隆突。

②顶骨构成颅腔后壁和侧壁的上部，自顶间骨向外向前伸入颞窝。注意水牛与黄牛的差异。

③顶间骨小，位于枕鳞背侧中线、两顶骨之间。

④额骨形成颅腔的顶壁，其后部外侧有角突，两角之间形成角间隆突，其前部向腹外侧伸出颧突(眶上突)，眶上突基部有眶上沟，沟中有眶上孔；额骨内、外骨板之间形成额窦。

⑤筛骨构成颅腔的前壁，包括筛板、垂直板和 2 个筛骨迷路(侧块)。筛板位于后部，将颅腔与鼻腔分开，颅腔面有凹窝，容纳嗅球，筛板上有小孔供嗅神经通过。垂直板位于中线上、犁骨背侧，形成鼻中隔的后部；筛骨迷路位于筛板前方和垂直板两侧，由卷曲的薄骨板组成，其中前背侧最大的一个称上鼻甲，中间的称中鼻甲。

⑥蝶骨构成颅腔底壁的前部，分前蝶骨和底蝶骨，蝶骨整个形态似一只蝴蝶，由蝶骨体、一对前蝶骨翼、底蝶骨翼和翼突组成。底蝶骨体位于后方，背侧面的凹陷为垂体窝，底蝶骨翼自底蝶骨向背外侧伸出，其基部有大的卵圆孔；前蝶骨体位于前方，其颅腔面有视交叉沟，前蝶骨翼自其向前背外侧伸出，其脑面有视神经管，其外侧面自上向下有视神经孔和眶圆孔。翼突自骨体和底蝶骨翼之间伸向前下方。

⑦颞骨构成颅腔侧壁的下部，分鳞部、岩部和鼓部。鳞部位于前背侧，向外向前伸出颧突，与颧骨的颞突一起构成颧弓，颧突腹侧面有关节结节(颞髁)；岩部包括内耳道、乳突和茎突，乳突位于髁旁突的前方；鼓部包括外耳道和鼓泡；鼓泡与枕骨底部之间的裂隙为颈静脉孔。

⑧翼骨为窄的骨板，位于蝶骨翼突的内侧，其前腹侧端的钩状小突称翼骨钩。

⑨犁骨自蝶骨体前部伸至鼻腔底前部，位于正中线，其背侧有犁骨沟，容纳鼻中隔软骨，腹侧有突出的犁骨嵴。黄牛犁骨后部位置较高不与鼻腔底接触，故鼻腔后 1/3 左、右相通。

(2)面骨　位于头骨的前腹侧，包括鼻骨、泪骨、颧骨、上颌骨、切齿骨、下鼻甲骨、腭骨、下颌骨、舌骨。

①鼻骨构成鼻腔的背侧壁，前端分出前内、外侧突。

②泪骨构成眼眶的前内侧壁，分眶面、颜面面和鼻面。眶面前部有漏斗状的泪囊窝和泪管的开口，后腹侧有泪泡。

③颧骨位于泪骨下方，构成眼眶的前腹侧部。外侧面有一纵行且不明显的面嵴，后端有向后突出的颞突，与颞骨的颧突相连成颧弓；有向背侧伸出的额突，与额骨的颧突相接，形成眼眶的后界。

④上颌骨位于泪骨和颧骨的前方，构成鼻腔侧壁和大部分口腔的顶壁，分为上颌体、齿槽突和腭突。上颌体外侧面有一不明显的面嵴，与颧骨的面嵴相延续，面嵴前端有明显的面结节，面结节前上方有眶下孔，为眶下管的外口；后端为钝圆而突出的上颌结节；鼻面有上颌窦裂孔和供下鼻甲骨附着的鼻甲嵴。齿槽突为上颌骨向腹侧突出的纵嵴，上有 6 个颊齿齿槽。齿槽缘前部为齿槽间缘，前接切齿骨。腭突是由骨体下部向中线伸出的水平骨板，与切齿骨和腭骨共同形成硬腭，将口腔与鼻腔隔开。

⑤切齿骨位于上颌骨前方，分骨体、鼻突和腭突。骨体薄而扁平，无切齿齿槽。鼻突向后上方伸出，其后端嵌入鼻骨与上颌骨之间，并与鼻骨之间形成鼻切齿骨切迹。腭突从骨体水平向后伸出，与上颌骨腭突相连，形成硬腭的前部；腭突与上颌骨和鼻突之间形成腭裂。

⑥下鼻甲骨位于上鼻甲的腹侧，为卷曲状的薄骨片，附着于上颌骨的鼻甲嵴上。

⑦腭骨位于鼻后孔两侧和硬腭的后部，分垂直板和水平板。垂直板构成鼻后孔的侧壁，水平板形成硬腭的后部。

⑧下颌骨位于面骨的腹侧，分左、右两半，每半又分为下颌体和下颌支。下颌体为下颌骨前部有齿着生的部分，较厚，略呈水平向，前为切齿部，后为颊齿部，两部之间为齿槽间缘。下颌体前外侧有颏孔。下颌支为下颌骨后部垂直向上的宽骨板，上端前方为冠突，供颞肌附着；后方为髁突，与颞骨的关节结节构成颞下颌关节；两突之间为下颌切迹。下颌支外侧面略凹称咬肌窝，供咬肌附着；内侧面亦微凹称翼肌窝，供翼内侧肌附着，中部有下颌孔，借下颌管与颏孔相通。在下颌骨腹侧缘，下颌体与下颌支交界处有面血管切迹。两侧下颌骨之间的间隙称下颌间隙。

⑨舌骨位于左、右下颌支之间，构成舌、咽和喉的支架。由基舌骨和舌骨支(甲状舌骨、角舌骨、上舌骨和茎突舌骨)组成。基舌骨为舌骨的主体，其中部向前伸出舌突，两端向后伸出甲状舌骨，与喉的甲状软骨相连；向背侧伸出角舌骨，自角舌骨向后背侧伸出上舌骨，再由上舌骨向后伸出茎突舌骨，与两侧颞骨岩部的茎突相连。

(3)牛头骨整体观　分背侧面、侧面、腹侧面和项面。请自己观察各面的形态特点，并比较水牛与黄牛的差异。

(4)鼻旁窦　主要观察额窦和上颌窦。额窦主要位于额骨的内、外骨板之间，很大，并延伸至角窦和泪窦内，正中有完整的中隔将额窦分为左右两半，窦的前部有细的裂隙与筛鼻道相通。上颌窦主要位于上颌骨、泪骨和颧骨内，其前界在面结节稍后方，上界约在眶下孔与眼眶背侧缘的连线上，后方伸入泪骨中，形成泪窦。窦的底壁不规整，最后 3～4 枚颊齿的齿根伸入其中。窦的内侧壁有眶下管，还有鼻上颌口与中鼻道相通。

(5)骨质的鼻腔　位于颅腔前方、口腔上方，呈圆桶状，其背侧壁为鼻骨，侧壁为上颌骨、泪骨、切齿骨等，后壁为筛骨，底壁为腭骨水平部、切齿骨和上颌骨腭突组成的硬腭。鼻腔以鼻中隔分为左、右两半，前方经鼻孔与外界相通，后方经鼻后孔与咽相通。鼻中隔分骨性和软骨性鼻中隔，骨性鼻中隔的后部由筛骨垂直板和犁骨组成。鼻腔侧壁上附着有上、下鼻甲骨，将每侧鼻腔分为上、中、下 3 个鼻道。

(6)骨质的口腔　位于鼻腔腹侧，顶壁为切齿骨腭突、上颌骨腭突和腭骨的水平板，侧壁和底壁为下颌骨。

(7)骨质的眼眶　由额骨、泪骨、颧骨、蝶骨等组成。

7. 比较猪、马、犬头骨的差异

请学生自己比较。

8. 观察头骨上主要的孔、裂

如眶下孔、眶下管、上颌孔、蝶腭孔、腭后孔、视神经孔、眶圆孔、卵圆孔、颈静脉孔、舌下神经孔、茎乳突孔、下颌孔、下颌管、颏孔。

四、实验注意事项

1. 要爱护标本，轻拿轻放，防止碰断或掉在地上摔坏标本。
2. 观察完毕要及时将标本按类别放回原处。

五、思考题

1. 躯干骨和头骨分别由哪些骨组成？牛、猪、马和犬有哪些主要特点？
2. 颅腔、骨质的鼻腔、口腔和眼眶分别由哪些骨组成？

六、填图

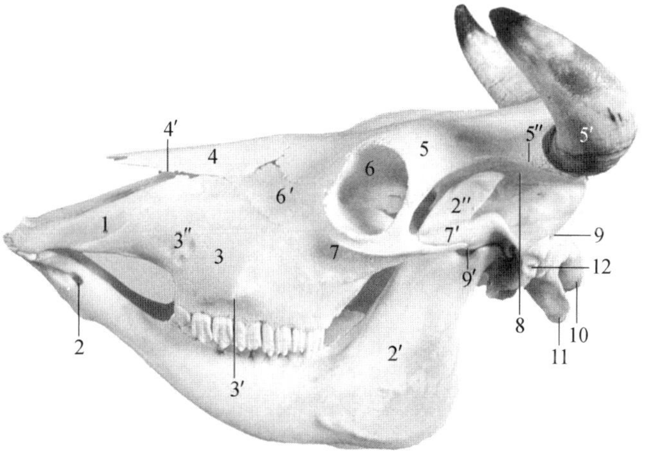

图 1-1　牛头骨外侧面

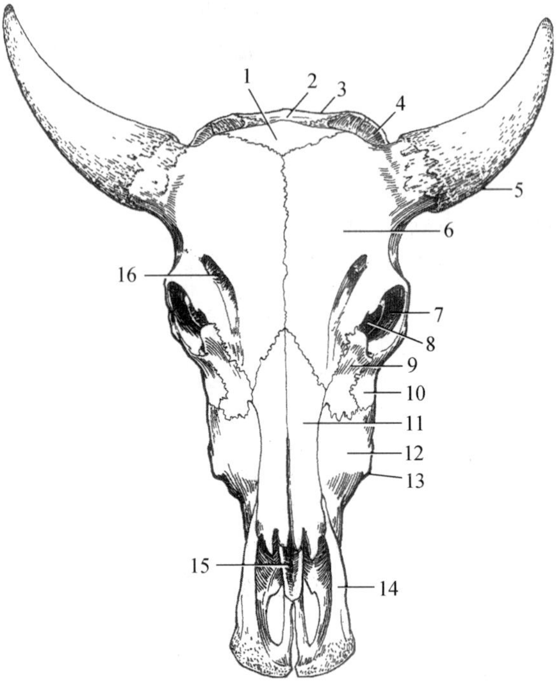

图 1-2　水牛头骨背侧面

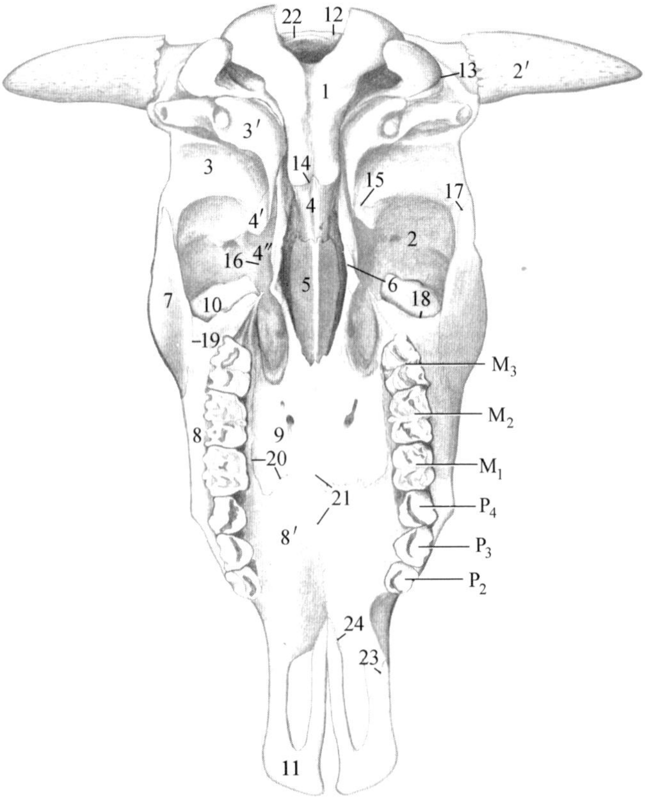

图 1-3　牛头骨腹侧面

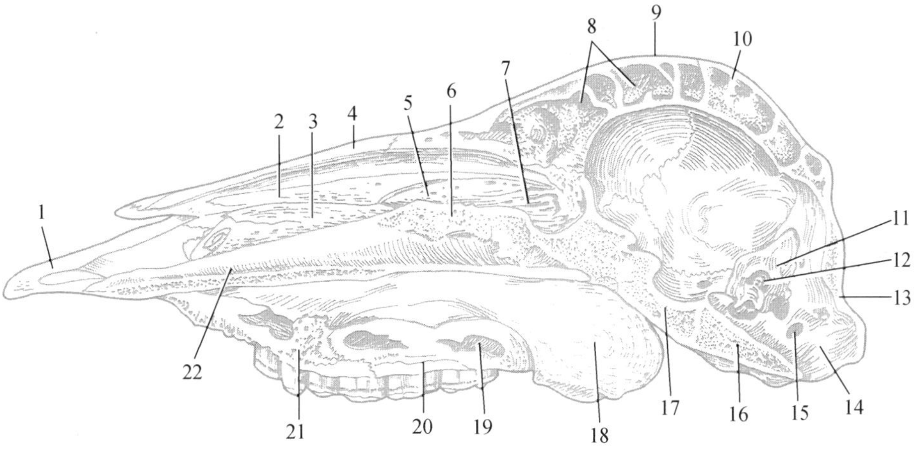

图 1-4　水牛头骨正中切面

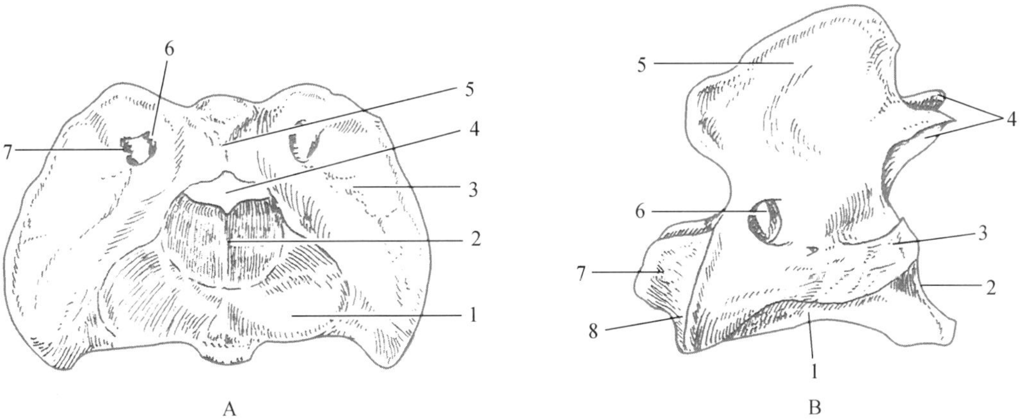

图 1-5　牛寰椎和枢椎

A. 寰椎　B. 枢椎

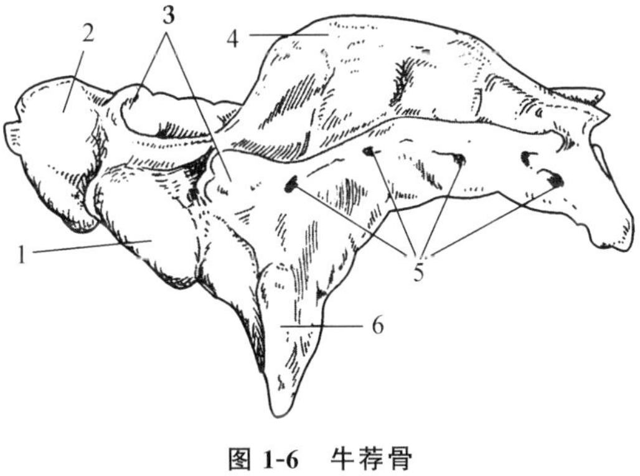

图 1-6　牛荐骨

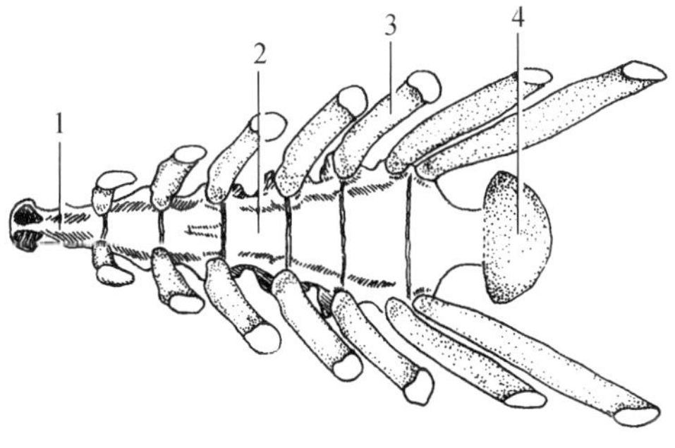

图 1-7　牛胸骨背侧面

实验二 四肢骨骼

一、实验目的和要求

1. 掌握四肢骨的组成,各骨的位置、结构和主要形态特征;
2. 比较牛、猪、马和犬四肢各骨的形态差异。

二、实验仪器和材料

1. 牛、猪、马和犬四肢骨骼标本;
2. 公、母畜骨盆标本。

三、实验内容和方法

(一)牛的前肢骨

1. 前肢骨的组成

前肢骨由肩胛骨、肱骨、前臂骨(桡骨、尺骨)、前脚骨(腕骨、掌骨、指骨和籽骨)组成。

2. 前肢骨的形态结构

(1)肩胛骨 斜位于胸廓前部的两侧,属肩带部骨。为三角形的扁骨,有2个面、3个缘和3个角。外侧面有纵行的嵴叫肩胛冈,肩胛冈中部有较粗厚的冈结节,其下端的突起为肩峰,肩胛冈的前上方和后下方分别为冈上窝和冈下窝;内侧面(肋面)的中部有大而浅的肩胛下窝,在窝的上方,前后各有一粗糙的锯肌面。前缘薄,后缘厚,背侧缘附着肩胛软骨;前角与第1~2胸椎棘突相对,后角与第6~7肋的椎骨端相对,腹侧角(远端)后部有圆形的浅窝称关节盂(肩臼),与肱骨头形成肩关节,关节盂前上方的突起叫盂上结节(肩胛结节),其内侧的突起称喙突。

(2)肱骨(臂骨) 位于胸廓两侧的前下部。呈略扭曲的管状长骨,分骨体和两端。近端后方有肱骨头,其前部两侧有大(外侧)、小(内侧)结节,两结节之间的沟称结节间沟。骨体外侧面有从后上方经外侧转向前下方的螺旋状的臂肌沟,肌沟的前缘为肱骨嵴,其近端上方有三角肌粗隆;内侧中部有大圆肌粗隆。远端为肱骨髁,由肱骨滑车和肱骨小头组成,分别称内、外侧髁,其上方有内、外侧上髁;肱骨髁后面形成鹰嘴窝。在远端的前面、肱骨髁的上方有一浅窝为桡窝。

(3)前臂骨 为长骨,包括2块骨,桡骨位于前内侧,尺骨位于后外侧。前臂骨近端与肱骨远端构成肘关节。桡骨呈前后略扁的圆柱状,稍向前凸,近端背内侧有桡骨粗隆。尺骨近端向后上方突出形成鹰嘴,其顶端称鹰嘴结节,鹰嘴的前缘中部有钩状的肘突,其下方为滑车切迹;尺骨远端向下突出称茎突。桡骨和尺骨之间有上、下两个间隙,分别称前臂近、远间隙。

(4)腕骨 为短骨,由两列6块组成,近列4块,由内向外依次为桡腕骨、中间腕骨、尺腕骨和副腕骨,副腕骨突向后方。远列2块,内侧为愈合的第2+3腕骨,外侧为第4腕骨。常缺第1腕骨。

(5)掌骨 有3块,即第3~5掌骨,其中第3、4掌骨愈合成1块,称大掌骨,骨干短而宽,近端背内侧有粗糙的掌骨粗隆。第 5 掌骨退化为锥形小骨，位于大掌骨近端外侧。

(6)指骨　有 4 个指，即第 2～5 指，其中第 3、4 指发达、着地，称主指，每个主指有 3 个指节骨，即近指节骨(系骨)、中指节骨(冠骨)和远指节骨(蹄骨)，近指节骨和中指节骨呈短的圆(棱)柱状，蹄骨呈三棱角锥状，分壁面、底面和关节面，壁面近端内侧缘有伸腱突，底面后方有屈肌结节(屈腱面)。第 2、5 指退化，位于悬蹄内，称悬指。

(7)籽骨　每个主指各有 1 对近籽骨和 1 块远籽骨(舟骨)。

3. 牛、猪、马和犬前肢骨的比较

肩胛骨比较肩胛冈和冈结节的形态、肩峰的有无；肱骨比较大结节和小结节的形态、结节间沟的形态、圆肌粗隆的发达程度等；前臂骨比较尺骨的发达程度、前臂骨间隙的数目等；腕骨比较数目(猪 8 块，马和犬 7 块，牛 6 块)；掌骨比较数目(犬 5 块，猪 4 块，牛和马 3 块)；指骨和籽骨比较数目(犬 5 指，猪和牛 4 指，马 1 指)。

(二)牛的后肢骨

1. 后肢骨的组成

后肢骨由髋骨(髂骨、耻骨、坐骨)、股部骨(股骨、髌骨)、小腿骨(胫骨、腓骨)、后脚骨(跗骨、跖骨、趾骨和籽骨)组成。

2. 后肢骨的形态结构

(1)髋骨　由髂骨、耻骨、坐骨组成。

①髂骨：分为前上方的髂骨翼和后下方的髂骨体。髂骨翼宽而扁，呈三角形。髂骨翼的外侧角称髋结节，内侧角称荐结节。翼的背外侧面称臀肌面，腹内侧面称荐盆面，荐盆面的内侧部为髂骨粗隆和耳状面。翼的背内侧缘凹，称为坐骨大切迹。髂骨体呈三棱柱状，背侧缘高而薄称坐骨嵴。髂骨体下 1/3 腹侧面有腰小肌结节，远端参与构成髋臼。

②耻骨：构成骨盆底的前部。由耻骨体和两个耻骨支构成，与坐骨之间围成大而呈卵圆形的闭孔。耻骨体为连接髂骨体和坐骨体的部分，三者共同参与构成髋臼。耻骨前支较窄，位于闭孔前方，自耻骨体伸向内侧，其前缘薄称耻骨梳，与髂骨交接处形成髂耻隆起。耻骨后支位于闭孔内侧，自耻骨前支向后延伸，与坐骨支相接，双侧耻骨支在中线相接形成骨盆联合的前部(耻骨联合)，在耻骨联合前腹侧有耻骨腹侧结节。

③坐骨：构成骨盆底壁后部，由坐骨体、坐骨支和坐骨板组成。坐骨体位于闭孔外侧，与髂骨和耻骨愈合形成髋臼，坐骨支位于闭孔内侧，坐骨板位于闭孔后方。坐骨后外侧角粗大称坐骨结节(牛有 3 个突起)，两侧坐骨后缘形成坐骨弓，坐骨结节至坐骨棘之间凹陷，称坐骨小切迹。两侧坐骨在中线相接形成骨盆联合的后部(坐骨联合)。

④髋臼：为深的关节窝，由髂骨、耻骨和坐骨体围成，与股骨头成关节。关节窝分两部分，浅部为新月形的关节面部分，称月形面，注意牛的月形面被前腹侧切迹分为两部分；深部为非关节面的凹陷，称髋臼窝。髋臼内侧缘有缺刻，称髋臼切迹。

⑤骨盆：由背侧的荐骨、前 3 枚尾椎，腹侧的耻骨、坐骨和两侧的髂骨、荐结节阔韧带围成。骨盆前口由背侧的荐骨岬、两侧的髂骨体和腹侧的耻骨前缘围成；后口由背侧的第 3 尾椎、两侧荐结节阔韧带的后缘和坐骨弓围成。注意公、母畜骨盆的差异。

(2)股部骨　包括股骨和膝盖骨(髌骨)。

①股骨：为管状长骨，由两端和骨体构成。近端内侧有近似球形的股骨头，上有股骨头凹，股骨头与髋臼成关节，股骨头与骨体连结处缩细为股骨颈，股骨头外侧的突起称大转子。股骨

体内侧上部、股骨头下方的突起称小转子,大转子与小转子之间相连的嵴称转子间嵴,嵴内侧深的凹陷称转子窝。远端前方为股骨滑车,内侧嵴高而外侧嵴低,与髌骨成关节;后方为股骨内、外侧髁,与胫骨成关节;两髁近侧各有一上髁,两髁之间为髁间窝,两髁后面上方的平滑面为腘面,腘面外侧、外侧髁上方深的凹陷为髁上窝,为指浅屈肌的起始处;外侧髁与股骨滑车外侧嵴之间的凹陷为伸肌窝,外侧髁外侧的浅凹为腘肌窝。

②髌骨:又称膝盖骨,位于股骨远端的前方,呈楔状,底在上,尖朝下;前面粗糙,关节面朝向股骨滑车,有一嵴将关节面分为内、外两部分。

(3)小腿骨　由胫骨和退化的腓骨组成。

①胫骨:由骨体和两端组成,近端有内、外侧髁,中间突起称髁间隆起,外侧髁的外侧缘有退化的腓骨,即腓骨头。近端前面隆起,称胫骨粗隆,弯向外侧。骨体上部呈三棱形,下部呈扁柱状,上部前面有从胫骨粗隆向下延续的胫骨前缘,以前称胫骨嵴;后面有腘肌线。远端内侧下垂的突起为内侧踝,外侧有关节面与踝骨成关节。

②腓骨:腓骨体消失,仅保留两端,近端即腓骨头,远端形成小的踝骨,呈四边形,与胫骨和跟骨成关节。

(4)后脚骨　包括跗骨、跖骨、趾骨和籽骨。

①跗骨:由 3 列 5 块短骨组成,近列内侧为距骨;外侧为跟骨,跟骨游离端粗大,称跟结节;中间列为中央跗骨,与第 4 跗骨愈合;远列由内向外依次为第 1 跗骨和愈合的第 2+3 跗骨。

②跖骨:有 3 块,为第 2~4 跖骨,第 3、4 跖骨愈合为大跖骨,形态与前肢的大掌骨相似,但跖骨细长,第 2 跖骨为退化的小骨,附在大跖骨的后内侧。注意掌骨与跖骨的区别:掌骨对第 2+3 腕骨和第 4 腕骨的关节面为两个略呈圆边三角形的关节面,而跖骨对第 2+3 跗骨和第 4 跗骨的关节面与掌骨的相似,对第 1 跗骨的关节面在后内侧。

③趾骨和籽骨:与前肢相应的指骨、籽骨相似。

3. 比较牛、猪、马和犬后肢骨骼的差异

主要比较髂骨、坐骨结节、髋臼、骨盆的形态、股骨大转子、第 3 转子、转子嵴、胫骨粗隆、腓骨、跗骨(猪、犬 7 块,马 6 块,牛 5 块)、跖骨(犬 5 块,猪 4 块,牛和马 3 块)、趾骨和籽骨(犬通常 4 趾、也有 5 趾的,猪和牛 4 趾,马 1 趾)。

四、实验注意事项

1. 爱护标本,不要乱扔和摔坏标本,保持标本的整洁。
2. 不能将标本带出实验室外观察,观察完毕要将标本放回原处。

五、思考题

1. 简述四肢骨骼的组成。
2. 如何识别四肢各骨(包括前面、后面、内侧面、外侧面、主要特征等)?
3. 如何制作动物整体骨骼标本?

六、填图

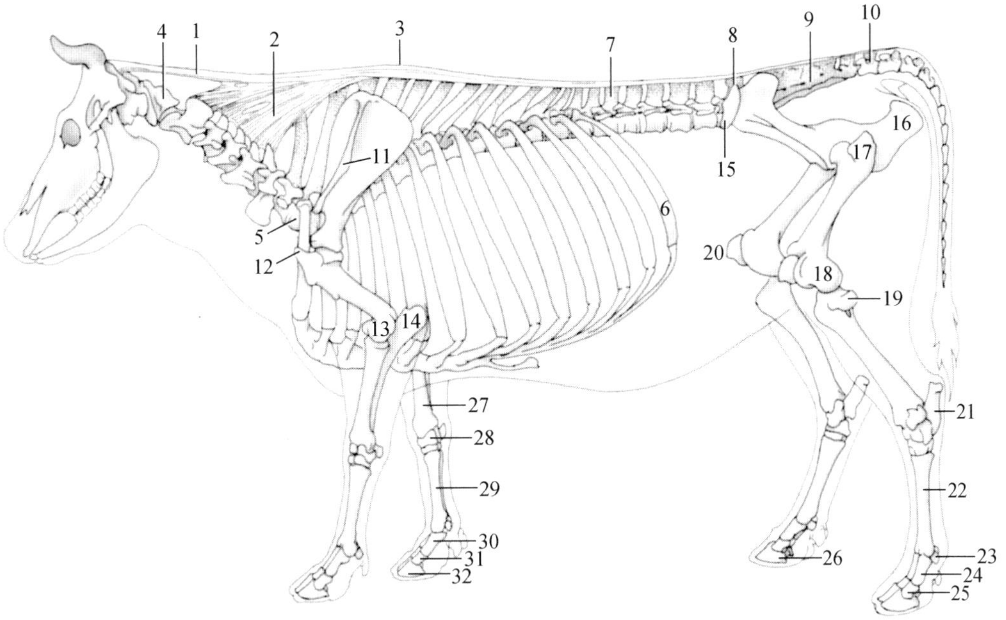

图 2-1　牛骨骼及棘上韧带

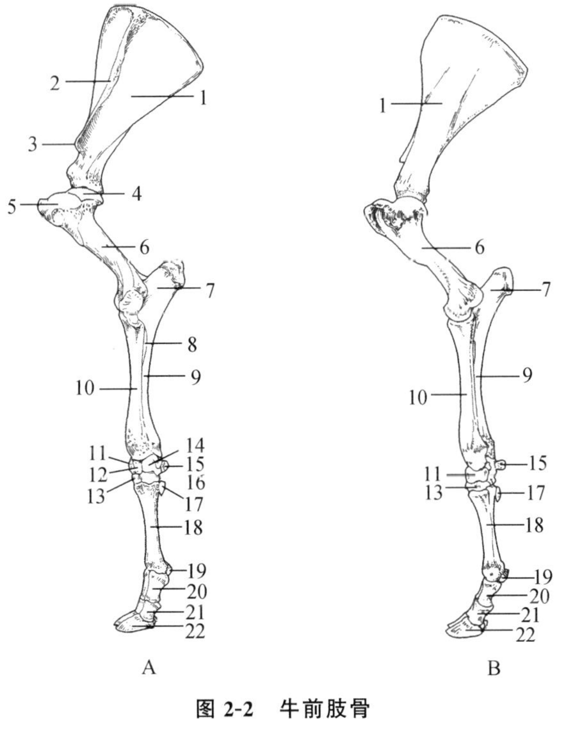

图 2-2　牛前肢骨

A. 外侧面　B. 内侧面

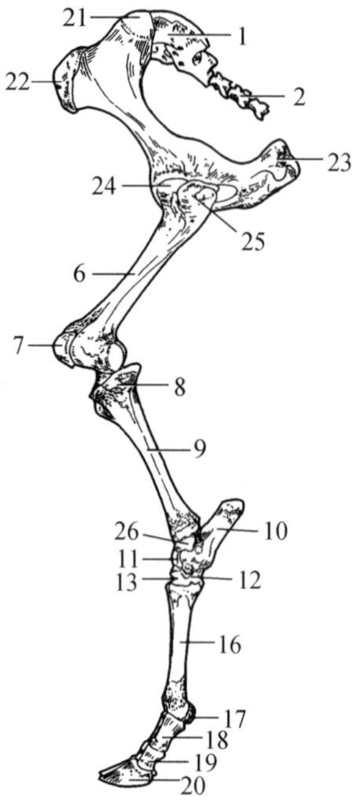

图 2-3　牛后肢骨

A. 外侧面　B. 内侧面

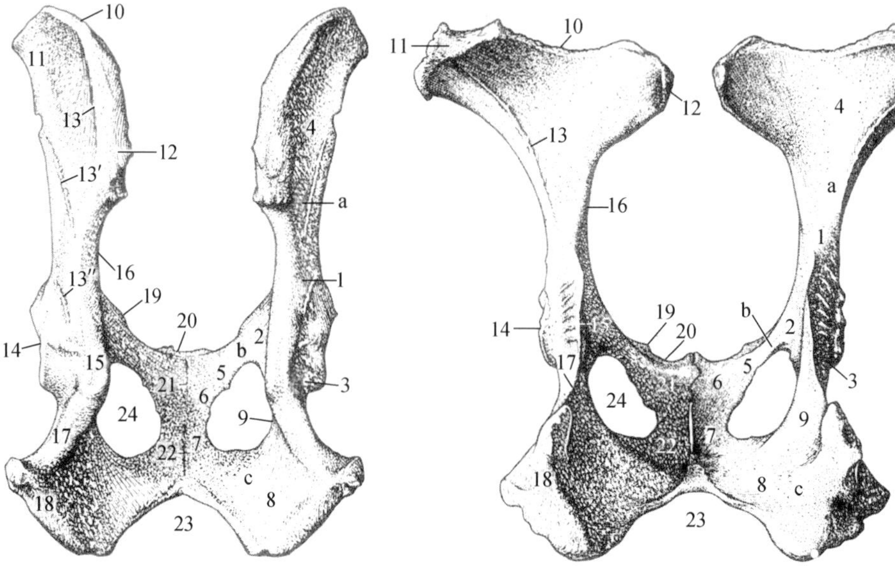

图 2-4　犬和牛髋骨(背侧面)

A. 犬　B. 牛

实验三　骨　连　结

一、实验目的和要求

1. 了解骨连结的基本类型；

2. 掌握关节的基本结构和辅助结构；

3. 掌握畜体主要关节的位置、结构及其与运动的关系。

二、实验仪器和材料

1. 牛、猪、马和犬头部、躯干和四肢主要的关节标本；

2. 常用的解剖器械。

三、实验内容和方法

(一)关节的类型

根据骨与骨之间连结组织的性质分为纤维关节、软骨关节和滑膜关节。

(1)纤维关节　骨与骨之间借纤维结缔组织连结，无关节腔，如头骨之间的缝。

(2)软骨关节　骨与骨之间借软骨连结，也无关节腔，如蝶骨与枕骨之间的关节。

(3)滑膜关节　骨与骨之间借关节囊(滑膜)连结，有关节腔，如膝关节。

(二)滑膜关节(简称关节)的基本构造

以制作好的牛膝关节为例，观察关节的构造。关节包括关节面和关节软骨、关节囊、关节腔及血管、神经和淋巴管等。有的关节还有韧带、关节盘和关节唇等辅助结构。

1. 关节面和关节软骨

关节面是骨与骨相接触的光滑面，其表面覆盖一层透明软骨称为关节软骨。

2. 关节囊

关节囊是围绕在关节周围的结缔组织囊，附着于关节面周缘及附近的骨上。囊壁分为内、外两层。外层为纤维层，内层为滑膜层，能分泌滑液。

3. 关节腔

关节腔为滑膜和关节软骨共同围成的密闭腔隙，内有滑液。

4. 辅助结构

(1)韧带　为关节周围的致密结缔组织带，位于关节囊纤维层与滑膜层之间的为囊内韧带，较少；位于关节囊外的为囊外韧带，大多数韧带属于这一类；位于关节两侧的称侧副韧带，如位于股胫关节两侧的内、外侧副韧带。

(2)关节盘　为位于关节面之间的纤维软骨板，如位于膝关节股骨与胫骨之间的半月板。

(3)关节唇　为位于关节窝边缘的纤维软骨环，如位于髋臼边缘的缘软骨。

(三)头骨间的关节

头骨之间存在 3 种关节，纤维关节如多数头骨之间的缝，软骨关节如前蝶骨体与底蝶骨体之间的关节，滑膜关节如颞下颌关节。观察牛的颞下颌关节，由颞骨的关节结节(颞髁)和下颌骨的下颌髁构成，关节面之间有关节盘，关节囊强厚，外侧有外侧韧带。该关节为联动关节。

(四)躯干骨的连结

躯干骨的连结分脊柱连结和胸廓连结。

1. 脊柱连结

脊柱连结分椎体间连结、椎弓间连结和脊柱总韧带。

(1)椎体间连结　由相邻的两椎骨的椎头与椎窝借椎间盘相连结。椎间盘的外周是纤维环，中央为髓核。

(2)椎弓间连结　由相邻椎骨的关节突构成，有关节囊，有的由韧带连接。

(3)脊柱总韧带　包括棘上韧带、背纵韧带和腹纵韧带。棘上韧带位于棘突顶端，由枕骨伸至荐骨。在颈部特别发达，呈黄色，称项韧带。项韧带分索状部和板状部。犬棘上韧带从枢椎伸至第3尾椎，项韧带无板状部。背纵韧带位于椎管底部，由枢椎伸至荐骨。腹纵韧带位于椎骨腹侧面，由胸中部伸至荐骨。

(4)寰枕关节及寰枢关节　前者是由寰椎的关节窝与枕髁形成的双轴关节，后者是由寰椎与枢椎形成的单轴关节。

2. 胸廓连结

胸廓连结包括肋椎关节和胸肋关节。

(1)肋椎关节　即肋骨与胸椎形成的关节，包括肋骨头与胸椎的肋凹形成的肋头关节及肋结节与胸椎的横突肋凹形成的肋横突关节。

(2)胸肋关节　为真肋的肋软骨与胸骨形成的关节。

(五)前肢关节

前肢关节包括肩关节、肘关节、腕关节和指关节。

(1)肩关节　由肩胛骨远端的关节盂(肩臼)和肱骨头构成，关节角顶向前，关节囊宽松，无侧副韧带。为多轴关节，但主要作伸、屈运动。

(2)肘关节　由肱骨髁与桡骨和尺骨的近端构成，关节角顶向后，关节囊背侧厚而掌侧薄，有内、外侧副韧带。为单轴关节，只能作屈、伸运动。

(3)腕关节　由前臂骨、腕骨和掌骨构成的复关节，包括桡腕关节、腕骨间关节和腕掌关节，关节角顶向前；关节囊背侧薄而掌侧厚，滑膜层形成3个滑膜囊；有内、外侧副韧带和腕骨间韧带。为单轴关节，只能作屈、伸运动。

(4)指关节　包括掌指关节(系关节、球节)、近指节间关节(冠关节)和远指节间关节(蹄关节)，关节角顶均向前。有关节囊、内、外侧副韧带等，在掌指关节还有籽骨韧带。籽骨韧带包括悬韧带、籽骨侧副韧带、掌侧韧带、指间指节骨籽骨韧带、籽骨下韧带。悬韧带即骨间肌，起始于掌骨近端掌侧，在掌指关节上方分为3大支，分支止于籽骨和伸肌腱。牛、猪有指间近、远韧带。指关节为单轴关节，只能作屈、伸运动。

(六)后肢关节

后肢关节包括盆带连结和游离部关节。前者包括荐髂关节和骨盆韧带，后者包括髋关节、膝关节、跗关节和趾关节。

1. 荐髂关节

荐髂关节是由荐骨翼的耳状面与髂骨翼的耳状面构成的不动关节，有关节囊和荐髂腹侧韧带。骨盆韧带包括荐结节阔韧带和荐髂背侧韧带。荐结节阔韧带为一四边形的宽韧带，构成骨盆腔的侧壁，由荐骨侧缘和前 2 个尾椎的横突伸至坐骨棘和坐骨结节，其前缘与髂骨的坐骨大切迹形成坐骨大孔，下缘与坐骨小切迹之间形成坐骨小孔。犬为荐结节韧带，从荐骨外侧缘后部和第 1 尾椎横突伸至坐骨结节。荐髂背侧韧带由荐结节和髂骨内侧缘分别连至荐正中棘和荐骨侧缘。

2. 髋关节

髋关节由髋臼和股骨头构成。关节囊松大，无侧副韧带，股骨头与髋臼之间有 1 条股骨头韧带（圆韧带）连接。髋臼的边缘附有缘软骨（髋臼唇）。关节角顶向后，为多轴单关节，主要作屈、伸运动，并伴有轻微的内收、外展和旋外运动。

3. 膝关节

膝关节由股骨、髌骨和胫骨构成，包括股胫关节和股膝关节，关节角顶向前，为单轴复关节。

（1）股胫关节　由股骨远端的内、外侧髁和胫骨近端的内、外侧髁构成。关节面中间有两个半月板，有关节囊，内、外侧副韧带和两条膝交叉韧带。

（2）股膝关节　由髌骨的关节面与股骨远端的滑车关节面构成，关节囊宽松，有膝内、外侧支持带和膝韧带，膝韧带由膝盖骨连至胫骨粗隆。膝内、外侧支持带分别由股膝内、外侧韧带和膝内、外侧韧带组成，股膝内、外侧韧带由髌骨分别连至股骨内、外侧上髁；膝内、外侧韧带分别由膝旁纤维软骨和髌骨连至胫骨粗隆的内、外侧。因此，在牛、马髌骨与胫骨粗隆之间连有 3 条韧带，即膝内侧韧带、膝（中）韧带、膝外侧韧带，其中膝中韧带距膝外侧韧带较近，距膝内侧韧带较远。在标本或活体上触摸这 3 条韧带。

4. 跗关节

跗关节又称飞节，由小腿骨远端与跗骨和跖骨近端构成的单轴复关节，包括小腿跗关节、跗骨间远和近关节、跗跖关节。关节角顶向后，有关节囊，背侧壁薄而跖侧壁厚，滑膜层形成 4 个滑膜囊，有内、外侧副韧带及背侧、跖侧韧带，还有跗骨间韧带。

注意跗关节与腕关节的区别：构成两个关节的骨的数目和形态不同，在腕关节，尺骨鹰嘴的肘突伸入肱骨远端后面的鹰嘴窝，而胫骨远端后面无大的凹窝，跟结节与尺骨鹰嘴的形态也不同，借此可以区别。

5. 趾关节

趾关节包括跖趾关节、近趾节间关节和远趾节间关节，其构造与前肢的指关节基本相同。

（七）比较牛、猪、马和犬的关节

主要比较颞下颌关节、项韧带、荐结节（阔）韧带、肩关节、肘关节、髋关节、膝关节、跗关节和指关节等。

四、实验注意事项

1. 爱护标本，不要乱扔和破坏标本，保持标本的完整美观。
2. 观察完毕要及时将标本放回标本保存处。

五、思考题

1. 试述关节的结构和关节的类型。
2. 颞下颌关节、肩关节、肘关节、荐髂关节、髋关节和膝关节有哪些结构特点?
3. 何谓项韧带、悬韧带、荐结节阔韧带、半月板、圆韧带、膝韧带?

六、填图

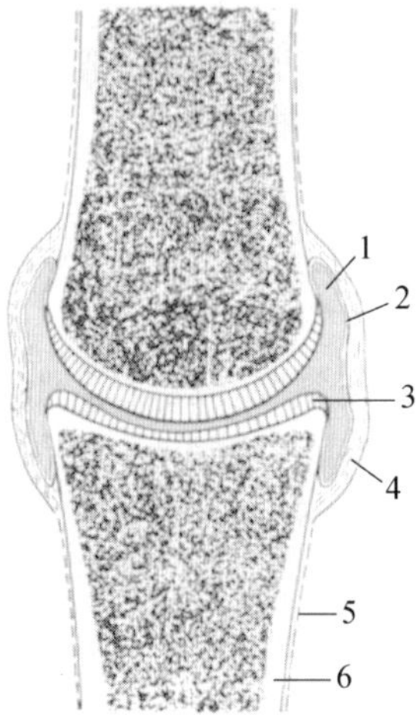

图 3-1 关节构造模式图

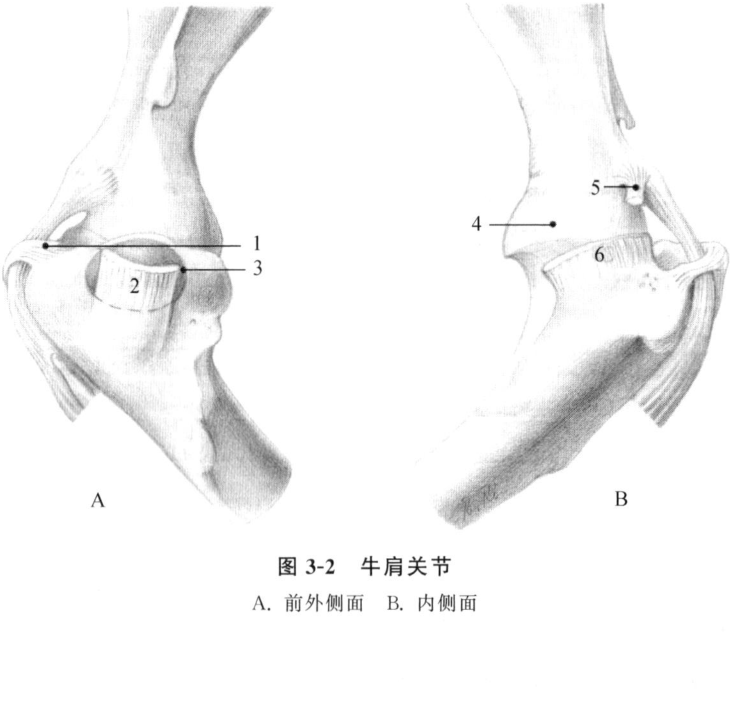

图 3-2 牛肩关节

A. 前外侧面 B. 内侧面

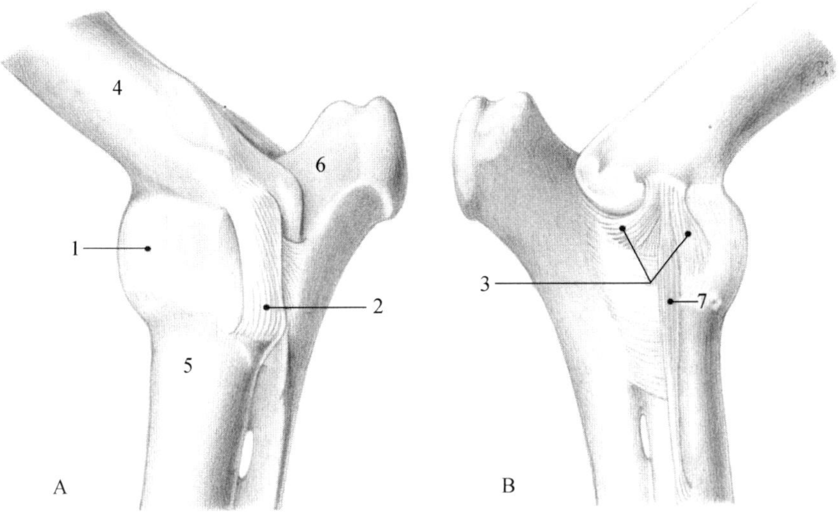

图 3-3　牛肘关节

A. 外侧面　B. 内侧面

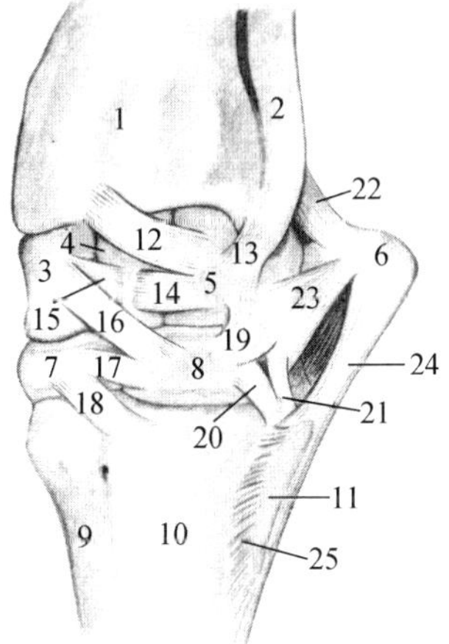

图 3-4　牛腕关节(背外侧面)

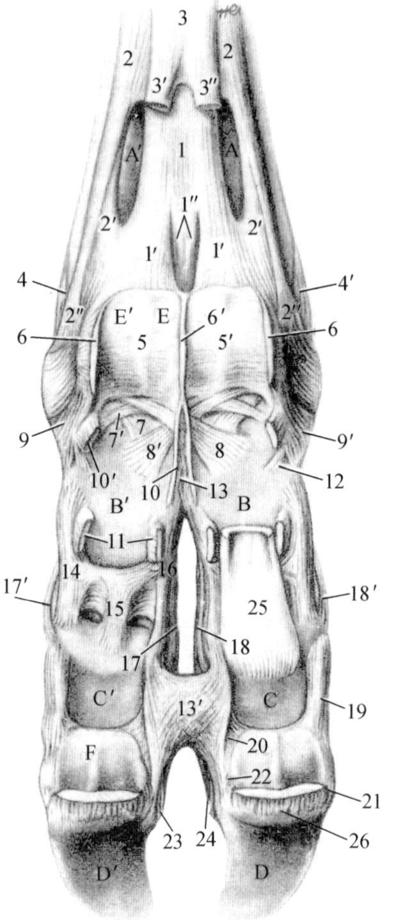

图 3-5 牛指关节(掌侧面)

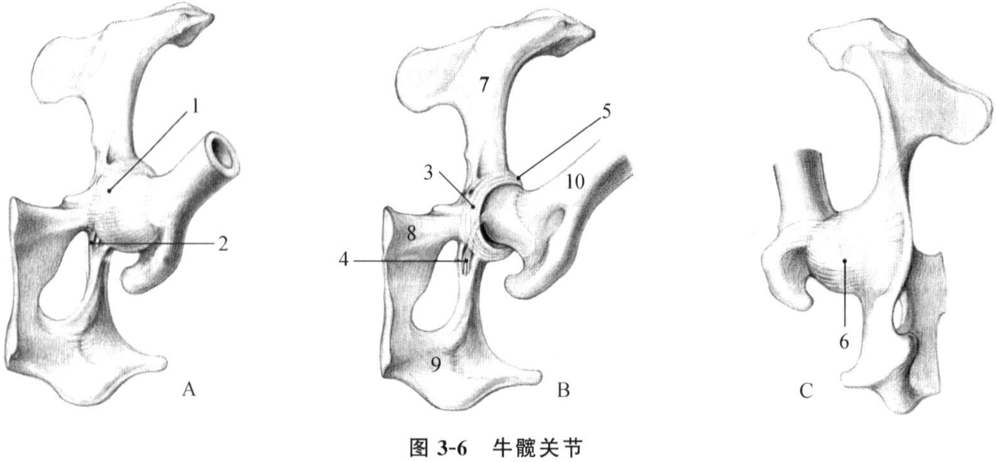

图 3-6 牛髋关节

A,B. 腹侧面 C. 背侧面

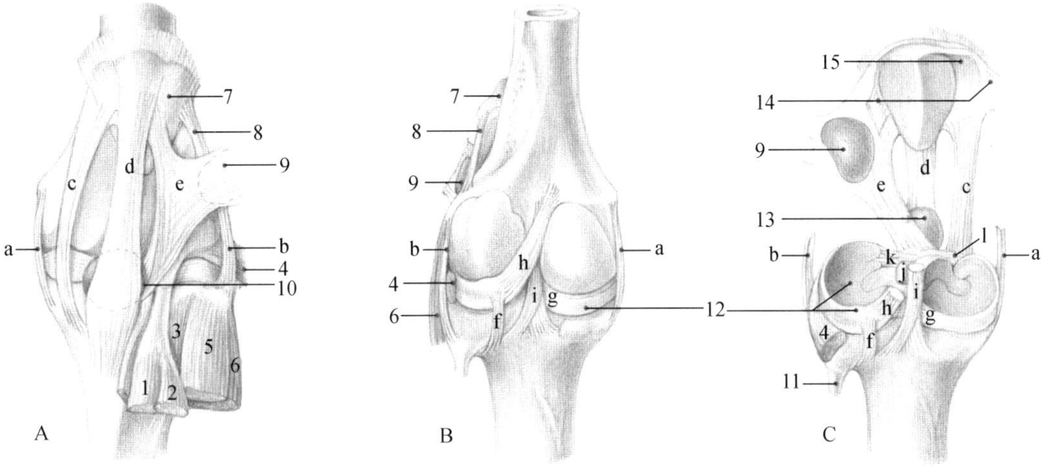

图 3-7　牛膝关节

A. 前面　B. 后面　C. 后近侧端

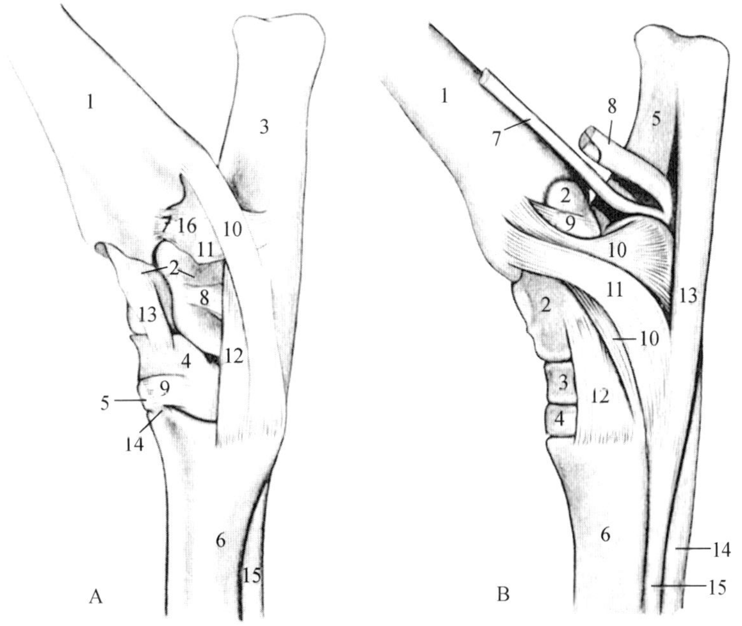

图 3-8　牛跗关节

A. 外侧面　B. 内侧面

实验四 前 肢 肌

一、实验目的和要求

1. 掌握前肢肌的组成、位置形态和作用；
2. 了解前肢肌沟的位置。

二、实验仪器和材料

1. 制作好的牛、马、猪、犬前肢肌肉的标本；
2. 常用的解剖器械。

三、实验内容和方法

以牛的前肢肌为例观察前肢各肌的位置形态及作用。前肢肌分为肩带肌、肩部肌（肩关节肌）、臂部肌（肘关节肌）、前臂及前脚部肌（腕关节及指关节肌）。

（一）肩带肌

肩带肌是连接前肢与躯干的肌肉，包括背侧组的斜方肌、菱形肌、肩胛横突肌、臂头肌和背阔肌及腹侧组的腹侧锯肌和胸肌（胸降肌、胸横肌、锁骨下肌和胸升肌）。由于前肢与躯干不形成骨连结，靠肩带肌连接而成。因此，要从躯干上取下前肢，必须切断上述 7 块肌肉。

1. 肩带肌诸肌的识别

一三角形肌自颈前部至胸前部背中线向下止于肩胛冈为斜方肌，其深面有菱形肌；斜方肌前缘腹侧前部为臂头肌，前缘腹侧后部为肩胛横突肌，肩胛横突肌的前部大部分被臂头肌所覆盖；一三角形肌自胸廓后上伸向前下方止于前臂内侧面为背阔肌；连接前肢内侧面与胸骨和胸壁的肌肉自前向后为胸降肌、胸横肌和胸升肌；取下前肢后可见呈扇形的肌肉，位于颈后部和胸前部外侧面，通过肩胛骨锯肌面将前肢与躯干相连，为腹侧锯肌，为肩带肌中最发达的肌肉。锁骨下肌为 1 指宽的细小肌带，连接第 1 肋与臂头肌锁腱划内面。

2. 肩带肌的位置形态、结构和作用

（1）斜方肌　呈三角形，分颈、胸两部，颈斜方肌起于项韧带索状部，肌纤维由前上方斜向后下方；胸斜方肌起于前 10 个胸椎棘突，肌纤维由后上方斜向前下方；两部均止于肩胛冈。作用为提举、摆动和固定肩胛骨。

（2）菱形肌　起始于项韧带索状部和第 2～5 胸椎棘突，分颈、胸两部，颈菱形肌厚而狭长，肌纤维斜向后下方；胸菱形肌薄，略呈长四边形，肌纤维接近垂直；两部均止于肩胛软骨内侧面。作用基本同斜方肌。在斜方肌和菱形肌之间形成肩胛上间隙，当创伤感染蔓延至此间隙时，可成为蓄脓场所。

（3）肩胛横突肌　为长带状肌，大部分被臂头肌覆盖，仅后部暴露于颈斜方肌与臂头肌之间。起始于寰椎翼和枢椎横突，止于肩胛冈和肩臂筋膜。作用为牵引前肢向前或偏转头颈。

（4）臂头肌　为前宽后窄的长肌，自头部伸至臂部，分为锁头肌和锁臂肌两部分，两者以锁腱划为界，锁腱划在家畜不明显，大约在锁臂肌止点处。锁臂肌位于臂部，起于锁腱划，止于肱骨嵴。锁头肌位于颈部，又分为两部分，背侧部称锁枕肌，起于枕骨和项韧带；腹侧部称锁乳突肌，与夹肌同起于颞骨乳突；两部均止于锁腱划。臂头肌与胸头肌之间的肌沟称颈静脉沟，臂头肌为颈静脉沟的上界，胸头肌为颈静脉沟的下界。颈静脉沟中有颈外静脉通过，颈外静脉是大家畜采血和静脉注射的重要血管。臂头肌的作用是牵引前肢向前、伸肩关节，在前肢踏地两侧同时作用时可伸展头颈，一侧作用时可偏转头颈。

(5)背阔肌　三角形阔肌，以宽阔的腱膜起于胸腰筋膜、第9～12肋骨、肋间外肌和腹外斜肌表面的筋膜，肌纤维由后上方斜向前下方，止于肱骨的大圆肌粗隆、臂三头肌长头内侧的腱膜等。主要作用为牵引肱骨向后，屈肩关节；当前肢踏地时牵引躯干向前，还可协助吸气等。

(6)腹侧锯肌　呈扇形，下缘呈锯齿状，分颈、胸两部，颈腹侧锯肌较厚，全为肉质，起于第2～7颈椎横突和前3个肋骨，肌纤维斜向后上方；胸腹侧锯肌较薄，表面被有腱膜，起于第4～9肋骨，肌纤维斜向前上方，两部均止于肩胛骨锯肌面和肩胛软骨内侧面。作用是将躯干悬挂在两前肢之间，两侧肌同时收缩可提举躯干，一侧收缩可将身体重心移至对侧，颈部收缩可举颈，胸部收缩可协助吸气等。

(7)胸肌　分两层，浅层有胸降肌和胸横肌，深层有锁骨下肌和胸升肌。胸降肌较厚，起于胸骨柄，止于肱骨嵴。胸降肌与锁臂肌之间形成胸外侧沟，内有头静脉。头静脉常用于小动物静脉注射、采血等。胸横肌宽而薄，起于胸骨腹侧面，止于前臂内侧筋膜。锁骨下肌起于第1肋软骨，止于臂头肌的锁腱划。胸升肌为胸肌中最大者，呈长三角形，起于胸骨腹侧面和腹黄膜，止于肱骨大结节和小结节。胸肌的主要作用为内收前肢及牵引躯干向前。

(二)肩部肌(肩关节肌)

肩部肌位于肩胛骨周围，包括肩胛骨外侧面的冈上肌、冈下肌和三角肌及内侧面的肩胛下肌、大圆肌和喙臂肌。其中冈上肌为肩关节的伸肌，三角肌、大圆肌和喙臂肌为屈肌，冈下肌为外展肌，肩胛下肌为内收肌。

1. 肩部肌诸肌的识别

肩胛骨外侧面：冈上肌位于冈上窝内，冈下肌位于冈下窝内，覆盖于冈下肌下端表面的为三角肌。肩胛骨内侧面：肩胛下肌位于肩胛下窝，其后方为大圆肌，大圆肌下端内侧为喙臂肌。

2. 肩部肌的形态、结构和作用

(1)冈上肌　起自冈上窝、肩胛软骨和肩胛冈，止于肱骨近端的大结节和小结节，作用是固定和伸展肩关节。

(2)冈下肌　起自冈下窝及肩胛软骨，止于肱骨的大结节，止腱下有一滑膜囊；其下部外侧面被三角肌所覆盖。可外展、固定肩关节，并起外侧韧带的作用。

(3)三角肌　分肩峰部和肩胛部，分别起自肩峰和肩胛骨后缘，止于肱骨外侧的三角肌粗隆，可屈肩关节和外展肱骨。

(4)肩胛下肌　有3束，起自肩胛骨内侧面，止于肱骨近端的小结节，此肌含有大量腱质，可内收肩关节，并起内侧韧带的作用。

(5)大圆肌　扁而长，位于肩胛下肌的后方，起自肩胛骨后角及后缘上部，止于肱骨内侧的大圆肌粗隆，可屈肩关节和内收肱骨。

(6)喙臂肌　位于肱骨内侧面，起自肩胛骨盂上结节内侧的乌喙突，止于肱骨内侧面，可屈肩关节。

(三)臂部肌(肘关节肌)

臂部肌位于肱骨周围，包括臂二头肌、臂肌、臂三头肌和前臂筋膜张肌。其中臂二头肌和臂肌为肘关节的屈肌，臂三头肌和前臂筋膜张肌为伸肌。

1. 臂部肌诸肌的识别

位于肱骨前方的肌肉为臂二头肌，其下端后外侧为臂肌；肩胛骨与肱骨所夹的三角形内为臂三头肌，其后内侧为前臂筋膜张肌。

2. 臂部肌的位置形态和作用

(1)臂二头肌　呈纺锤形肌，起自肩胛骨盂上结节，经臂二头肌沟向下，止于桡骨粗隆。作用是屈肘关节，也可伸肩关节。

(2)臂肌　位于肱骨的臂肌沟内，起自肱骨后面上部，向前向下经臂二头肌与腕桡侧伸肌之间止于前臂骨近端内侧面，作用是屈肘关节。

(3)臂三头肌　分为长头、外侧头和内侧头，长头最大，起自肩胛骨后缘，外侧头起自肱骨外侧面，内侧头最小，起自肱骨内侧面，3 个头同止于尺骨鹰嘴。作用是伸肘关节，长头也可屈肩关节。

(4)前臂筋膜张肌　为一狭长的带状肌，起自肩胛骨后角，止于尺骨鹰嘴，可屈肩关节、伸肘关节和紧张前臂筋膜。

(四)前臂和前脚部肌(腕关节肌和指关节肌)

前臂和前脚部肌位于前臂骨和前脚骨周围，包括背外侧面的腕桡侧伸肌、指总伸肌、指外侧伸肌和拇长展肌及掌侧面的腕桡侧屈肌、腕尺侧屈肌、腕尺侧伸肌(尺骨外侧肌)、指浅屈肌和指深屈肌。前臂和前脚部肌肉的起点相近，位于臂部的远端或前臂部的近端，肌腹都集中在前臂部，大部分肌肉在前臂部的远端延续为腱。其中背外侧面的肌肉为腕和指的伸肌，掌侧面的肌肉为腕和指的屈肌；腕桡侧伸肌和屈肌、腕尺侧屈肌和伸肌、拇长展肌只作用于腕关节，为腕关节肌；其余肌肉既作用于指关节，也作用于腕关节。

1. 前臂和前脚部肌诸肌的识别

背外侧面：由前向后依次为腕桡侧伸肌、指总伸肌、指外侧伸肌和腕尺侧伸肌，在前臂下部经过指总伸肌和指外侧伸肌深面的为拇长展肌。掌内侧面：自桡骨后方依次向后为腕桡侧屈肌和腕尺侧屈肌(桡骨前方为腕桡侧伸肌)；腕尺侧屈肌与腕尺侧伸肌之间夹的是指屈肌，指浅屈肌有 2 个肌腹，位于后方，一个肌腹的腱经过腕管外面，一个经腕管内下行，两腱在掌中部合并；指深屈肌有 3 个头(肱骨头、尺骨头和桡骨头)，桡骨头最小。

2. 腕和指的伸肌

(1)腕桡侧伸肌　起自肱骨外侧上髁，以腱止于掌骨粗隆；可伸腕关节和屈肘关节。

(2)指总伸肌　位于腕桡侧伸肌外侧，分内侧肌腹和外侧肌腹，内侧肌腹亦称指内侧伸肌或第 3 指固有伸肌，起自肱骨外上髁，于前臂远端延续为肌腱，经腕、掌背侧向下伸延，止于第 3 指的冠骨和蹄骨。外侧肌腹起自肱骨外上髁和尺骨上部，于前臂远端延续为一腱，经腕、掌背侧向下伸延，至掌的远端分为两支，分别沿第3、4指的背侧而下行，止于蹄骨的伸肌突。可伸指关节和腕关节，也可屈肘关节。

(3)指外侧伸肌　也称第4指固有伸肌，位于指总伸肌后方，起自肱骨外侧上髁、桡骨和尺骨近端外侧面，于前臂远端延续为肌腱，经腕的外侧至掌部，沿指总伸肌腱后外侧缘下行，止于第4指的冠骨与蹄骨。可伸第4指和屈肘关节。

(4)拇长展肌　又名腕斜伸肌，斜位于前臂下半部，起自桡骨和尺骨外侧面，肌腹斜行于指外侧伸肌和指总伸肌深面，肌腱经过腕桡侧伸肌远端外侧伸向内下方，止于大掌骨内侧面。可伸腕关节和旋外腕关节。

3. 腕和指的屈肌

(1)腕桡侧屈肌　位于前臂内侧皮下，肌腹呈纺锤形，起自肱骨内侧上髁，止于大掌骨近端内侧后面。可屈腕关节和伸肘关节。

(2)腕尺侧屈肌　位于腕桡侧屈肌后方，前臂内侧后部皮下，有2个头，肱骨头起自肱骨内侧上髁，尺骨头起始于尺骨鹰嘴内侧面，以腱止于副腕骨。可屈腕关节和伸肘关节。

(3)腕尺侧伸肌　亦称腕外侧屈肌或尺骨外侧肌，位于前臂外侧后部皮下、指外侧伸肌后方，起自肱骨外侧上髁，止于副腕骨和第4掌骨。可屈腕关节和伸肘关节。

(4)指浅屈肌　位于前臂后方、腕尺侧伸肌和腕尺侧屈肌之间，在前臂中部切断腕尺侧屈肌的肌腹，暴露此肌。该肌起自肱骨内侧上髁，肌腹分浅、深两部，各有一腱，浅腱和深腱分别通过腕管的外面和内面，向下伸延至掌骨中部，两腱合成一总腱后又立即分为两支，分别止于第3、4指冠骨后方的屈肌粗隆；每一肌腱在系关节上方接受来自骨间肌的腱板，形成屈肌腱筒供指深屈肌通过。作用是屈指关节和腕关节，也可伸肘关节。

(5)指深屈肌　位于前臂骨后面，在前臂中部横向切断腕尺侧伸肌和指浅屈肌，该肌有3个头，肱骨头最大，起始于肱骨内侧上髁，尺骨头起始于尺骨鹰嘴，桡骨头最小，起自前臂骨间隙附近，3腱于前臂远端掌侧合成一总腱经腕管下行，在指浅屈肌与骨间肌之间伸延，至系关节上方分为两支，分别通过指浅屈肌的屈肌腱筒，止于第3、4指蹄骨掌侧的屈腱面。

（五）前肢肌重要的肌沟

前肢肌重要的肌沟主要有胸正中沟、胸外侧沟、正中沟、桡沟、尺沟及掌内、外侧沟。胸正中沟位于两侧胸降肌之间，胸外侧沟位于胸降肌与臂头肌之间，正中沟位于桡骨与腕桡侧屈肌之间，桡沟位于腕桡侧伸肌与指总伸肌之间，尺沟位于腕尺侧屈肌与腕尺侧伸肌之间，掌内、外侧沟位于掌骨与指屈肌腱之间的内、外侧。

（六）前肢的滑膜囊

前肢的滑膜囊有位于尺骨鹰嘴、掌骨粗隆、腕部背侧等处骨的突出部位与皮肤之间的皮下滑膜囊，有臂二头肌通过臂二头肌沟的腱下滑膜囊和臂三头肌腱与尺骨鹰嘴之间的腱下滑膜囊，还有包围腕关节和指关节肌腱的腱鞘。

（七）比较各种家畜前肢肌的特点

如猪和犬的菱形肌分头菱形肌、颈菱形肌和胸菱形肌3部分。马无肩胛横突肌。猪和马的锁骨下肌发达，犬无锁骨下肌。马指总伸肌只有1个肌腹，猪有3个肌腹（内侧、中间和外侧肌腹），犬分为4个肌腹和腱。犬的臂三头肌有4个头（长头、外侧头、内侧头和副头）。

四、实验注意事项

1. 观察完毕要及时将标本放回标本池或用塑料纸包裹好，以防干燥。

2. 在分离各块肌肉时，先将表层的浅筋膜剥离，去除深筋膜在肌群表面形成的筋膜鞘，暴露出肌肉，然后沿肌肉的肌间隔将一块块的肌肉分开，在进入肌间隔后，可用刀柄伸入肌间隔采用钝性分离方法分开各块肌肉，或将镊子伸入肌间隔，呈“V”形张开肌间隔，再用手术刀分开各块肌肉。在分离指关节伸肌时，先找到伸肌腱，自下而上分离各块肌肉。

3. 腕关节和指关节肌的肌腹都集中在前臂部，在分离前臂部各肌时可按背侧→外侧→掌侧→内侧的顺序进行分离，自前臂背侧依次分离腕桡侧伸肌、指总伸肌(内、外侧肌腹)、指外侧伸肌、腕尺侧伸肌、腕尺侧屈肌和腕桡侧屈肌。在分离指浅屈肌和指深屈肌时，必须先切断腕尺侧屈肌方能暴露出指浅屈肌，指深屈肌位于指浅屈肌的深面。

五、思考题

1. 家畜前肢与躯干以何种方式连结？

2. 前肢各关节除指关节外其伸肌为什么比屈肌发达？

3. 试述肩带肌、肩部肌、臂部肌、前臂和前脚部肌的组成及形态结构特点。

六、填图

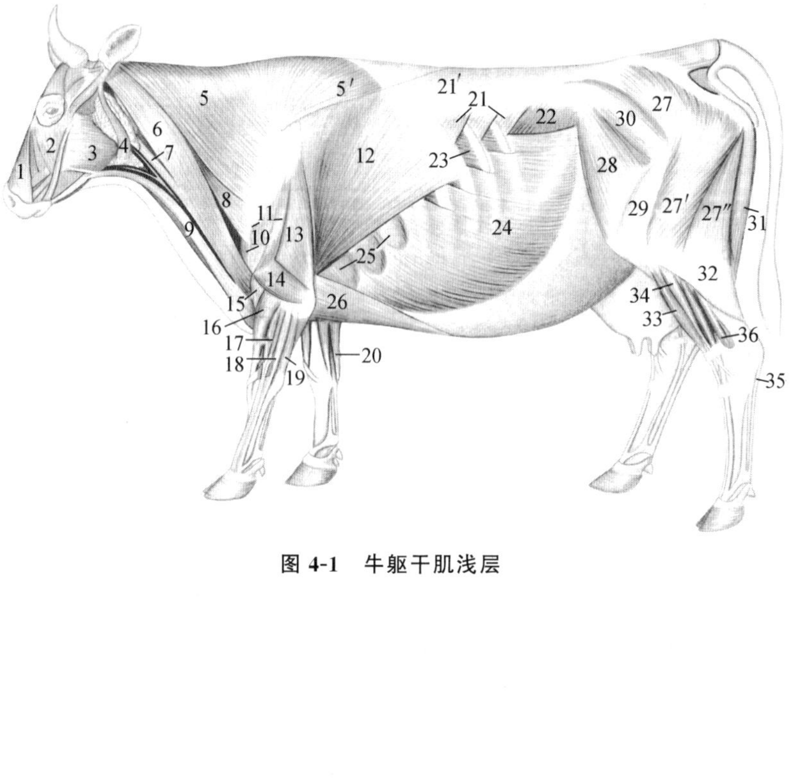

图 4-1 牛躯干肌浅层

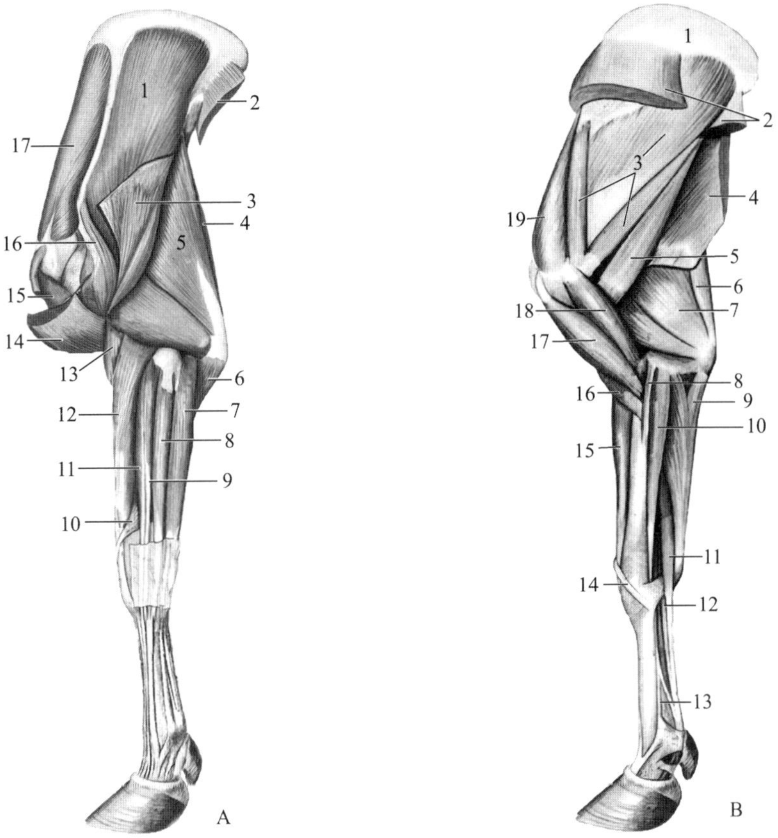

图 4-2 牛前肢肌

A. 外侧面 B. 内侧面

实验五 躯干肌和头部肌

一、实验目的和要求

1. 掌握躯干肌的组成、位置形态和作用；
2. 了解头部肌的组成、位置形态和作用。

二、实验仪器和材料

1. 制作好的牛、猪、马、犬躯干肌和头部肌的标本；
2. 常用的解剖器械。

三、实验内容和方法

(一)躯干肌

躯干肌包括脊柱肌、颈腹侧肌、胸壁肌和腹壁肌。以牛为例进行观察。

1. 脊柱肌

脊柱肌多为短肌，但部分短肌束愈合成大块的肌肉，如胸腰最长肌，分布于脊柱的周围，分为背侧肌系和腹侧肌系。脊柱背侧肌主要观察夹肌、头寰最长肌、头半棘肌、胸腰最长肌、颈最长肌和髂肋肌，腹侧肌主要观察斜角肌、腰大肌、腰小肌和腰方肌。除去前肢后才能观察躯干肌。

(1)脊柱背侧肌的识别　夹肌位于颈背侧、颈斜方肌的深方，部分被腹侧锯肌覆盖；头寰最长肌位于夹肌腹内侧；头半棘肌位于夹肌与项韧带之间；胸腰最长肌位于胸、腰椎棘突与横突及肋骨上端之间的三角形区域；颈最长肌为胸腰最长肌的延续，位于头寰最长肌的后腹侧；髂肋肌位于胸腰最长肌的外侧。

(2)脊椎背侧肌的位置形态、结构和作用

①夹肌：略呈三角形，起于项韧带索状部和胸腰筋膜，止于寰椎翼、枕骨项面和颞骨。作用为伸或偏头颈，两侧同时收缩可抬头。

②头寰最长肌：为两条平行的薄带状肌，起于后几个颈椎关节突和第 1 胸椎的横突，背侧部分较宽称头最长肌，止于颞骨；腹侧部分较窄称寰最长肌，止于寰椎翼。作用同夹肌。

③头半棘肌：呈三角形，分为腹外侧的复肌和背内侧的颈二腹肌，起于前 9 个胸椎的横突及后几个颈椎的关节突，止于枕骨项面。作用同夹肌。

④胸腰最长肌：在肉品上称眼肌，自髂骨前缘伸达最后颈椎，分为腰最长肌和胸最长肌，起始于髂骨翼前缘及荐椎、腰椎和后几个胸椎的棘突，形成一系列肌束，止于腰椎和胸椎横突、肋骨上端及第 7 颈椎横突；其前背侧部为胸颈棘肌半棘肌。该肌为脊柱最强大的伸肌，有伸背腰的作用；家畜跨越障碍物时，当后肢着地负重时，可提举躯干前部，使家畜腾空而起；当前肢支地负重时，可提举躯干后部，使家畜后躯悬空。

⑤颈最长肌：呈三角形，位于后 5 个颈椎与前 5 个胸椎之间，起始于前 5 个胸椎横突，以肌齿止于后几个颈椎横突。其作用是伸颈。

⑥髂肋肌：位于胸腰最长肌外侧缘，由一系列斜向前下方的肌束构成，表面腱质发达，起自髂骨翼前缘、前几个腰椎横突和后几个肋骨的前缘，肌纤维斜向前腹侧，止于所有肋骨的后缘和第 7 颈椎横突。其作用是向后牵引肋骨，协助呼气。髂肋肌与胸腰最长肌之间有一条深沟，叫髂肋肌沟，沟内有神经分布，为针灸穴位所在地。

(3)脊柱腹侧肌的识别　斜角肌主要位于颈最长肌的腹侧、第 1 肋的前方；腰小肌位于腰椎椎体的腹外侧；腰大肌位于腰小肌外侧、腰椎横突腹侧；腰方肌位于腰大肌背外侧。后 3 肌打开腹腔后才能观察到。

(4)脊椎腹侧肌的位置形态、结构和作用

①斜角肌：位于颈后部腹外侧深层和前 4 个肋骨外侧面。分 3 部分，腹侧斜角肌位于臂神经丛腹侧，中斜角肌位于臂神经丛背侧，起于后几个颈椎横突，止于第 1 肋骨。背侧斜角肌扁平，呈三角形，起于第 4～6 颈椎横突，止于第 2～4 肋骨。作用为屈或侧偏颈，还能向前牵引肋骨，协助吸气。

②腰小肌：狭而长，起于最后胸椎及前 5 个腰椎椎体，止于髂骨体的腰小肌结节。作用为屈腰荐关节和向下牵拉骨盆。

③腰大肌：宽扁而长，起于最后 1～2 个肋骨椎骨端、腰椎椎体和横突腹侧面，后部与髂肌合并，称髂腰肌，止于股骨小转子。可屈腰和髋关节。

④腰方肌：起于后 4 个胸椎椎体腹外侧面和相应肋骨椎骨端，以及腰椎横突的腹侧面，止于腰椎横突前缘和髂骨翼的荐盆面。两侧同时收缩时可固定腰椎，一侧收缩时可屈腰。

2. 颈腹侧肌

颈腹侧肌位于颈腹侧、气管和食管周围，包括胸头肌和胸骨甲状舌骨肌。

(1)胸头肌　为长带状肌，位于颈腹外侧，构成颈静脉沟的下界，分浅、深两部，浅部为胸下颌肌，起自胸骨柄和第 1 肋骨下端，以腱膜止于下颌骨腹侧缘面血管切迹前方和咬肌筋膜；深部为胸乳突肌，起自胸骨柄，肌腹较宽，沿气管腹侧面前行，经颈外静脉深面止于颞骨乳突。作用为屈曲和偏转头颈，浅部还可协助开口。

(2)胸骨甲状舌骨肌　为细长的扁带状肌，左右二肌并列于气管腹侧面，部分被胸头肌所覆盖，起于胸骨柄，在颈中部分为胸骨甲状肌(外侧支)和胸骨舌骨肌(内侧支)，分别止于甲状软骨和舌骨体。作用为吞咽时向后牵引舌和喉，协助吞咽；吸吮时固定舌骨，利于舌的后缩。

3. 胸壁肌

胸壁肌分布于胸侧壁和胸腹腔之间，主要包括肋间外肌、肋间内肌和膈。胸壁肌的舒缩可改变胸腔的容积，参与呼吸运动，产生吸气和呼气动作。可分为吸气肌和呼气肌。

(1)胸壁肌的识别　肋间外肌位于肋骨间隙浅层，但不达肋软骨间隙；肋间内肌位于肋间隙深层；膈位于胸腹腔之间，打开胸腹腔后才能观察到。

(2)胸壁肌的位置形态和作用

①肋间外肌：起于肋骨后缘，肌纤维由前上方走向后下方，止于后一肋的前缘。该肌收缩时可向前外方牵引肋骨，使胸腔横径扩大，产生吸气动作，为吸气肌。

②肋间内肌：位于肋间外肌的深面，起于肋骨前缘，肌纤维由后上方走向前下方，止于前一肋骨的后缘。该肌收缩时可向后内方牵引肋骨，缩小胸腔横径，引起呼气运动，为呼气肌。

③膈：又称横膈膜，位于胸腔与腹腔之间，呈圆顶状突向胸腔，约与第 6～7 肋骨相对。膈由两个部分构成，中央强韧发亮的腱膜称中心腱，周围富含肌纤维的部分称肌质部。肌质部根

据其附着部位，又可分为腰部、肋部和胸骨部。腰部以左、右两膈脚附着在腰椎椎体的腹侧，右膈脚大而长，左膈脚小而短。肋部周缘呈锯齿状，附着于胸侧壁内侧面，附着线为从倒数第2肋上1/4开始沿肋弓至第8肋软骨的弧形连线，该附着线在兽医临床诊断上有重要意义。胸骨部附着于剑状软骨的背侧面。膈肌收缩时，其突出的圆顶向后移，从而加长了胸腔的纵径，使胸腔扩大，产生吸气动作，故膈为主要的吸气肌。膈上有3个孔，自上向下依次为主动脉裂孔、食管裂孔和腔静脉孔。主动脉裂孔位于左右膈脚之间，供主动脉、左奇静脉和胸导管通过；食管裂孔位于右膈脚中，接近中心腱，供食管和迷走神经通过；腔静脉孔位于中心腱上，居食管裂孔的右下方，供后腔静脉通过。外伤、腹内压高度增加、创伤性网胃炎等常可造成膈破裂，致使腹腔一种或几种脏器进入胸腔，引起膈疝。

4. 腹壁肌

腹壁肌为板状肌，构成腹腔的侧壁和底壁。向前与肋骨和胸骨相连，向后达髋骨，向上附着于腰椎，左、右两侧的腹壁肌在腹底壁正中线上以腱膜相连，形成白线，因此处血管、神经分布较少，在犬、猫剖腹术中为最常用的手术径路。腹外斜肌表面覆盖有富含弹性组织的黄色深筋膜，称腹黄膜。腹壁肌分4层，由外向内分别为腹外斜肌、腹内斜肌、腹直肌和腹横肌。腹侧壁为3层，无腹直肌。

(1)腹外斜肌　为腹壁肌的最外层，起于第5～13肋外侧面、后缘和胸腰筋膜，肌纤维方向由前上方走向后下方，在腹侧壁中部以下转为薄板状的腱膜，止于白线、髋结节和耻前腱。腱膜的外面与腹黄膜紧密接触，内面与腹内斜肌腱膜的外层结合。自髋结节至耻骨间的腱膜特别强厚，称为腹股沟弓或腹股沟韧带。在腹股沟区腹外斜肌的腱膜上有一裂孔，为腹股沟管浅环。

(2)腹内斜肌　位于腹外斜肌的深层，起自髋结节、腰椎横突和腰背筋膜，肌纤维由后上方斜向前下方，在腹侧壁中部以下转为腱膜，止于第13肋骨后缘、白线和耻前腱。其腱膜在前下部分为内、外两层，外层厚，与腹外斜肌的腱膜结合，形成腹直肌的外鞘；内层薄，与腹横肌的腱膜结合，形成腹直肌的内鞘。

(3)腹直肌　位于腹底壁、白线的两侧，被腹外、内斜肌和腹横肌所形成的腹直肌鞘所包裹。起于胸骨和肋软骨的外侧面，肌纤维纵行，以强厚的耻前腱止于耻骨前缘。此肌前后部窄、中间宽，表面有5～6条横行的腱划。从腹腔面观察较容易。

(4)腹横肌　为腹壁肌的最内层，较薄，起于肋弓内侧面和前5个腰椎横突，肌纤维上、下行，以腱膜止于白线。腹横肌内侧为腹横筋膜和腹膜。

腹壁肌各层的肌纤维方向彼此交错排列，并在腹中部以下转化为发达的腱膜，这样形成了坚韧的腹壁，有利于承受、容纳、保护和支持腹腔内脏器官，有利于形成腹压。当腹肌收缩时，可增大腹压，协助排粪、排尿、分娩、反刍、呕吐和呼气等动作。

(5)腹股沟管　位于腹底壁后部、耻骨前缘的两侧，为腹内斜肌与腹外斜肌之间的一条斜行裂隙，是胚胎期间睾丸从腹腔下降到阴囊的通道，长15～16 cm。该管有内、外两个口，内口通腹腔，称腹股沟管深环(内环)；外口通皮下，称腹股沟管浅环(皮下环)。公牛腹股沟管内有精索、提睾肌、脉管和神经通过。正常情况下，动物在出生前、后睾丸穿过腹股沟管从腹腔下降至阴囊内，若一侧或两侧的睾丸不完全下降，滞留于腹腔或腹股沟管内，则形成隐睾。隐睾动物常不作为种公畜。母牛腹股沟管不发达，仅供脉管和神经通过。如果腹股沟管深环过大，小肠及腹腔内容物可经该管坠入阴囊，形成腹股沟阴囊疝。

5. 比较牛、猪、马、犬躯干肌的差异

(二)头部肌

头部肌分为面肌、咀嚼肌、眼球肌、咽肌、喉肌、舌肌和舌骨肌等,只观察面肌和咀嚼肌,面肌只讲如何识别,重点介绍咀嚼肌。

1. 面肌

面肌为薄肌,大部分起始于面骨或面部筋膜,止于面部自然孔裂的周围,分张肌和括约肌。张肌包括颧肌、鼻唇提肌、上唇提肌、犬齿肌、上唇降肌、下唇降肌和颧骨肌。括约肌包括口轮匝肌、眼轮匝肌和颊肌。颧肌为带状肌,从颧弓伸至口角;鼻唇提肌呈三角形,从鼻骨和额骨交界处伸至鼻翼和上唇,前部分浅、深两层;上唇提肌、犬齿肌、上唇降肌位于鼻唇提肌浅、深两层之间,自上而下按序排列;下唇降肌位于颊肌腹侧缘;颧骨肌呈三角形,位于眼眶前下方、颧肌背内侧。颊肌形成口腔侧壁,位于颧肌内侧和咬肌前方。

2. 咀嚼肌

咀嚼肌位于颞下颌关节周围,参与咀嚼运动,分开口肌和闭口肌。

(1)开口肌　二腹肌为开口肌,由前、后肌腹和中间腱组成,起自枕骨的髁旁突,伸向前腹侧止于下颌骨体颊齿部腹侧缘和内侧面。该肌收缩可降下颌(开口)。

(2)闭口肌　包括咬肌、颞肌、翼内侧肌和翼外侧肌。

①咬肌:强厚,位于下颌骨支的外侧面,表面被覆厚而发亮的腱膜,内部贯穿较多腱质。按肌纤维方向分浅、中、深 3 部分,分别起自面结节、面嵴下缘和颧弓,止于下颌骨支的外侧面。两侧肌肉同时收缩,可上提下颌,以闭口;交替收缩,可使下颌向左、右作侧向运动,以咀嚼食物。

②颞肌:位于颞窝内,起自颞窝,止于下颌骨支的冠状突。作用同咬肌。

③翼内侧肌:位于下颌骨支内侧面的翼肌窝,起自腭骨、蝶骨翼突和翼骨,止于下颌骨支内侧面。作用同咬肌。

④翼外侧肌:位于翼内侧肌背外侧,起始于蝶骨翼突和翼腭窝,止于下颌骨髁突内侧面上部的翼肌凹。

3. 比较牛、猪、马、犬头部肌的差异

如上唇降肌、二腹肌、额肌等。

四、实验注意事项

1. 要爱护标本,不要随意切断肌肉,也不要用力牵拉肌肉以防撕裂。
2. 观察完毕要及时将标本放回标本池或用塑料纸包裹好,以防干燥。

五、思考题

1. 试述脊柱肌、颈腹侧肌、胸壁肌和腹壁肌的组成和作用。
2. 瘤胃手术和剖腹产时应在腹壁什么部位进行?应顺次切开哪些结构?
3. 何谓腹股沟弓、腹股沟管和腹股沟疝?

六、填图

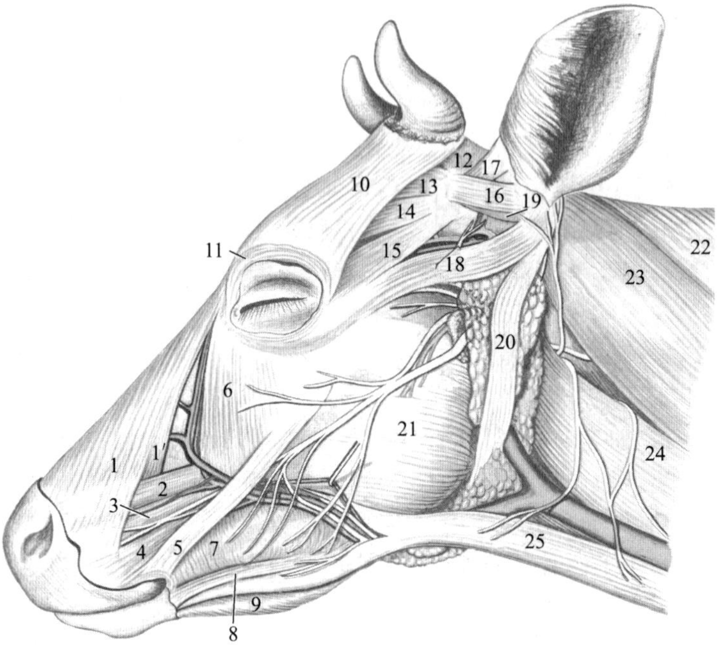

图 5-1 牛头部肌

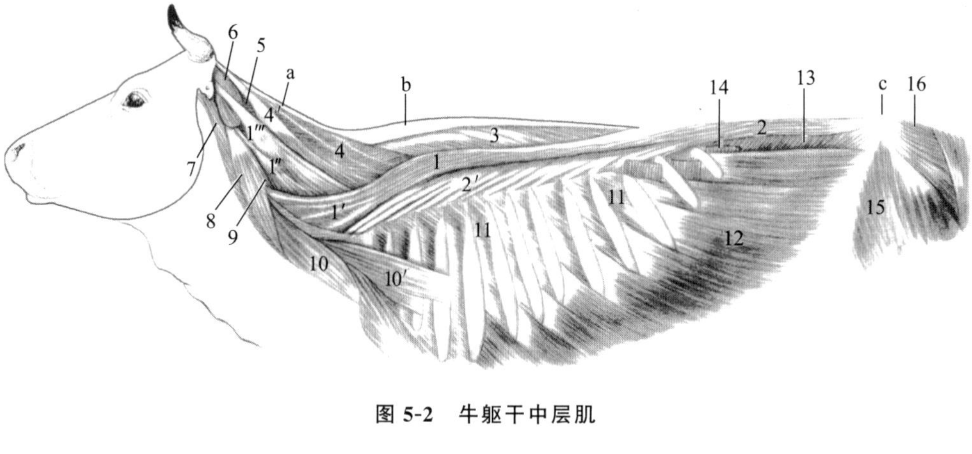

图 5-2 牛躯干中层肌

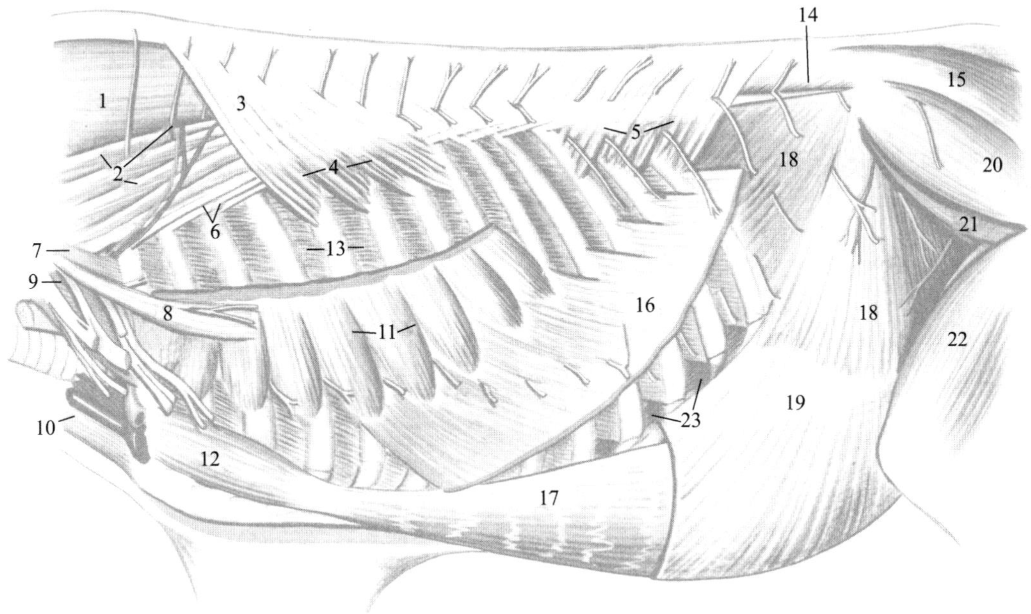

图 5-3　牛躯干肌

实验六 后 肢 肌

一、实验目的和要求

1. 熟悉后肢各关节肌肉的名称及位置；
2. 掌握后肢各关节肌肉的分布及作用；
3. 了解后肢肌沟的位置。

二、实验仪器和材料

1. 制作好的牛、羊、猪和犬后肢肌肉的标本；
2. 常用的解剖器械。

三、实验内容和方法

后肢肌根据部位分为臀股肌群、小腿和后脚部肌；根据其主要作用分为作用于髋关节、膝关节、跗关节和趾关节的肌肉。由于一些肌肉跨越几个关节，作用复杂，以其主要作用分类。本实验以牛为例，按关节进行描述。

(一)作用于髋关节的肌肉

作用于髋关节的肌肉简称髋关节肌，主要位于臀股部，又称臀股部肌，包括伸肌、屈肌和内收肌。

1. 臀股部肌的识别

臀中肌位于髋结节后腹侧、髂骨翼外面，其深面为臀深肌；自臀中肌向后至股后内侧依次为臀股二头肌、半腱肌和半膜肌。阔筋膜张肌位于臀中肌腹外侧，其深面为股四头肌。缝匠肌位于股内侧面浅层前方、股四头肌内侧，其后方为股薄肌；耻骨肌位于缝匠肌与股薄肌上部之间，其后方为内收肌。髂腰肌位于缝匠肌起始部外侧。

2. 髋关节的伸肌

髋关节的伸肌很强大，包括臀中肌、臀深肌、臀股二头肌、半腱肌和半膜肌。

(1)臀中肌　构成臀部的圆形轮廓，大而厚，起自髂骨翼臀肌面、背腰最长肌筋膜及荐结节阔韧带，止于股骨大转子；其后部被臀股二头肌上部所遮盖；横向切断臀中肌浅部并翻开，其深面为细带状富含腱质的深部，即臀副肌。其作用为伸髋关节、外展和旋转股骨。

(2)臀深肌　位于臀中肌深面，从中部横向切开臀中肌并翻起，可见此肌略呈扇形，较薄，起自髂骨翼外侧面、坐骨棘和荐结节阔韧带，止于股骨大转子。臀深肌与臀副肌之间有至阔筋膜张肌的臀前神经通过。主要作用是旋内和外展后肢。

(3)臀股二头肌　位于臀股部外侧皮下、臀中肌的后外侧，长而宽厚，起自荐骨棘突、荐结节阔韧带(椎骨头)及坐骨结节(坐骨头)，其下部分为前、后两部分，以腱膜止于膝盖骨外侧、胫骨嵴和跟结节。该肌作用复杂，在推进躯干、竖立、蹴踢时可伸髋、伸膝和伸跗关节，在提举后肢时可屈膝关节。

(4)半腱肌　位于臀股二头肌后内方，构成股部的后缘，起自坐骨结节，以腱膜止于胫骨嵴、小腿筋膜和跟结节。作用与臀股二头肌相似。

(5)半膜肌　呈三棱形，位于半腱肌的内侧，起自坐骨结节，止于股骨远端和胫骨近端内侧面，内下方被股薄肌所遮盖。作用为伸髋关节和内收后肢。

3. 髋关节的屈肌

髋关节的屈肌有阔筋膜张肌、缝匠肌、耻骨肌和髂腰肌。

(1)阔筋膜张肌　呈三角形，位于股前部外侧皮下、臀中肌的前外侧，起自髋结节，肌腹向下至股外侧延续为强厚而呈腱性的阔筋膜，止于膝盖骨及胫骨近端外侧。作用为紧张阔筋膜、屈髋和伸膝关节。

(2)缝匠肌　为窄而薄的带状肌，位于股内侧前部皮下，起自髂骨体、腰小肌腱和髂筋膜，止于膝内侧韧带和胫骨嵴。作用为伸膝、屈髋和内收后肢。

(3)耻骨肌　呈锥形，位于缝匠肌后方，起自耻骨前缘，止于股骨远端内侧。作用为屈髋和内收后肢。

(4)髂腰肌　由腰大肌和髂肌组成，腰大肌见实验五；髂肌分内侧部和外侧部，起自髂骨翼的髂肌面，两部之间形成一沟容纳腰大肌的后部，三者组成髂腰肌，止于股骨小转子。作用为屈髋关节和旋外后肢。

4. 髋关节的内收肌

髋关节的内收肌包括股薄肌和内收肌。

(1)股薄肌　位于股部内侧皮下，为四边形的薄肌，前缘为缝匠肌，起始于骨盆联合和耻前腱，止于膝内侧韧带、小腿筋膜、胫骨嵴和跟腱。

(2)内收肌　位于耻骨肌和半膜肌之间，被股薄肌遮盖，从内侧切断股薄肌或从外侧股中部切开臀股二头肌并翻起，方可看到此肌，起自耻骨和坐骨腹侧面，止于股骨内侧面。

(二)作用于膝关节的肌肉

作用于膝关节的肌肉简称膝关节肌，膝关节只能作伸屈运动，配布的肌肉也只有伸肌和屈肌，伸肌相当发达，为股四头肌；屈肌不发达，为腘肌。

1. 股四头肌

股四头肌位于股骨前方及内、外侧，大而圆呈梭形，外侧被覆阔筋膜张肌及阔筋膜，股四头肌有 4 个头，即股直肌(直头)、股内侧肌(内侧头)、股外侧肌(外侧头)及股中间肌(中间头)，股中间肌被其余三肌包围；股直肌起自髋臼的前方，其余 3 头分别起自股骨的内侧面、外侧面及前面，四肌同止于膝盖骨。作用为伸膝关节，股直肌亦可屈髋关节。

2. 腘肌

腘肌紧贴胫骨近端后面，被腓肠肌和趾浅屈肌所遮盖，起自股骨外侧髁的腘肌窝，止于胫骨跖侧的腘线及其以上区域。作用为屈膝关节。

(三)作用于跗关节的肌肉

作用于跗关节的肌肉简称跗关节肌，位于小腿部，又称小腿部肌，分屈肌和伸肌。

1. 小腿和后脚部肌的识别

背侧面由浅到深依次为第 3 腓骨肌、趾长伸肌、胫骨前肌；第 3 腓骨肌后方为腓骨长肌，后者后方为趾外侧伸肌。在小腿中部外侧切断臀股二头肌并翻起，小腿后方为腓肠肌，腓肠肌内、外侧头之间为趾浅屈肌；连接腓骨头与腓肠肌外侧头的细肌带为比目鱼肌；腓肠肌前方为趾深屈肌；在膝关节后方切断腓肠肌内侧头并翻起，可见趾深屈肌上方斜形的肌肉为腘肌。

2. 跗关节的伸肌

跗关节的伸肌位于小腿跖侧面，包括腓肠肌和比目鱼肌。

(1)腓肠肌　位于小腿后部，外侧被臀股二头肌、内侧被半腱肌和半膜肌所遮盖，肌腹分外侧头和内侧头，均呈扁纺锤形。外侧头起自股骨远端的外侧髁上粗隆，内侧头起自内侧髁上粗隆，二肌腹于小腿中部合成一强腱，腱的上半部紧贴于趾浅屈肌腱后面，下半部经趾浅屈肌腱外侧面扭转至其前面，止于跟结节。作用为伸跗关节。

(2)比目鱼肌　为小而薄的带状肌，位于小腿外侧上半部，起自腓骨头，止于腓肠肌外侧头。腓肠肌内、外侧头及比目鱼肌合称小腿三头肌。在跟骨的跟结节上附着一强大呈圆索状的跟总腱，参与构成跟总腱的肌肉有腓肠肌、趾浅屈肌、臀股二头肌和半腱肌，四块肌肉都有肌腱附着于跟结节。

3. 跗关节的屈肌

跗关节的屈肌位于小腿背外侧面，包括第3腓骨肌、胫骨前肌和腓骨长肌。

(1)第3腓骨肌　位于小腿背侧皮下，起自股骨外侧髁的伸肌窝，肌腱在跗关节背侧被伸肌近支持带(横韧带)所固定，止于大跖骨的近端及第2、3跗骨。作用为屈跗关节。

(2)胫骨前肌　紧贴胫骨前外侧面、趾长伸肌的深面，起自胫骨粗隆，止于第3跖骨的近端及第2、3跗骨。

(3)腓骨长肌　位于第3腓骨肌后方，起自胫骨外侧髁及股胫外侧韧带，止于大跖骨近端及第1跗骨。作用为屈跗关节及旋内后脚。

(四)作用于趾关节的肌肉

作用于趾关节的肌肉简称为趾关节肌，肌腹主要位于小腿部，在跖部和趾部转化为细长的腱索，又称为小腿部及后脚部肌。趾关节肌分伸肌和屈肌。

1. 趾关节的伸肌

趾关节的伸肌包括趾长伸肌和趾外侧伸肌。

(1)趾长伸肌　位于第3腓骨肌与胫骨前肌之间，起始于股骨的伸肌窝，分内侧肌腹(趾内侧伸肌、第3趾固有伸肌)和外侧肌腹，从第3腓骨肌中部切断该肌并向下翻转，可见2个肌腹，内侧肌腹至跗关节背侧变成腱下行止于第3趾的冠骨；外侧肌腹主腱与内侧肌腹腱相伴下行，于趾部背侧分成两支，分别止于第3、4趾蹄骨的伸肌突。两肌腱通过跗关节背侧时被近侧和远侧伸肌支持带(横韧带)所固定。

(2)趾外侧伸肌(第4趾固有伸肌)　位于腓骨长肌后方，起自胫骨外侧髁及股胫外侧韧带，肌腱通过跗关节外侧向下伸延至跖背侧，伴随趾长伸肌腱外侧下行，止于第4趾的冠骨。

2. 趾关节的屈肌

趾关节的屈肌包括趾浅屈肌和趾深屈肌。

(1)趾浅屈肌　起自股骨髁上窝，被腓肠肌内、外侧头包裹，至小腿远端变成腱，该腱经腓肠肌腱内侧向后扭转，在跟结节处变宽附着于跟结节两侧，主腱继续向下伸延，止于第3、4趾的冠骨。肌腱在系关节上方接受来自骨间肌的腱板，形成屈肌腱筒供趾深屈肌腱通过。自腓肠肌内、外侧头的中下部结合处纵向切开腓肠肌，或将腓肠内侧头向内翻转，可见到趾浅屈肌的肌腹部分。

(2)趾深屈肌　较发达，紧贴胫骨后面，有 3 个头：胫骨后肌(外侧浅头)、趾外侧屈肌(踇长屈肌，外侧深头)和趾内侧屈肌(趾长屈肌，内侧头)。起于胫骨后面和外侧缘，胫骨后肌和趾外侧屈肌在小腿远端变成腱，二腱合并为主腱，通过跗管(跗骨沟)下行，趾内侧屈肌腱经跗关节内侧下行，在跖骨后面上部与主腱连成一总腱，在系关节上方分为两支，分别通过屈肌腱筒，止于蹄骨的屈腱面。

(五)比较牛、猪、马和犬后肢肌的差异

如臀浅肌、缝匠肌、腓骨长肌、第 3 腓骨肌、比目鱼肌、趾深屈肌等。

(六)肌沟

主要观察股管、臀股二头肌沟、小腿内外侧沟和跖内外侧沟。股管为股内侧上部的肌间隙，由缝匠肌、耻骨肌和股薄肌共同围成，供股动脉、股静脉、隐动脉、隐静脉及隐神经通过。臀股二头肌沟位于股外侧后部，为臀股二头肌与半腱肌之间的肌沟，牛的臀骨二头肌沟位于臀股二头肌两部分之间。小腿内、外侧沟位于跟腱前方，小腿部的内、外侧。跖内、外侧沟位于跖骨与趾深屈肌腱之间，跖部的内、外侧。

(七)腱鞘和滑膜囊

腱鞘有包裹趾长伸肌的腱鞘、第 3 腓骨肌腱鞘、胫骨前肌腱鞘、趾外侧伸肌腱鞘、腓骨长肌腱鞘、趾长屈肌腱鞘和趾深屈肌腱鞘等。皮下滑膜囊位于髋结节、坐骨结节、膝盖骨、跟结节等处。腱下滑膜囊主要有臀中肌止点与大转子之间的滑膜囊、趾浅屈肌与跟结节之间的滑膜囊、半腱肌止点与胫骨嵴之间的滑膜囊等。

四、实验注意事项

1. 要爱护标本，观察完毕要及时将标本放回标本池或用塑料纸包裹好，以防干燥。

2. 分布于跗关节和趾关节肌肉的肌腹都集中在小腿部，在跗部特别是跖部以下转化为腱索，所以在分离跗关节和趾关节肌肉时也可在小腿部按背侧→外侧→跖侧→内侧的顺序进行，第 3 腓骨肌、趾长伸肌和胫骨前肌借结缔组织连在一起位于小腿部的背外侧，要仔细分离，然后再分离腓骨长肌和趾外侧伸肌，小腿三头肌包围趾浅屈肌，要切断腓肠肌才能暴露趾浅屈肌，胫骨的跖侧是趾深屈肌。

五、思考题

1. 试述后肢臀股部肌、小腿和后脚部肌的组成、形态结构和作用。

2. 比较牛、马、猪后肢肌的异同。

3. 髋关节手术时应分离哪些肌肉？

六、填图

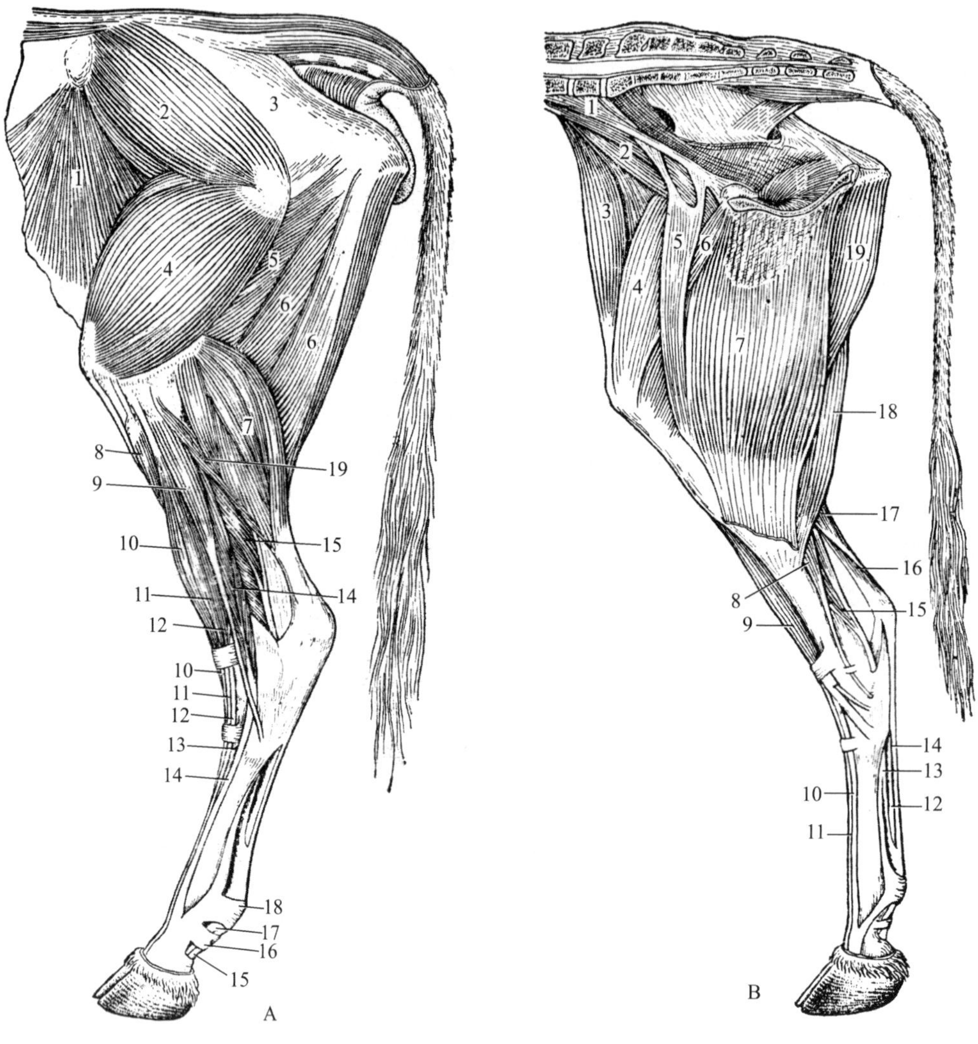

图 6-1 牛后肢肌

A. 外侧面 B. 内侧面

实验七　皮肤及其衍生物

一、实验目的和要求

1. 了解家畜皮肤、毛、角的形态结构；
2. 掌握蹄的形态结构；
3. 掌握乳腺的形态结构。

二、实验仪器和材料

1. 牛、羊、猪、马皮肤和皮革标本；
2. 制备好的牛、猪、马、犬蹄(爪)的整体、纵切标本，蹄匣和肉蹄标本；
3. 制备好的牛、羊角的整体、纵切标本；
4. 制作好的牛乳腺标本；
5. 常用的解剖器械。

三、实验内容和方法

实验以牛为例观察皮肤及其衍生物。皮肤的衍生物包括毛、角、皮肤腺(皮脂腺、汗腺、乳腺)和蹄，重点为乳腺和蹄。

(一)皮肤的结构

皮肤由表皮、真皮和皮下组织构成。皮革由真皮鞣制而成。

(二)毛的形态和分布

毛呈细丝状，着生于皮肤上，露于皮肤外面的为毛干，埋于皮肤内的为毛根，毛根末端膨大为毛球。毛分普通的被毛和特殊的长毛。被毛又分粗毛和细毛，牛、马、猪的为粗毛，绵羊的为细毛。特殊的长毛如触毛、鬃毛、鬣毛等。

各种动物毛的分布方式不一，通过皮革上的毛孔进行观察。牛的被毛呈均匀分布，因此牛皮革上的毛孔也呈均匀分布；绵羊的被毛成组分布；猪的被毛成簇分布，每簇 3 根，其中 1 根是主毛，因此，猪皮革上的毛孔亦成簇分布。

有条件的地方可在活体或尸体上观察毛流。

(三)角的形态结构

角是包被在额骨角突外的鞘状结构，分为角根、角体和角尖。角根和额部皮肤相连，角体中空，角尖为实心。角由表皮和真皮构成，表皮角质化形成角鞘，真皮直接和角突的骨膜相连。注意观察角轮和角的形态。

(四)蹄的形态结构

牛、羊、猪蹄属偶蹄，每肢的指(趾)端有 2 个主蹄和 2 个悬蹄。马为单蹄动物。

1. 主蹄

蹄分蹄缘、蹄冠、蹄壁、蹄底和蹄球5部分，有的教科书分蹄壁、蹄底和蹄球3部分，后者将前者的蹄缘和蹄冠作为蹄壁的一部分。蹄缘为蹄与皮肤连接的部分；蹄冠位于蹄缘下方，略微隆起；蹄壁位于蹄的轴侧面和远轴侧面；蹄底位于蹄腹侧面前部，略凹；蹄球位于蹄腹侧面的后部，即蹄枕。牛蹄呈三棱角锥形，由表皮、真皮和皮下组织构成，蹄表皮为蹄的角质层，称蹄匣，蹄真皮称肉蹄，蹄皮下组织在蹄壁和蹄底缺失。

(1)蹄匣

①蹄缘角质：柔软，与皮肤连接。

②蹄冠角质：微隆起，内侧面有沟，称蹄冠沟，沟内有无数角质小管的开口。

③蹄壁角质：分轴侧面和远轴侧面，轴侧面即指(趾)间面，略凹，仅后部与对侧蹄相接触；远轴侧面为背外侧面。蹄壁由釉层、冠状层和小叶层组成。釉层由角化扁平细胞组成。冠状层由角质小管和管间角质构成，在蹄冠沟可见到角质小管的开口；冠状层含有色素，使蹄壁颜色较深。小叶层由无数的角小叶组成。蹄壁下端与地面接触的部分称蹄底缘。蹄底缘与蹄底之间颜色较浅的部分称蹄白线(白带)，是装蹄铁时下钉的标志。

④蹄底角质：位于蹄腹侧面前部，呈略凹的三角形，背侧面凸，有许多角质小管的开口。

⑤蹄球角质：为蹄腹侧面后部，隆凸，常开裂，为蹄感染的途径。

(2)肉蹄　其形态与蹄匣相似，分肉缘、肉冠、肉壁、肉底和肉球。肉冠呈带状隆起，表面密布乳头，伸入蹄冠角质的小管中。肉壁由肉小叶组成，与角小叶交错排列，使蹄匣壁与肉壁紧密结合。肉底略凹，与肉球界限不明显，表面密布乳头，伸入蹄底角质的小管中。

(3)皮下组织　仅在蹄缘、蹄冠和蹄球存在，蹄球的皮下组织发达，富含弹性纤维，为指(趾)端的弹性结构。

2. 悬蹄

悬蹄为短圆锥形，悬于主蹄后上方，不与地面接触，与主蹄的结构基本相似，内有1～2枚指(趾)节骨。

3. 猪蹄

猪蹄与牛的基本相似。

4. 马蹄

马蹄呈半圆形，分为蹄缘、蹄冠、蹄壁、蹄底和蹄枕。蹄也由蹄表皮(蹄匣)、真皮(肉蹄)和皮下组织构成。蹄冠表皮较窄。蹄壁表皮分背侧壁、内侧壁和外侧壁，内、外侧壁后部向前呈锐角折转形成蹄支，折转处称蹄踵角。蹄壁结构与牛相似。蹄底表皮略凹，呈半月形。蹄枕表皮分蹄叉和枕两部分，蹄叉呈楔形，后为蹄叉底，前为蹄叉尖，蹄叉与蹄支之间为叉旁内、外侧沟，蹄叉中部的浅沟称蹄叉中央沟。肉蹄与蹄匣形态相似。马蹄有内、外侧两块蹄软骨。

5. 犬爪

犬前肢有5个爪，后肢有4个爪。爪呈弯曲的弓形，两侧压扁，与爪骨的形态相适应。爪包括爪底、2个壁和1背侧嵴，背侧嵴将爪壁分为轴侧面和远轴侧面。爪掌侧面有一沟，将爪与指(趾)枕分开。爪可分为爪缘、爪冠、爪壁和爪底。爪缘和爪冠位于爪嵴附近，被爪褶遮盖。爪壁位于爪骨壁面表面，爪底位于爪骨底面腹侧。犬的枕有腕枕、掌枕(跖枕)和指枕(趾枕)。

(五)乳房的形态结构

1. 牛的乳房

家畜的乳房是指与一个乳头相连系的乳腺复合体，由乳房体和乳头组成。牛乳房位于耻骨部，有4个，合并成一个整体，呈倒置的圆锥形，由纵沟分为左、右两半，每半又被横沟分为前后两部，因此牛的乳房由4个乳丘组成。乳房紧贴腹壁；乳房体膨大，乳腺位于体部，每个乳丘内的腺管互不相通；乳头游离，呈圆柱状或圆锥形，每个乳丘上有一个乳头，偶有小的副乳头。每一个乳头上有一个乳头管的开口。

乳房由皮肤、筋膜和实质(腺叶)组成。皮肤与腹壁和股内侧皮肤相延续，乳头皮肤无被毛。乳房后部至阴门之间具有线状毛流的皮肤纵褶称乳镜。乳镜面积大小与产乳量相关。皮肤深面为筋膜，分浅筋膜和深筋膜，深筋膜发达，形成乳房的悬吊装置，在乳房内、外侧形成内、外侧板，两侧的内侧板组成乳房中隔(乳房悬韧带)。深筋膜的结缔组织伸入乳房实质内，将乳房实质分为许多腺叶和腺小叶。乳房的实质为腺小叶，由分泌部和导管部组成，分泌部由腺泡和分泌小管构成。导管部由许多小的输乳管汇成较大的输乳管，再汇入输乳窦(乳池)。输乳窦为乳房体下部和乳头内的大的不正形的腔体，可储存乳汁，分腺部和乳头部。乳汁最后经乳头管排出体外。

2. 羊的乳房

羊的乳房呈锥形，有2个乳丘和乳头，结构与牛相似。

3. 马的乳房

马的乳房呈扁圆形，有2个乳丘和乳头，每一乳头上有2～3个乳头管的开口。

4. 猪的乳房

猪的乳房位于腹白线两侧，从胸部伸至腹后部，有5～8对，在二花脸猪可见到10对，每一乳头上有2～3个乳头管的开口。

5. 犬的乳房

犬的乳房位置与猪的相似，有4～6对乳房，每一乳头上有7～16个乳头管的开口。

四、思考题

1. 试述牛乳房的形态和结构。
2. 比较牛蹄、马蹄和犬爪的异同。
3. 口蹄疫有何症状？

五、填图

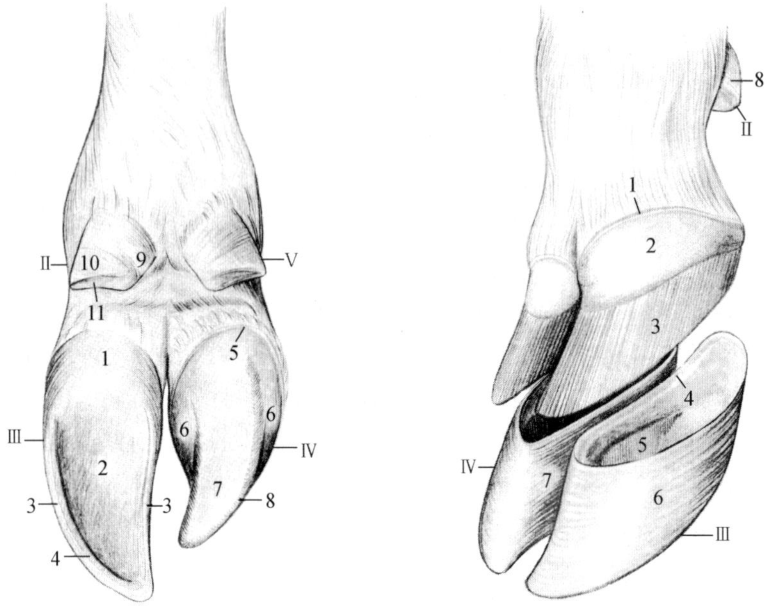

A B

图 7-1 牛蹄

A. 蹄掌侧面 B. 蹄背内侧面

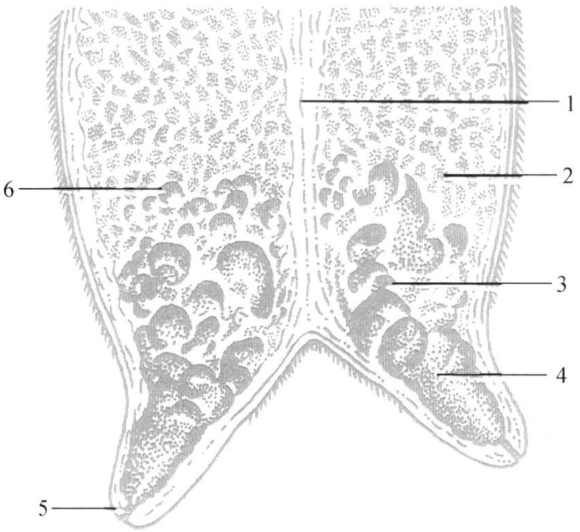

图 7-2 牛乳房横切面观

实验八　口腔、咽和食管

一、实验目的和要求

了解几种主要家畜口腔、咽和食管的形态位置、结构和功能，熟悉各种家畜口腔和咽的结构特点。

二、实验仪器和材料

1. 制作好的牛、猪、马、犬口腔、咽和食管的标本以及头部正中矢状面标本。教师课前按照教学设计制作口腔侧开标本，制作方法为先从左侧口角向后切开颊，顺切线再切开下颌骨表面的皮肤和咬肌，用咬骨钳或电锯锯断下颌骨以及舌骨，顺势剪开下颌骨内面诸肌及黏膜，直至咽峡，在扁桃体下方依次剪过口咽部和喉咽部，直至食管口；另一侧则沿口角水平剪开咬肌表面皮肤、咬肌、下颌骨支和少量翼肌，以及舌骨，保留颊和其后的口腔黏膜。

2. 有条件的实验室，准备健康的犬。

3. 常用解剖器械、手套、一次性注射器。

三、实验内容和方法

(一)牛(羊)的口腔、咽和食管

首先在牛整体消化器官标本上依次指出口腔、咽、食管、瘤胃、网胃、瓣胃、皱胃、十二指肠、空肠、回肠、盲肠、结肠、直肠、肛门、肝和胰以及唾液腺等，然后详细观察口腔、咽和食管，其余内容下次实验课观察。

1. 口腔

口腔是消化管的起始部，有采食、吸吮、泌涎、尝味、咀嚼和吞咽等功能。口腔的前壁是唇，两侧壁是颊，顶壁是硬腭，底壁为舌和下颌骨切齿部及其表面的黏膜。口腔分为口腔前庭和固有口腔。唇颊与齿弓之间的空隙称为口腔前庭，齿弓之内的空间称为固有口腔，内含舌。口腔内表面被覆黏膜，湿润光滑，在活体呈粉红色。有的牛口腔黏膜有色斑。黏膜下还散在分布有唇腺、颊腺、舌腺、腭腺等，统称为小唾液腺。口腔周围有大唾液腺（腮腺、下颌腺和舌下腺），通过导管与口腔相通。

(1)唇　为口腔的前壁，分上唇和下唇。上、下唇之间是口裂，在两端汇合为口角。唇外被皮肤，内衬黏膜，中间为口轮匝肌。牛上唇短厚而不灵活，上唇与鼻孔之间无毛，形成鼻唇镜，内有鼻唇腺，正常时经常分泌有水样液体。猪的上唇与鼻端形成吻突，其内有吻骨。羊的上唇短而灵活，上唇中间有明显的纵沟，称为人中。

(2)颊　为口腔的侧壁，界限为口角之后、咬肌前缘之前。外被皮肤，内衬黏膜，中间为颊肌。颊黏膜上有尖端向后的锥状乳头，在与第3～5上颊齿相对的颊黏膜上有腮腺导管开口。

(3)硬腭　为口腔的顶壁，由骨质硬腭被覆黏膜构成，向后延续为软腭。牛硬腭短而宽，表面正中有纵走的腭缝，腭缝两旁有横向的腭褶，其游离缘呈锯齿状。腭缝前端有一小突起，为切齿乳头。该乳头两侧深沟内有切齿管开口，管另一端通鼻腔。反刍动物上颌无切齿，硬腭前部的黏膜形成厚而致密的角质层，称齿枕。

（4）齿

①齿的排列和种类：齿着生于上颌骨和下颌骨以及切齿骨上，排列成上、下齿弓，上齿弓较宽。齿分为切齿、犬齿、颊齿。牛、羊无上切齿和上犬齿。下切齿每侧有 3 枚，由内向外依次为门齿、中间齿和隅齿。下犬齿每侧有 1 枚。由于反刍动物的切齿与犬齿紧靠在一起，在以前的解剖学教科书中，将下切齿和下犬齿统称为切齿。颊齿分前臼齿和臼齿，前臼齿和臼齿每侧上下各 3 枚。牛每个上前臼齿嚼面有一个半月形齿漏斗，下前臼齿嚼面无齿漏斗，上、下臼齿嚼面有 2 个齿漏斗。恒齿式为 $2\times\left(\frac{\text{切齿 }0\cdot\text{犬齿 }0\cdot\text{前臼齿 }3\cdot\text{臼齿 }3}{\text{切齿 }3\cdot\text{犬齿 }1\cdot\text{前臼齿 }3\cdot\text{臼齿 }3}\right)=32$（枚）。

②齿的形态：齿露在齿龈外的部分为齿冠，被齿龈包裹的部分为齿颈，埋在齿槽内的部分为齿根。切齿和犬齿只有 1 个齿根，颊齿 2～3 个齿根。齿根末端有孔通齿髓腔。根据齿冠长短将齿分为长冠齿和短冠齿。牛、羊的切齿和犬齿均为短冠齿，颊齿为长冠齿。齿有唇面、舌面、齿间面和咀嚼面，在咀嚼面有齿星和齿漏斗（长冠齿）。观察牛各种齿的数目、形态、齿星、齿漏斗及齿龈。在牛、马、羊常根据下切齿的出齿、换齿、咀嚼面的形态学变化判断和估计其年龄。

③齿的构造：齿由齿质、釉质和黏合质构成。观察齿纵剖面的结构，可见釉质为乳白色，最为坚硬；釉质内包围着略呈黄色的齿质，围成齿髓腔。齿髓在活体为富含血管和神经的结缔组织，有营养齿的作用。

（5）口腔底和舌　口腔底的中后部由舌所占据。其前部由下颌骨切齿部被覆黏膜组成，黏膜上有 1 对乳头，为舌下阜（中医称卧蚕），下颌腺管和单口舌下腺管开口于其上。在舌体两侧与下颌体之间的狭窄间隙称为舌下外侧隐窝，是多口舌下腺管开口的部位。

舌为采食和味觉器官，分为舌根、舌体和舌尖 3 部分。舌根为舌的后部，附着于舌骨；舌体位于颊齿之间，以腭舌弓与舌根为界；舌尖为舌前端的游离部分。牛、羊舌背后部有一椭圆形隆起为舌圆枕。舌由舌肌和舌黏膜构成。舌肌分固有舌肌和外来肌两种。舌黏膜被覆于舌肌表面，舌背黏膜较厚，角化程度也较高，形成许多形态和大小不等的两类乳头，即味觉乳头（菌状乳头、轮廓乳头，马和猪还有叶状乳头）和机械乳头（丝状乳头、锥状乳头和豆状乳头）。舌圆枕上有豆状乳头和锥状乳头；舌背面大头针帽样的小白点是菌状乳头；舌体与舌根交界处两侧的圆圈状结构是轮廓乳头。舌根部背侧的黏膜内有舌扁桃体。舌尖腹侧的黏膜较薄，在舌尖与舌体交界处腹侧有黏膜褶与口腔底相连，为舌系带，牛有两条舌系带。

（6）大唾液腺　包括腮腺、下颌腺和舌下腺。牛腮腺位于耳廓基部下方，下颌支后缘的皮下，略呈狭长倒立的三角形，上端宽厚，腮腺导管伴随面动脉沿咬肌前缘走行，开口于与第 5 上颊齿相对的颊黏膜上（羊开口于与第 3、第 4 上颊齿相对的黏膜上）。下颌腺比腮腺大，呈新月形，位于腮腺深面，导管开口于舌下阜。舌下腺位于舌体与下颌骨体之间的黏膜下，分为多口舌下腺和单口舌下腺。多口舌下腺位于背侧，腺管直接开口于口腔底的黏膜上，单口舌下腺位于腹侧，腺管与下颌腺管一起开口于舌下阜。

2. 咽和软腭

(1)咽　略呈漏斗状，分为 3 部分，前部被软腭分为背侧的鼻咽部和腹侧的口咽部，后部为喉咽部。口咽部在前腹侧，位于软腭与舌根之间，以咽峡通口腔，侧壁有腭扁桃体窦，窦壁内含有腭扁桃体。鼻咽部在前背侧，位于软腭上方，以两个鼻后孔通鼻腔，顶壁有咽中隔和咽扁桃体，两侧壁上有裂隙状的咽鼓管咽口，通中耳。喉咽部在后方，位于喉口上方和软腭后方，经食管口通食管，经喉口通喉腔，在喉口两侧形成梨状隐窝。注意观察咽以 7 个口与周围结构相通：以两个鼻后孔与鼻腔相通，以两个咽鼓管咽口与中耳相通，以咽峡与口腔相通，以食管口和喉口分别与食管和喉相通。

(2)软腭　前端附着于硬腭，两侧附着于咽前部侧壁上，后端游离缘呈弓形称腭弓。软腭由腭肌被覆黏膜构成。软腭向后与咽侧壁相连的黏膜褶称为腭咽弓，向腹侧与舌根相连的黏膜褶称为腭舌弓；软腭与舌根间围成口咽部，也称咽峡，软腭腹侧面的黏膜内有腭帆扁桃体。软腭平时下垂伏于舌根上，吞咽时上提。

3. 食管

起于咽，止于瘤胃，分颈、胸、腹 3 段。颈段初位于喉和气管的背侧，至颈中部渐渐转至气管的左侧；胸段又位于气管的背侧、胸主动脉的腹侧，穿过膈至腹腔延续成为腹段；腹段很短，在贲门连接瘤胃。颈段食管左背外侧有颈总动脉和迷走交感干。胸段食管后段背、腹侧有迷走神经背侧干和腹侧干。切断食管观察其结构，食管从外向内依次由外膜、肌层、黏膜下层和黏膜组成。食管肌层特殊，牛的全为横纹肌，其深面为黏膜下层，最内层为黏膜，食管腔因黏膜皱褶而变狭窄。纵行切开食管，可见黏膜形成纵行皱褶。

(二)马的口腔、咽和食管

1. 口腔

唇长而灵活。颊较长，黏膜光滑。硬腭发达，腭褶游离缘光滑，无齿枕。舌尖前部较宽呈铲状，无舌圆枕，有 1 条舌系带，舌下阜发达，舌乳头有丝状乳头、菌状乳头、轮廓乳头和叶状乳头。丝状乳头呈丝绒状，柔软；轮廓乳头通常有两个，位于舌背后部中线两侧；叶状乳头位于舌背后部两侧、腭舌弓前方。公马的恒齿式为 $2\times\left(\frac{3\cdot1\cdot3\cdot3}{3\cdot1\cdot3\cdot3}\right)=40$(枚)，母马无犬齿，切齿和颊齿为长冠齿，颊齿的齿星和齿漏斗复杂。腮腺呈四边形，大。下颌腺比腮腺小，长而弯曲，从寰椎翼的腹侧向前达下颌间隙，并几乎与对侧的下颌腺相接。舌下腺最小，仅有多口舌下腺，无单口舌下腺。

2. 咽

无咽中隔和腭扁桃体窦，咽顶壁后部形成咽隐窝；咽鼓管黏膜膨大形成咽鼓管憩室(临床上常称之为喉囊)，为马属所特有。软腭长，伸至会厌基部。马一般不发生呕吐，一旦发生，呕吐物将从鼻孔流出，这是因为其软腭较长的缘故。

3. 食管

马食管管腔比牛细，食管肌层在心底前为横纹肌，心底后为平滑肌。

(三)猪的口腔、咽和食管

1. 口腔

口腔下唇尖小，上唇与鼻相连形成吻突，口裂很大。腭褶 20～23 条，游离缘光滑，无齿枕，舌窄而长，舌尖薄，无舌圆枕；有两条舌系带，舌下阜小，位于舌系带处。舌乳头有丝状乳头、菌状乳头、轮廓乳头、叶状乳头和锥状乳头，轮廓乳头和叶状乳头与马的相似。恒齿式为 $2\times\left(\frac{3\cdot1\cdot4\cdot3}{3\cdot1\cdot4\cdot3}\right)=44$(枚)，猪齿为短冠齿。观察猪齿的位置形态：恒切齿呈圆锥状，上切齿较小，方向近垂直，排列较疏松；下切齿方向近水平，排列较密。犬齿很发达，尤其是公猪，呈弯曲的三棱形，弯向后方，突出于口裂之外。前臼齿 4 枚，属于切齿型，第 1 前臼齿较小，又称狼齿。臼齿 3 枚，属于丘齿型，后部臼齿的齿结节数目较多。腮腺发达，呈三角形，位于耳根下方。下颌腺小，圆形。舌下腺分为前部的多口舌下腺和后部的单口舌下腺。

2. 咽

咽狭长，顶壁有咽中隔，食管口上方有猪特有的咽憩室，喉口两侧有梨状隐窝。软腭游离缘有小的锥形突起，称悬雍垂。无腭扁桃体，腭帆扁桃体发达，位于软腭腹侧面。

3. 食管

食管短而直，颈段不偏向左侧，肌层大部分为横纹肌，仅腹段为平滑肌。

(四)犬的口腔、咽和食管

将一只健康的本地犬仰卧保定，在股内侧纵切，从股三角分离股动脉并切断，放血致死，剥皮，沿腹白线纵切，打开腹腔，将两侧的肋骨和肋软骨连接处切开，掀起胸骨，打开胸腔。沿颈腹侧正中切开皮肤，分离胸骨甲状舌骨肌，暴露气管和喉，分离食管。从口腔开始依次观察口腔、咽和食管。

犬唇薄而灵活，周围有触毛，上唇人中明显，口裂大，恒齿式为 $2\times\left(\frac{3\cdot1\cdot4\cdot2}{3\cdot1\cdot4\cdot3}\right)=42$(枚)，幼犬没有臼齿(5 月龄后陆续长出)。舌尖薄，舌体厚，舌背正中有正中沟，无舌圆枕，舌尖腹侧正中有蚓状体，舌系带有 1 条。舌乳头有丝状乳头(舌背前 2/3)、菌状乳头、轮廓乳头、叶状乳头和锥状乳头(舌背前 1/3)。硬腭有腭褶 6～10 条，腭缝不明显。软腭很长，与会厌靠近。腭扁桃体发达，长椭圆形，位于腭扁桃体窝内。腮腺小，呈 V 形，位于耳根下方，腮腺管横过咬肌外面；下颌腺大，呈长椭圆形，位于腮腺深面。舌下腺分两部分，前部为多口舌下腺，后部为单口舌下腺。颧腺位于颧弓内侧，眼球和翼肌之间，开口于最后上臼齿外侧的口腔前庭。食管较粗，管腔较大，有纵行皱褶，肌层全为横纹肌。

四、实验注意事项

1. 要爱护标本，观察完毕后要及时将标本放回标本池或用塑料纸裹好，以防干燥。

2. 宰杀犬时要特别注意防止被犬咬伤，要准备相应的保定工具，必要时老师和学生都要注射狂犬病疫苗。

五、思考题

1. 试述家畜口腔、咽和食管的组成和结构。

2. 对照实物，指出咽的分部以及与周围器官相通的 7 个口。

六、填图

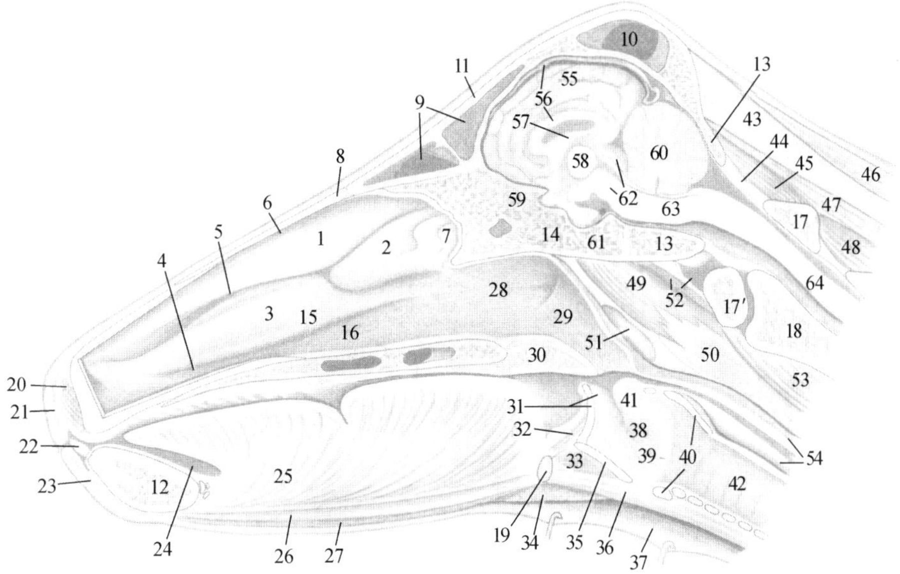

图 8-1　牛头部正中切面

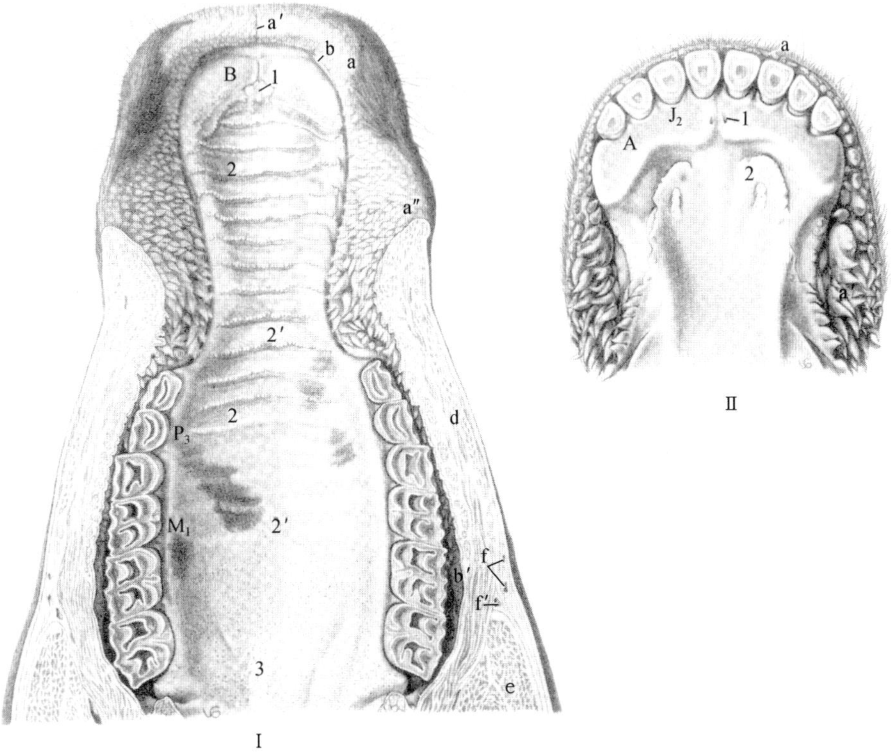

图 8-2　牛口腔顶和口腔底舌下部

Ⅰ. 口腔顶　Ⅱ. 口腔底舌下部

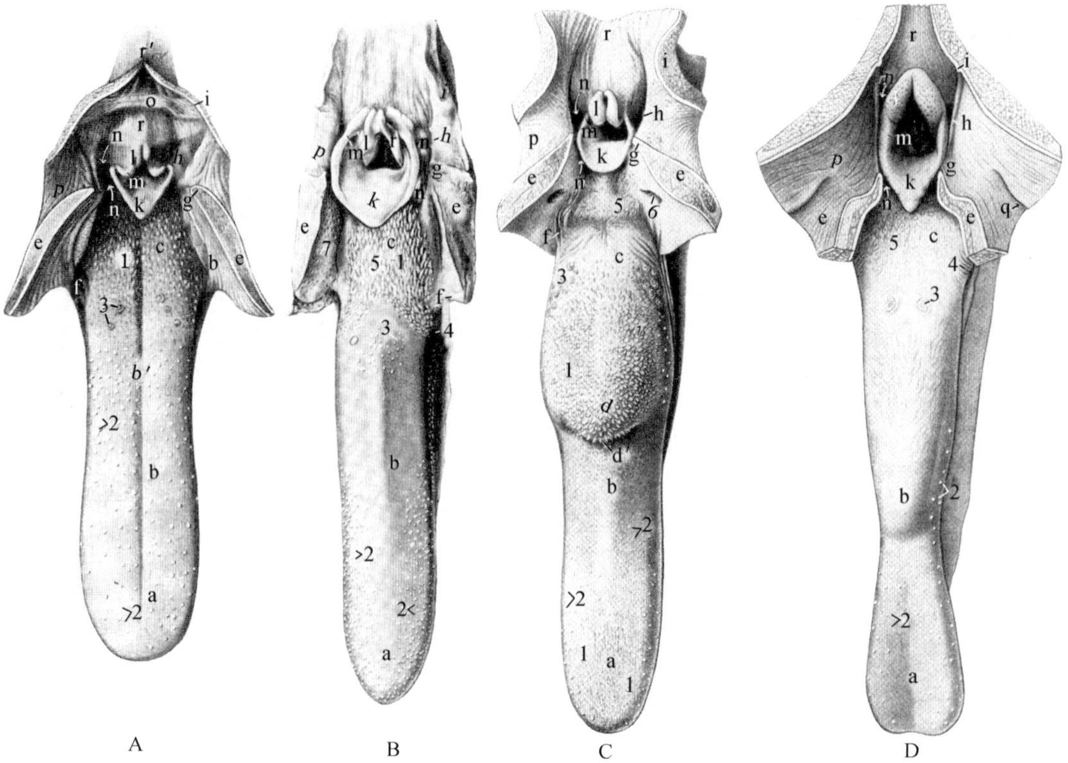

图 8-3 家畜舌

A. 犬舌 B. 猪舌 C. 牛舌 D. 马舌

实验九　胃、肠、肝、胰

一、实验目的和要求

掌握几种主要家畜胃、肠、肝、胰的形态、位置、结构和功能。

二、实验仪器和材料

1. 制作好的牛、猪、马、犬消化器官的标本；
2. 有条件的实验室准备健康的犬；
3. 常用的解剖器械，个人防护用品(包括手套、外科口罩及实验服等)。

三、实验内容和方法

(一)牛(羊)的胃、肠、肝、胰

先观察离体标本，然后观察整体标本，形成整体和立体概念。

1. 胃(多室胃)

牛(羊)的胃是复胃(多室胃)，由瘤胃、网胃、瓣胃和皱胃 4 个胃室组成。

(1)瘤胃　位于腹腔左侧，前至膈，后至骨盆前口。瘤胃的入口是贲门，位于瘤网胃交界处，相对于第 7 肋间隙或第 8 肋中点；瘤胃出口是瘤网口，由瘤网褶围成，与外表的瘤网胃沟相对。

外部形态：瘤胃为左右略扁、前后稍长的椭圆形大囊，前、后端分别有较深的前沟和后沟，左右两侧有与前、后沟相连的左纵沟和右纵沟。右纵沟上方有副沟，两者之间围成瘤胃岛；瘤胃两侧自后沟前端分别向背侧和腹侧伸出背侧和腹侧冠状沟。瘤胃左、右纵沟背侧为背囊，腹侧为腹囊。前沟背侧为瘤胃房(前囊)，腹侧为瘤胃隐窝；后沟背侧为后背盲囊，腹侧为后腹盲囊。

内部结构：瘤胃壁由黏膜、黏膜下层、肌层和浆膜组成。瘤胃黏膜呈棕黑色或棕黄色，有许多圆锥状和叶片状的乳头，注意各部分乳头分布的差异；瘤胃内壁有颜色较淡的肉柱，与前沟、后沟、左右纵沟和冠状沟相对，分别称为前柱、后柱、左纵柱、右纵柱和冠状肉柱，肉柱上无乳头；前、后柱和左、右纵柱围成瘤胃内口，沟通背囊和腹囊。

(2)网胃　位于膈的后方，紧贴于瘤胃房的前方，两者之间有瘤网胃沟为界。网胃体表投影与第 6～9 肋相对。

外部形态：网胃呈前后略扁的梨形，游离的腹侧端为网胃底。

内部结构：网胃黏膜形成网格状黏膜褶，似蜂房，在黏膜褶和网胃房底布满角质乳头。网胃的入口是瘤网口，出口是网瓣口，在贲门和网瓣口之间有胃沟相连，称网胃沟，曾称食管沟。网胃沟由左、右沟唇和沟底组成，呈螺旋状扭曲，起始部开口向后，中部向左，末端向前。

(3)瓣胃　位于右季肋部、瘤胃房右侧，体表投影与第 7～11 肋下部相对。临床上进行瓣胃穿刺，可在肩关节水平线与第 9 或第 10 肋间隙交点或下方 1 cm 处进针。

外部形态：瓣胃呈两侧稍扁的球形，凸缘(大弯，亦称瓣胃弯)朝向右后上方，凹缘(小弯，亦称瓣胃底)朝向左前下方,以细的瓣胃颈与网胃相连。

内部结构:瓣胃黏膜形成瓣胃叶,附着于大弯,有大、中、小、最小 4 级,其上布满角质乳头。瓣胃底无瓣叶,有瓣胃沟,大瓣叶的游离缘与瓣胃沟之间形成瓣胃管。瓣胃的入口是网瓣口,出口是瓣皱口,两口之间有瓣胃沟和瓣胃管相连。在瓣皱口的两侧黏膜各形成一小皱褶,为皱胃帆。因瓣叶间充满较干的饲料而使瓣胃较坚硬。

(4)皱胃　位于右季肋部和剑状软骨部、瓣胃的腹侧,体表投影与第 8~12 肋下部相对。

外部形态:皱胃为弯曲的长梨形囊,凸缘向下,为大弯;凹缘向上,为小弯。皱胃分胃底、胃体和幽门部。胃底为起始部的膨大部分,在瘤胃隐窝和网胃底腹侧,向后延续为胃体;幽门部在瓣胃后方沿肋弓转向后上方,以幽门连接十二指肠。

内部结构:皱胃黏膜光滑、柔软,在胃底和胃体部有 12~14 条螺旋形皱褶,称皱胃旋褶;在小弯侧有皱胃沟;在幽门小弯侧肌膜形成幽门圆枕。根据黏膜颜色和位置可将皱胃分为贲门腺区(色淡)、胃底腺区(灰红色)和幽门腺区(黄色)。

(5)大网膜和小网膜

①大网膜:发达,分浅、深两层,浅层起于瘤胃左纵沟,沿腹囊左侧面向下绕过腹囊腹侧至右侧腹壁,向上止于皱胃大弯及十二指肠的前部和降部;深层起于瘤胃右纵沟,沿瘤胃腹囊脏面向下达腹底壁,再经空肠和结肠右侧向上止于十二指肠降部。浅层与深层于瘤胃后沟处相延接,两者之间围成口袋状的网膜囊后隐窝,包裹瘤胃腹囊。切开一部分浅层网膜,将手指伸入可探知网膜囊。大网膜深层与瘤胃背囊脏面围成网膜上隐窝,大部分肠管位于其中。

②小网膜:起始于肝的脏面,从肝门至食管压迹,经瓣胃右侧后行连接皱胃小弯和十二指肠前部,瓣胃被包在其中。小网膜与瘤胃和肝之间形成网膜囊前庭,借网膜孔与腹膜腔相通。

2. 肠

肠由小肠和大肠组成,牛肠约为体长的 20 倍,羊肠约为 25 倍。

(1)小肠　几乎全部位于腹腔右侧,由总肠系膜悬于腹腔顶壁,在网膜上隐窝内。小肠分为十二指肠、空肠和回肠 3 段。

①十二指肠:位于右季肋部和腰部,分 3 部 3 曲,前部起始于幽门,在肝脏面形成乙状袢,前曲为由前部折转为降部的弯曲。降部位于腰部,自前曲伸向后上方,在髋结节附近转向内侧,延续为后曲。升部自后曲向前延伸,在胰腹侧以十二指肠空肠曲移行为空肠,升部位于降结肠右侧,两者之间有十二指肠结肠襞(韧带)相连。

②空肠:位于腹腔右侧,盘曲成许多肠袢,以空肠系膜悬挂于结肠盘腹侧。

③回肠:位于右髂部,延接空肠由后下方走向前上方,约在第 4 腰椎腹侧以回肠口开口于盲肠结肠交界处腹侧。回肠与盲肠之间由回盲襞(韧带)相连,常以此韧带作为识别回肠的标志。观察回盲襞和回肠口及其附近的淋巴集结。

(2)大肠　大肠较粗,分为盲肠、结肠和直肠 3 段,反刍动物的盲肠和结肠没有肠带(纵肌带)和肠袋。

①盲肠:位于右髂部的上半部,呈圆筒状,盲端向后伸延至骨盆腔前口,前端通结肠,以回肠口为界。

②结肠:较长,分为升结肠、横结肠和降结肠。升结肠分为近袢、旋袢和远袢 3 部分。近袢呈 S 形,自回肠口向前至右肾腹侧,折转向后行至十二指肠后曲腹侧,再折转向左向前,沿肠系膜左侧延伸至第 2~3 腰椎腹侧移行为旋袢。旋袢蟠曲呈双螺旋形肠盘,位于近袢和空肠之

间，分向心回和离心回，两者折转相连处称中心曲。自右侧观察，向心回顺时针旋转 1.5～2 圈（牛）或 3～4 圈（羊）至中心曲；离心回自中心曲起，逆时针旋转同样圈数，在第 1 腰椎腹侧延续为远袢。远袢呈 U 形，位于近袢背侧，延接离心回，于十二指肠升部右侧向后行至第 5 腰椎腹侧，折转向左向前，经肠系膜前动脉右侧前行至最后胸椎腹侧，折转向左移行为横结肠。横结肠延接升结肠远袢，经肠系膜前动脉前方自右向左走行，然后折转向后延续为降结肠。降结肠在肠系膜前动脉左侧、十二指肠升部左侧向后延伸，末端形成 S 形弯曲，称乙状结肠，入盆腔延续为直肠。

③直肠：位于骨盆腔的背侧，分为腹膜部和腹膜外部。肛门为消化管末端出口，在尾根腹侧，不向外突出。

3. 肝

肝位于右季肋部、膈后方，红褐色，为扁而厚的长方形。牛肝因受瘤胃挤压而位于腹腔右侧，由前腹侧斜向后背侧。肝分两面（膈面和脏面）、四缘（背侧缘、腹侧缘、左侧缘和右侧缘），膈面凸，与膈相邻；脏面凹，与网胃、瓣胃、皱胃、十二指肠和胰等相邻，脏面中央有肝门；左侧缘位于前腹侧，与第 6～7 肋相对；右侧缘位于后背侧，达第 1～2 腰椎腹侧；背侧缘左侧有食管压迹，压迹右侧有腔静脉沟，有后腔静脉通过；腹侧缘薄，有圆韧带切迹和胆囊窝。牛肝分叶不明显，以圆韧带切迹和胆囊窝为界分为 3 叶，圆韧带切迹与食管压迹连线左侧为左叶，胆囊窝与腔静脉沟连线右侧为右叶，两者之间为中叶，中叶又被肝门分为上方的尾叶（乳头突和尾状突）和下方的方叶。在尾叶和右叶的背侧缘有肾压迹，在肝脏面胆囊窝内有呈梨形的胆囊，胆囊向下超出肝的腹侧缘，肝管与胆囊管合成胆总管，开口于十二指肠乙状曲的第 2 曲，距幽门 50～70 cm。肝由左右三角韧带、冠状韧带、镰状韧带和圆韧带固定。左三角韧带位于左叶背侧，靠近食管压迹；右三角韧带位于右侧缘肾压迹附近；冠状韧带自右三角韧带起沿肝膈面后腔静脉腹侧延伸至左三角韧带；镰状韧带自冠状韧带起沿肝膈面向腹侧延伸至圆韧带切迹；圆韧带为脐静脉的遗迹，成年常退化。

4. 胰

胰大部分位于腹腔右侧，在第 12 肋至第 2～4 腰椎的腹侧，呈不正的四边形，灰黄色或粉红色。分胰体（头）、右叶和左叶（胰尾），胰体伸至肝的脏面，左叶伸至瘤胃背囊与膈脚之间，右叶沿十二指肠降部延伸，胰体前部有胰切迹，供门静脉和肠系膜前动脉通过。牛的胰管为副胰管，自右叶走出，开口于十二指肠降部，在胆总管开口后方 30～40 cm 处；羊为主胰管，自胰体走出，与胆总管合成一条总管开口于十二指肠。

（二）猪的胃、肠、肝、胰

1. 胃（单室胃）

胃位于腹前部，大部分在左季肋部，小部分在剑状软骨部，仅幽门部位于右季肋部。胃略呈 U 形，壁面朝前，与肝和膈相邻；脏面朝后，与肠、大网膜、肠系膜和胰等相邻；凸缘为胃大弯，凹缘为胃小弯，最弯曲处称角切迹；贲门位于小弯左侧上部，与食管连接；幽门位于小弯右侧上部，与十二指肠相连。胃分为 4 部分，贲门周围为贲门部；贲门以上为胃底，其左上端有突向右后方的盲囊，称胃憩室，为猪胃的特征性结构；角切迹左侧、胃底腹侧的部分为胃体；角切迹右侧的部分为幽门部。

内部结构：猪胃黏膜分两部分，即无腺部和腺部，无腺部黏膜颜色苍白，小，位于贲门周围。腺部又分贲门腺区、胃底腺区和幽门腺区，贲门腺区最大，从胃底伸至胃体中部，浅灰色；胃底腺区较小，位于胃体的下部，棕红色；幽门腺区位于幽门部，灰白色；在幽门的小弯侧有幽门圆枕，与对侧的唇形隆起相对。大网膜呈花网状，连接胃大弯与横结肠、十二指肠和脾等。小网膜连接胃小弯与肝和十二指肠。

2. 肠

肠约为体长的15倍。十二指肠分3部3曲，与牛的基本相似。空肠大部分位于腹腔右侧，小部分位于左侧，借较宽的空肠系膜悬吊于胃后方的腰下部。回肠较直，壁较厚，位于左髂部，自空肠走向背内侧，末端突入盲肠、结肠交界处肠腔内，形成回肠乳头，上有回肠口。盲肠位于左髂部、结肠圆锥后方，自起始部向后向下向内延伸，盲端可达脐与骨盆前口之间的腹腔底，盲肠有3条肠带（腹侧、内侧和外侧肠带）和3列肠袋。结肠分升结肠、横结肠和降结肠。升结肠分旋袢和远袢，旋袢形成螺旋状锥形肠袢，称结肠圆锥；锥底在上，位于腰部和左髂部，锥尖向下向左，与腹底壁接触。旋袢分向心回和离心回，向心回位于结肠圆锥外周，肠管较粗，从背侧面观察顺时针向下旋转3～4圈至中心曲，管壁上有2条肠带和2列肠袋；离心回最初位于结肠圆锥外周，以后转至内心，肠管较小，无明显的肠带和肠袋，逆时针向上也旋转3～4圈，移行为远袢。远袢在腰下部经肠系膜前动脉右侧前行接横结肠。猪的横结肠、降结肠、直肠与牛的基本相似。

3. 肝和胰

①肝：大部分位于右季肋部，小部分位于左季肋部。猪肝的特点是中央厚，边缘薄，肝腹侧缘的叶间裂明显，因此肝分叶明显，分为左外叶、左内叶、中叶、右内叶和右外叶，中叶位于左侧的圆韧带切迹与右侧的胆囊窝之间，被肝门分为背侧的尾叶和腹侧的方叶。胆囊不突出于肝腹侧缘，胆囊管与肝总管汇合成胆总管，开口于距幽门2～5 cm处的十二指肠大乳头。肝小叶间结缔组织发达，肝小叶明显。肝无肾压迹。

②胰：位于最后2个胸椎和前2个腰椎的腹侧，略呈三角形，胰体前部有胰环供门静脉通过。胰管从右叶走出，开口于距幽门10～12 cm处的十二指肠小乳头。

(三)马的胃、肠、肝、胰

1. 胃

马的胃位置、形态与猪胃相似，分贲门部、胃底、胃体和幽门部，胃底向左后上方膨大，称胃盲囊，幽门部分幽门管和幽门窦。胃黏膜分为无腺部和腺部。无腺部比猪大得多，呈白色，包括胃底和一部分胃体，以褶缘与腺部为界。腺部色深，分贲门腺区、胃底腺区和幽门腺区。贲门腺区小，灰黄色；胃底腺区大，棕红色；幽门腺区灰黄色。幽门黏膜形成环形褶，称幽门瓣。

2. 肠

马的小肠形态与牛的相似，主要位于腹腔左侧上半部，十二指肠位于右季肋部和腰部，分3部3曲，前部第2曲有十二指肠大、小乳头；空肠位于左髂部、左腹股沟部和耻骨部，回肠位于左髂部。大肠发达，分盲肠、结肠和直肠，盲肠和结肠有肠带和肠袋。盲肠特别发达，呈倒逗点形，位于腹腔右侧，分为底、体和尖3部分。盲肠底位于腹腔右后上部，向前可达第14～15肋，背侧缘凸，为大弯，腹侧缘凹，为小弯，有回肠口（左侧）和盲结口（右侧）。盲肠体位于右髂部、右腹股沟部、耻骨部和脐部，在肋弓下方沿右腹侧壁向前延伸。盲肠尖向前下方伸延到剑状软骨部。盲肠有4条肠带和4列肠袋。结肠分为升结肠、横结肠和降结肠。升结肠亦称大结肠，特别发达，形成双层马蹄铁形肠袢，位于腹腔下半部，分4段3曲。从盲结口开始依次为右下大结肠→胸骨曲→左下大结肠→骨盆曲→左上大结肠→膈曲→右上大结肠。大结肠粗细不等，最粗处是右上大结肠后部，膨大如胃，故称胃状膨大部，然后突然变细延续为横结肠。最细处是骨盆曲。大结肠有肠带和肠袋，下大结肠有4条肠带（背侧2条、腹侧2条），骨盆曲有1条，上大结肠开始时有1条，以后逐渐增加至3条（腹侧1条，背侧2条）。横结肠位于肠系膜前动脉前方，管径骤然变细，呈漏斗状，延接降结肠。降结肠亦称小结肠，以长的后肠系膜悬于第4、5腰椎腹侧，与空肠混在一起，位于腹腔左侧上半部，形成许多典型的肠袢，有2条肠带和2列肠袋。马属动物结肠因饲养管理不善易发生结症。直肠壶腹明显。肛门稍向外突出。

3. 肝和胰

①肝：呈厚板状，斜位于季肋部膈的后方，大部分在右季肋部，小部分在左季肋部。分叶明显，有左叶、中叶（尾叶、方叶）和右叶，左叶以叶间裂分为左外叶和左内叶。肝有肾压迹，无胆囊，肝总管与胰管一起开口于十二指肠大乳头（肝胰壶腹）。

②胰：位于第16～18胸椎腹侧，略呈三角形，分为胰体、左叶和右叶，胰后部中央有胰环。主胰管由胰体走出与肝总管共同开口于十二指肠。副胰管开口于主胰管开口对侧的十二指肠小乳头。

（四）犬的胃、肠、肝、胰

按照实验八的方法保定、致死和解剖犬。观察胃、肠、肝和胰。

1. 胃

胃位于腹前部，肝后方，形态和分部与猪相似，左端粗，以贲门接食管，右端细，以幽门接十二指肠。胃属肠型胃，没有无腺部，贲门腺区小，位于贲门周围，白色；胃底腺区很大，浅红色；幽门腺区灰白色。

2. 肠

肠长度约为体长的5倍，大肠无肠带和肠袋。十二指肠分3部3曲，黏膜形成环行皱褶。空肠较长，以空肠系膜悬于腰下部，位于胃与盆腔入口之间的腹底部，形成6～8个肠袢；回肠长约15 cm，后段较粗，位于盲肠左腹侧，回肠口位于第1～2腰椎平面。盲肠较短，呈S形，位于右侧第2～4腰椎横突腹侧。结肠亦分为升结肠、横结肠和降结肠，但外形简单，整体呈U形，黏膜形成纵形皱褶。

3. 肝和胰

肝位于膈后方，浅褐色，分叶明显，一般分为6叶，即左外叶、左内叶、右外叶、右内叶、方叶、尾叶（尾状突和乳头突），胆囊位于右内叶上。胰灰红色，呈V形，小叶状，胰体位于幽门附近；右叶位于右肾腹侧、十二指肠系膜内，沿十二指肠降部后行至后曲和盲肠附近；左叶位于大网膜深层内，在胃和肝后方、横结肠前方。

四、实验注意事项

同实验八。

五、思考题

1. 牛、羊胃、升结肠和肝的位置、形态结构特点是什么？
2. 猪胃、升结肠和肝的位置、形态结构特点是什么？

3. 马属动物大结肠和盲肠的位置、形态结构特点是什么？有何作用？
4. 犬结肠和盲肠形态结构特点是什么？
5. 牛瘤胃臌气、创伤性网胃(心包)炎、瓣胃阻塞和皱胃变位有何症状？

六、填图

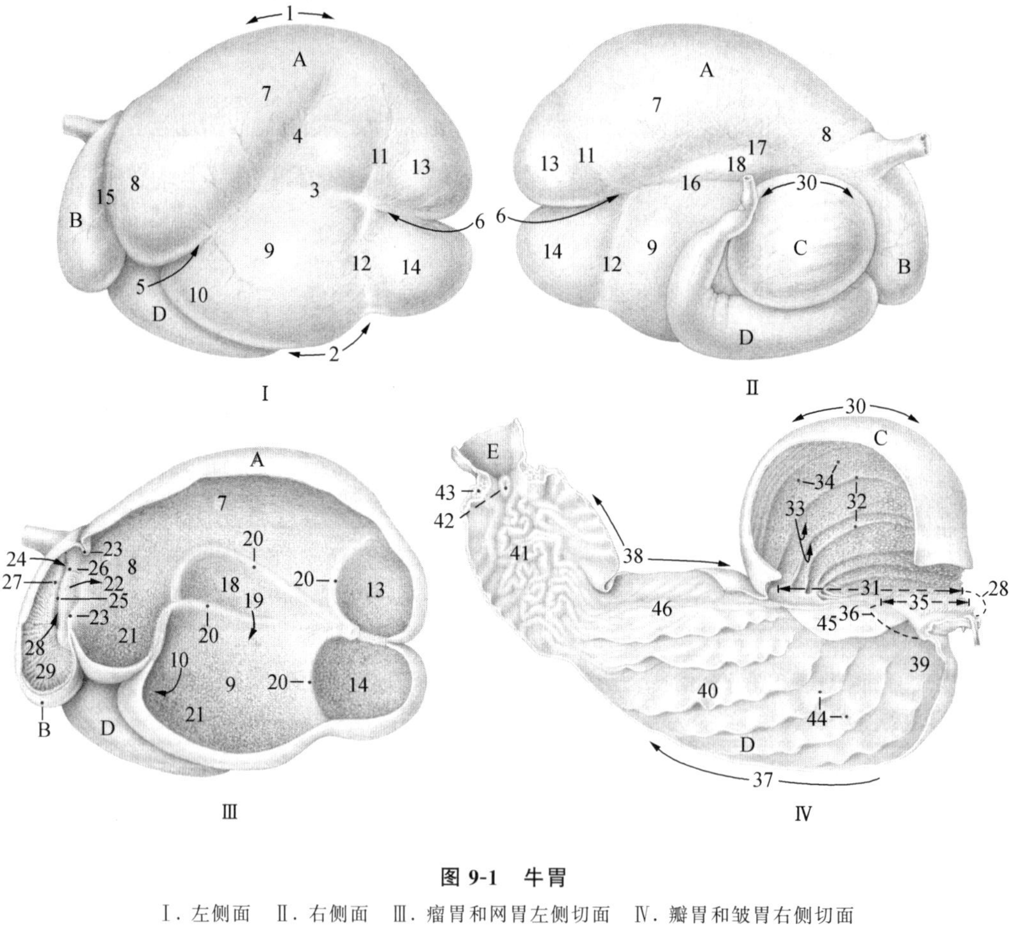

图 9-1 牛胃

Ⅰ. 左侧面 Ⅱ. 右侧面 Ⅲ. 瘤胃和网胃左侧切面 Ⅳ. 瓣胃和皱胃右侧切面

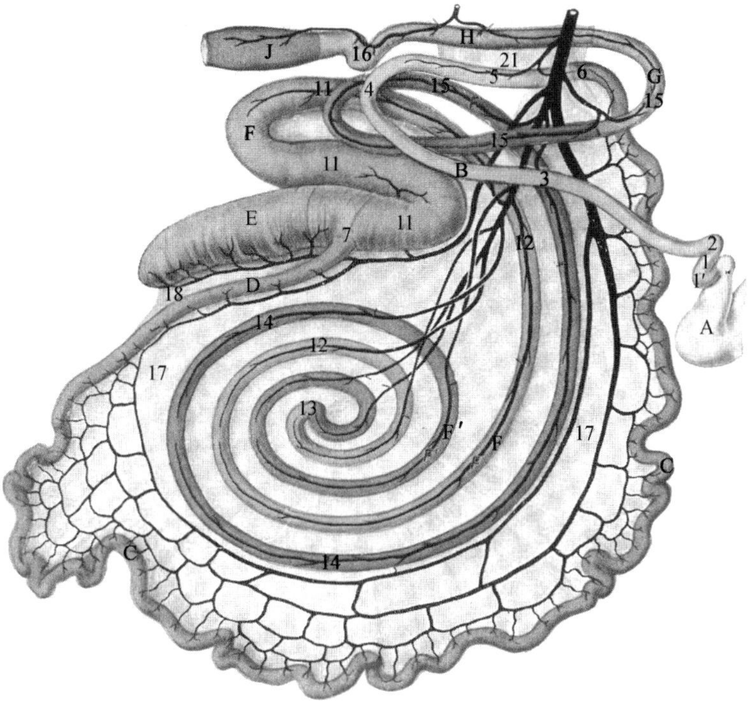

图 9-2　牛肠模式图

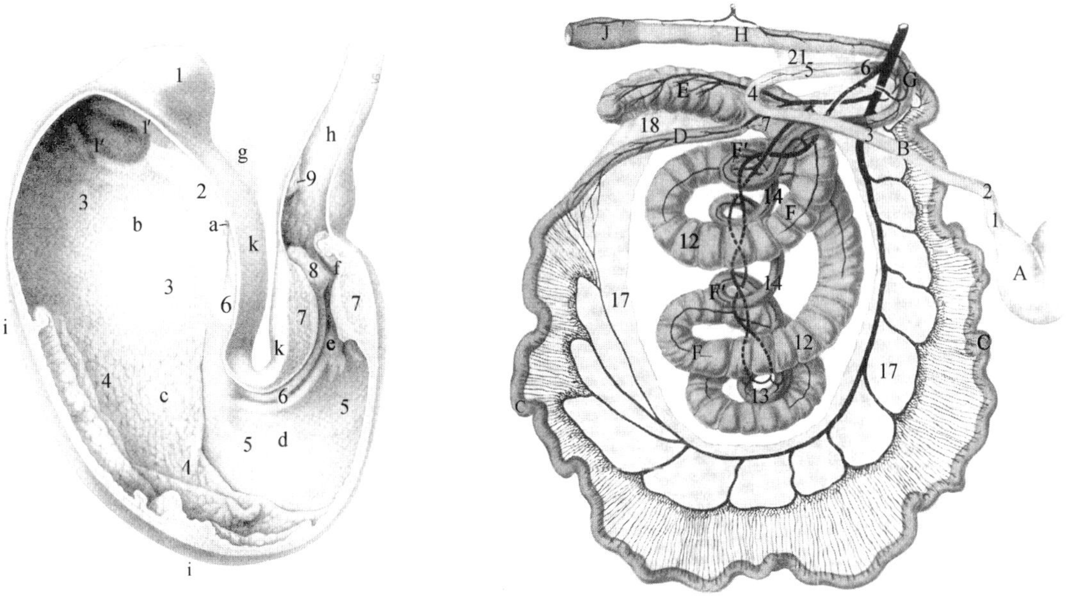

图 9-3　猪胃、肠模式图

Ⅰ. 胃　Ⅱ. 肠

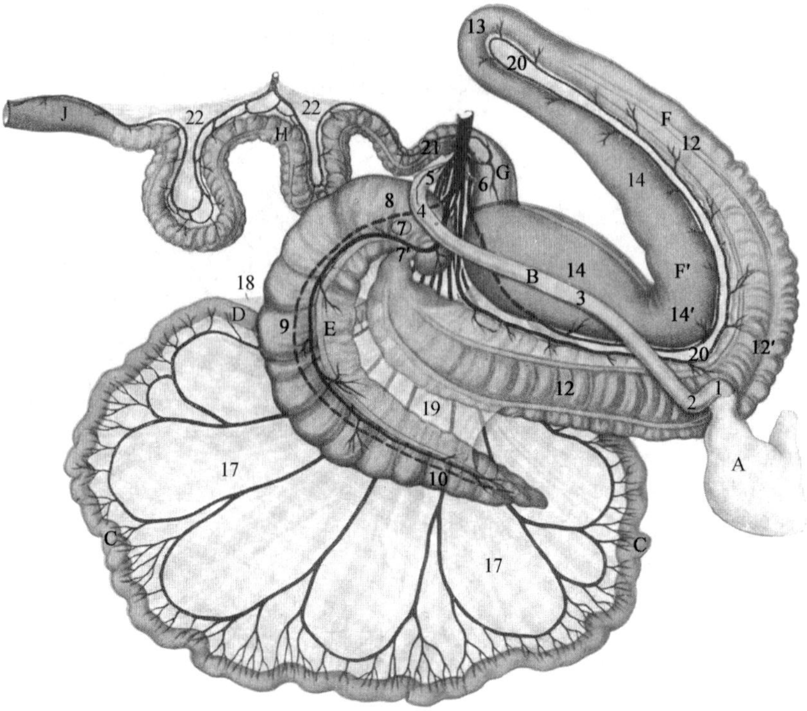

图 9-4　马肠模式图

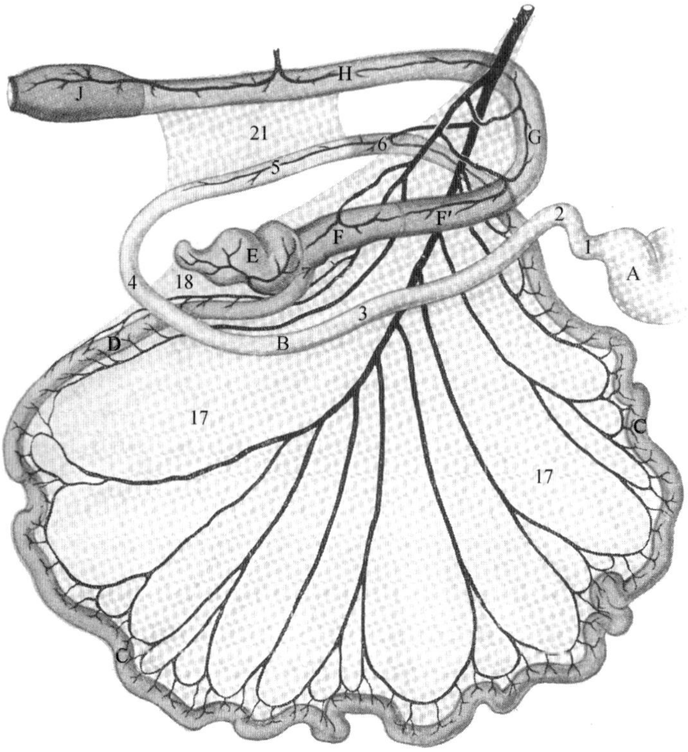

图 9-5　犬肠模式图

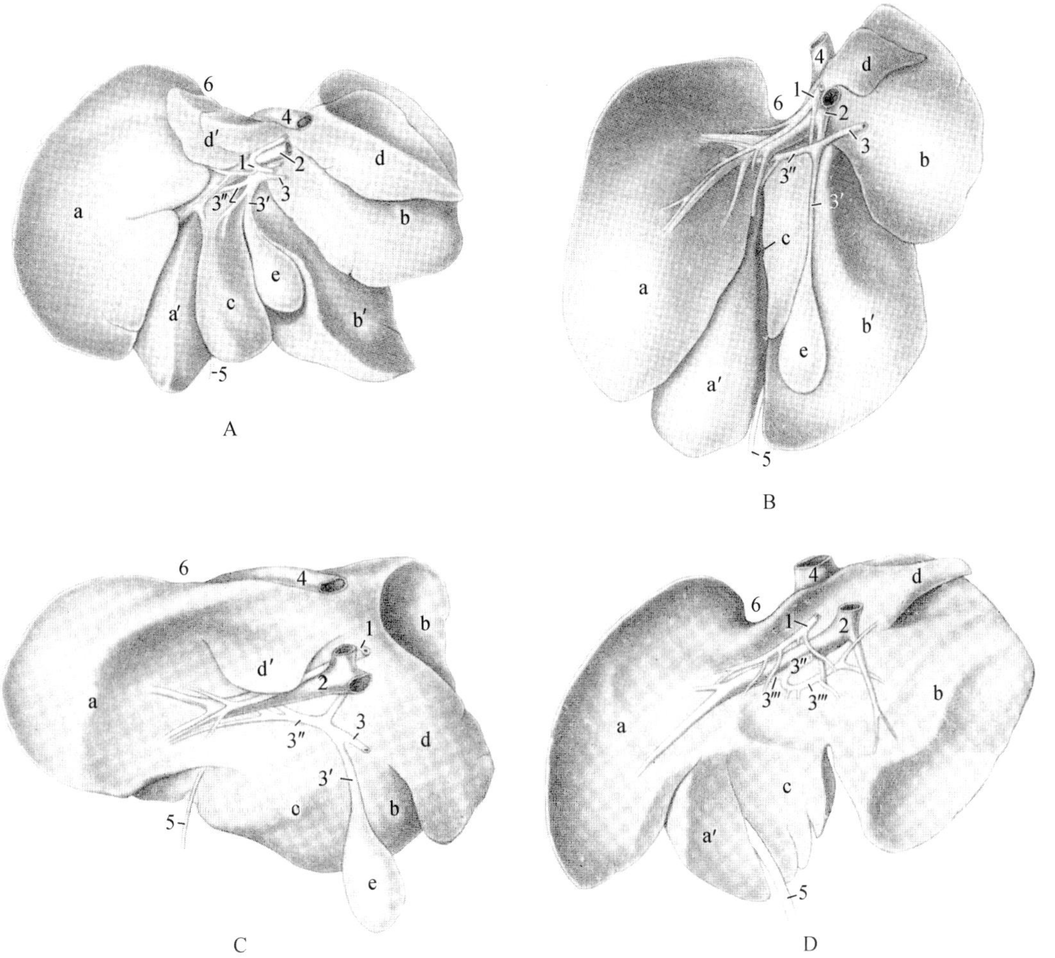

图 9-6　家畜肝(脏面)

A. 犬　B. 猪　C. 牛　D. 马

实验十 呼吸系统

一、实验目的和要求

掌握几种主要家畜呼吸系统的组成、位置形态、结构和功能。

二、实验仪器和材料

1. 制作好的牛、猪、马、犬呼吸器官的标本；
2. 常用的解剖器械、手套、一次性注射器等。

三、实验内容和方法

(一)牛(羊)的呼吸系统

呼吸系统由鼻、咽、喉、气管、支气管、肺及辅助结构组成。

1. 鼻

鼻由外鼻、鼻腔和鼻旁窦组成。

(1)外鼻 分鼻根、鼻背和鼻尖。后部为鼻根,位于两眼眶之间,向前延续为鼻背;鼻背向两侧延续为鼻侧壁;前端为鼻尖,有一对鼻孔,为鼻腔的入口,由内、外侧鼻翼围成。牛的鼻孔呈椭圆形,鼻翼厚而不灵活;山羊的鼻孔呈S形。牛的上唇与鼻孔之间形成鼻唇镜,羊的两鼻孔之间形成鼻镜。

(2)鼻腔 为圆桶状,前方经鼻孔与外界相通,后方以鼻后孔与咽相通。鼻腔被鼻中隔分为左、右两半。鼻腔分为鼻前庭和固有鼻腔。

①鼻前庭:是鼻腔前部内衬皮肤的部分,相当于鼻翼围成的空间。在鼻前庭的外侧壁上有鼻泪管的开口,位于翼襞腹侧、鼻孔后方约2.5 cm处。牛、羊无鼻憩室。

②固有鼻腔:是鼻腔衬有黏膜的部分,位于鼻前庭后方。在头的纵切面上可见每侧鼻腔侧壁上有上、下鼻甲,鼻腔顶壁、上鼻甲、下鼻甲和鼻腔底壁彼此间形成3个鼻道,即上、中、下鼻道,上、下鼻甲与鼻中隔之间形成总鼻道,4个鼻道在鼻腔横切面上呈E形。上鼻道狭,后通嗅区;中鼻道与鼻旁窦相通;下鼻道最宽,直接通鼻后孔,是插胃导管的通道;总鼻道与以上3个鼻道相通。固有鼻腔根据黏膜性质分呼吸区和嗅区,呼吸区占据鼻腔前部大部分,黏膜为淡红色,上皮为假复层柱状纤毛上皮;嗅区在呼吸区之后,牛和绵羊(浅)黄色,山羊呈黑色,黏膜上皮内有嗅细胞,具有嗅觉作用。

(3)鼻旁窦(副鼻窦) 见实验一头骨部分。

2. 咽

见实验八咽部分。

3. 喉

喉位于下颌与颈腹侧部的交界处,是以喉软骨为支架,内衬黏膜,外覆肌肉所构成的短管状器官。

(1)喉软骨 有4种5块,其中会厌软骨、甲状软骨和环状软骨为单块,杓状软骨1对。环状软骨位于第1气管软骨环前方，呈环形，背侧宽大为板，其余为弓。甲状软骨位于环状软骨前方，呈U形，两侧为板，底部为体。板的背侧缘前、后端有前角和后角，分别与甲状舌骨和环状软骨成关节。会厌软骨位于甲状软骨前方，呈叶片状，分底和尖，尖弯向舌根，在吞咽时可向后翻转盖住喉口，防止食物落入喉内。杓状软骨位于甲状软骨背内侧、环状软骨前方，呈三面锥体形，分底和尖，底向腹侧伸出声带突，尖向前上方弯曲呈钩状称小角突。

(2)喉肌　分固有喉肌和外来喉肌，控制喉的活动或调节喉腔的大小及声带紧张度。

(3)喉腔　由喉黏膜围成，前方以喉口与咽相通，后方连接气管。喉口由会厌、杓状软骨和杓状会厌襞围成。在喉腔中部侧壁上有一对黏膜褶称声襞，两侧声襞之间的裂隙称声门裂，声襞与声门裂合称声门。声门裂前方的喉腔称喉前庭，后方的称声门下腔。牛喉无喉室和前庭襞。

4. 气管和支气管

气管位于颈腹侧正中，胸骨甲状舌骨肌的深面，起于喉，向后延伸进入胸腔，在心底背侧分出两支主支气管分别入左、右肺，并在气管分支前向右侧分出一支较小的气管支气管(右尖叶支气管)。牛气管由48～60个气管软骨环以结缔组织依次连接而成，气管软骨环呈U形，缺口朝向背侧，背腹径大于横径，颈中部以后游离的两端重叠。

5. 肺

肺位于胸腔内、心两侧，分左肺和右肺，右肺较大。肺表面光滑、湿润、粉红色，富有弹性，入水不沉，但胎儿肺可沉入水中。肺呈底斜切的三面棱柱状，有3个面和3个缘。肋面隆突，与肋接触；膈面(底面)略凹，与膈相邻；内侧面较平，与胸椎椎体(椎部)和纵隔(纵隔部)接触，有大血管、食管、心等器官的压迹，中部有肺门，为支气管、血管、神经出入肺的门户，这些结构被结缔组织包裹在一起称肺根。背侧缘隆突；腹侧缘较薄，有心切迹，左侧与第3～5肋相对；底缘薄，为自第6肋骨肋软骨交界处至第11肋骨上端的弧线，在临床诊断上有重要意义。

肺以主支气管在肺内的第1级分支为准分为肺叶(气管支气管属肺叶支气管)，左肺分2叶，前叶(尖叶)和后叶(膈叶)，前叶又以心切迹分为前、后两部分，故在有些教科书上说左肺分3叶。右肺分4叶，前叶、中叶、后叶和副叶，前叶也分前、后两部分；副叶位于后叶内侧，其外侧有沟供后腔静脉通过。肺表面的无数多边形结构是肺小叶。

6. 支气管树

将健康牛肺置自来水中浸泡2～3 d后，用纱布包裹并用棰轻轻敲打，流水冲洗，制成支气管树。主支气管入肺后分出肺叶支气管，肺叶支气管分出肺段支气管，如此分出小支气管、细支气管，最后分出终末细支气管，由终末细支气管分出呼吸性细支气管，再由呼吸性细支气管分出肺泡管、肺泡囊和肺泡，整个结构就像一棵树反复分支一样，故名支气管树。

7. 纵隔和胸膜

纵隔是位于胸腔中部的纵形隔，由两侧的纵隔胸膜及其间的心、大血管、气管、食管等组成。观察纵隔胸膜、肋胸膜、膈胸膜、胸膜折转线、肺胸膜和胸膜腔。

(二)猪的呼吸器官

猪上唇与鼻尖相连形成吻突。无鼻憩室。鼻泪管口位于下鼻甲后端附近外侧面。甲状软骨长，无前角和甲状裂。喉前庭较宽，缺前庭襞，喉室入口位于声襞上，喉室向外向前突出形成盲囊，声门裂和声门下腔狭窄。气管呈圆筒状，气管软骨环有32～36个。气管分为左、右主支气管，分叉之前还分出气管支气管至右肺前叶。左肺分2叶，前叶分前、后两部分；右肺分4

叶，即前叶、中叶、后叶和副叶。

(三)马的呼吸器官

马鼻孔大，逗号状，鼻翼灵活。鼻前庭背侧皮下有一盲囊称鼻憩室；鼻前庭底壁皮肤与黏膜交界处有鼻泪管开口。甲状软骨板呈菱形。喉前庭有前庭襞，喉室位于前庭襞和声襞之间，声门裂窄。气管软骨环 50～60 个，横径大于垂直径。气管分为 2 支主支气管，无气管支气管。左肺分前、后两叶；右肺分 3 叶，即前叶、后叶和副叶，无中叶。

(四)犬的呼吸器官

犬鼻孔呈逗号形，两鼻孔间为鼻镜。喉前庭有前庭襞，喉室位于前庭襞和声襞之间。气管软骨环 42～46 个。气管分为 2 支主支气管，无气管支气管。左肺分为前叶和后叶。右肺分为前叶、中叶、后叶和副叶。肺的后叶间裂(斜裂)长而深，自肋面经背侧缘至内侧面。

四、实验注意事项

同实验八。

五、思考题

1. 家畜呼吸系统由哪几部分组成？
2. 比较各种家畜喉和肺形态结构的差异。

六、填图

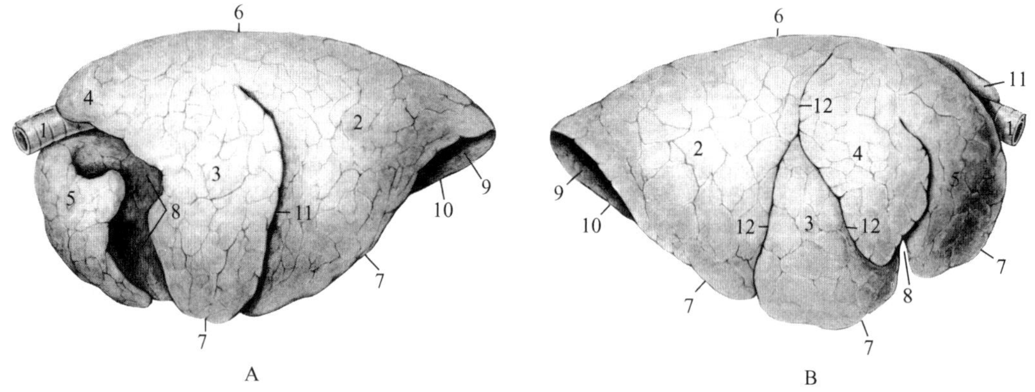

图 10-1 牛肺

A. 左侧面 B. 右侧面

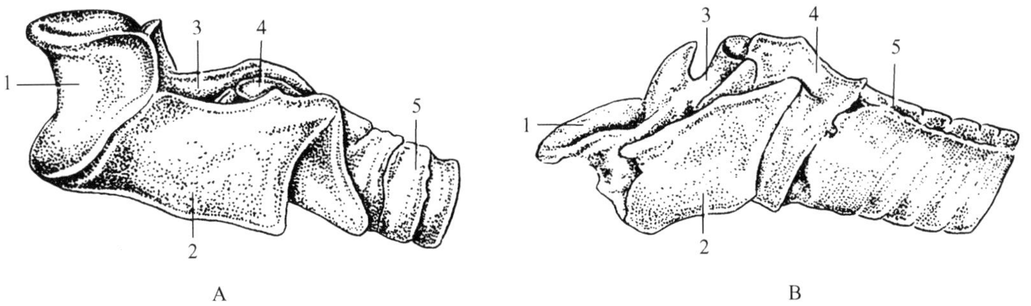

图 10-2　猪和牛的喉软骨

A. 猪　B. 牛

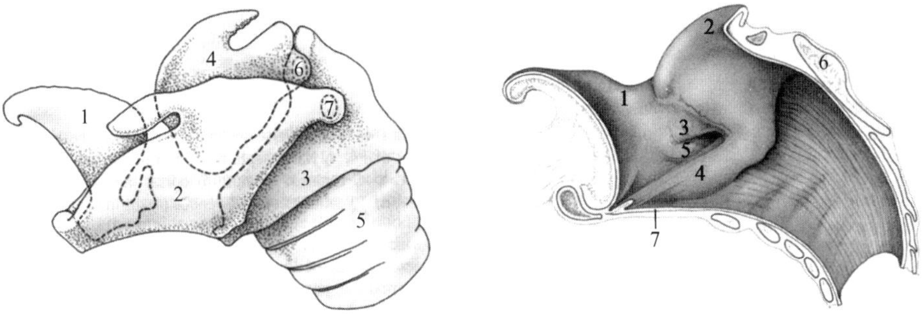

图 10-3　马喉软骨(左图)及喉腔正中切面(右图)

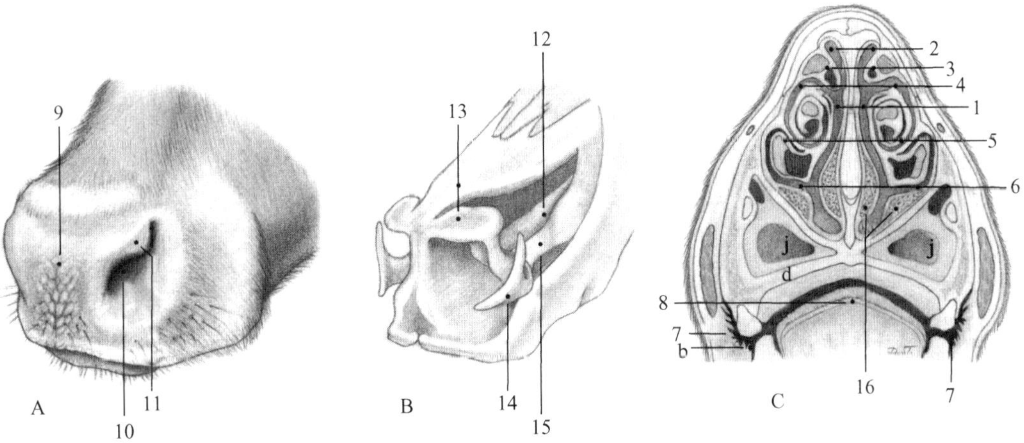

图 10-4　牛外鼻和鼻腔示意图

A. 外鼻　B. 鼻软骨　C. 鼻腔横切面

实验十一　泌尿系统

一、实验目的和要求

1. 了解家畜泌尿系统各器官的位置、形态和结构；
2. 比较牛、猪、马和犬肾形态结构的异同点。

二、实验仪器和材料

1. 制作好的牛、猪、马和犬泌尿系统标本；
2. 牛肾、猪肾、马肾和犬肾的整体及纵切面标本；
3. 肾盏和血管铸型标本；
4. 常用的解剖器械。

三、实验内容和方法

(一)牛泌尿系统各器官的位置、形态和结构

泌尿系统由肾、输尿管、膀胱和尿道组成。

1. 肾

由于瘤胃的挤压，牛左、右肾的位置不对称，形态也有差异。右肾位于最后肋间隙上部至第2～3腰椎横突腹侧，呈背腹压扁的椭圆形，前端位于肝的肾压迹内，背侧面隆突，腹侧面较平，腹内侧缘凹陷，为肾门，是血管、神经、输尿管等出入肾的地方。肾门内陷形成肾窦。左肾位于第3～5腰椎椎体的腹侧，呈三棱形，前端较小，后端较大而圆，背侧面隆突，前外侧有裂隙状的肾门。

牛肾属于有沟的多乳头肾，表面有沟而呈分叶状。观察肾切面，可见肾实质由皮质和髓质组成，皮质位于外周，在新鲜标本切面上可见许多小红点，为肾小体。髓质位于深部，呈圆锥形，称肾锥体，锥底宽大，与皮质相邻，锥尖呈乳头状，称肾乳头，其上有乳头管的开口。牛肾有18～22个肾乳头。皮质伸入相邻肾锥体之间，称肾柱。髓质具有放射状的条纹，由直的肾小管和集合管等组成，伸入皮质形成髓放线。输尿管在肾内分为两个肾大盏，肾大盏分支形成肾小盏；肾小盏呈喇叭状，包围每一个肾乳头。观察肾盏、输尿管和血管铸型标本。

肾的外表通常包有厚层的脂肪，称脂肪囊，其深面有结缔组织构成的纤维囊，纤维囊易与肾剥离。

2. 输尿管

输尿管为细长的管道，左、右各一，分别将左、右肾所产生的尿液输送至膀胱。右输尿管自肾门走出，在腹膜外沿腹腔顶壁后行入盆腔，公牛的在尿生殖褶中向后延伸至膀胱颈背侧面，在膀胱壁中穿行2～3 cm后开口于膀胱颈，这种方式可以防止尿液逆流。母牛则经子宫阔韧带至膀胱颈背侧面。左侧输尿管初行于右输尿管的腹侧，然后逐渐移向左侧至腹腔顶壁，以后的行程与右侧输尿管相似。

3. 膀胱

膀胱是储存尿液的器官，位于盆腔内，大小如拳头，充满尿液时可伸达腹腔底壁。膀胱呈长卵圆形或梨形，分为膀胱顶、膀胱体和膀胱颈。膀胱前端钝圆为膀胱顶，中部膨隆为膀胱体，后部缩细为膀胱颈，以尿道内口与尿道相连。

膀胱壁由黏膜、黏膜下层、肌层和外膜 4 层组成。观察剖开的膀胱内部结构。黏膜形成许多复杂而不规则的皱褶，在靠近膀胱颈的背侧壁上，输尿管末端在膀胱黏膜下组织内走行使黏膜隆起，称输尿管柱，终于输尿管口；有一对黏膜襞自输尿管口向后延伸，称输尿管襞，两输尿管襞汇合形成尿道嵴，经尿道内口延续入尿道壁；两输尿管襞之间所夹的三角形区域称膀胱三角。肌层在膀胱颈形成括约肌。外膜在膀胱顶和体为浆膜，在膀胱颈为结缔组织的外膜。膀胱由一对膀胱侧韧带和一膀胱正中韧带固定，膀胱侧韧带的游离缘为索状的膀胱圆韧带，为胎儿时期脐动脉的遗迹。

4. 尿道

尿道为将尿液排出体外的细长管道。公牛的尿道具有排尿和排精的作用，亦称尿生殖道，分为骨盆部和阴茎部，以尿道内口起始于膀胱颈，以尿道外口开口于阴茎头上的尿道突（见生殖器官）。母牛的尿道较短，位于阴道腹侧，起自尿道内口，开口于阴道与阴道前庭交界处，其开口处下方有尿道下憩室。

（二）牛、猪、马、犬肾的比较

牛的肾属于有沟的多乳头肾，猪的肾属于平滑的多乳头肾，马、羊、犬和兔的肾均属于平滑的单乳头肾。

观察猪肾整体标本和纵切面标本。猪肾对称地位于前 4 个腰椎横突腹侧，呈长椭圆形，表面光滑无沟，皮质较厚，髓质的肾锥体和肾乳头明显，输尿管入肾后膨大为漏斗状的肾盂，肾盂分为两支肾大盏，肾大盏分支为 8～12 个肾小盏，包围每一个肾乳头。

观察马肾整体标本和纵切面标本。马右肾略呈圆角的等边三角形，位于最后 2～3 个肋骨椎骨端及第 1 腰椎横突腹侧；左肾呈长椭圆形或豆形，位于最后肋骨的椎骨端及前 2～3 腰椎横突腹侧。肾表面光滑无沟，内侧缘中部有肾门。皮质与髓质之间有深红色的中间区，肾柱不如多乳头肾发达，所有肾乳头合并形成肾嵴。输尿管在肾窦内膨大呈漏斗状，称肾盂，并向两端延伸形成裂隙样的终隐窝。

观察犬肾整体标本和纵切面标本。犬左、右肾均呈豆形，分别位于第 2～4 和第 1～3 腰椎横突腹侧。结构与马肾相似。

四、实验注意事项

1. 要爱护标本，不要损坏实验标本。
2. 观察完毕要及时将标本放回标本池或用塑料纸包裹好，以防干燥。
3. 实验过程中要保持安静，注意实验室的环境卫生。

五、思考题

1. 泌尿系统由哪些器官组成？
2. 牛肾、猪肾和马肾有何形态结构特点？如何进行膀胱导尿？

六、填图

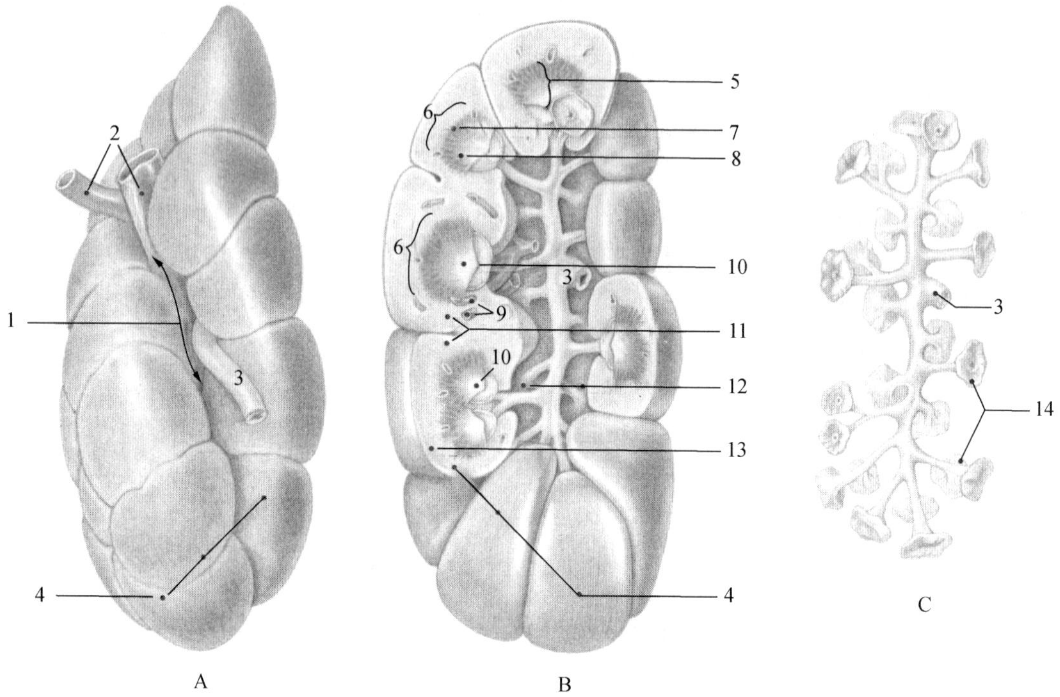

图 11-1 牛肾及肾盏

A. 左肾 B. 右肾，肾部分剖开 C. 肾盏

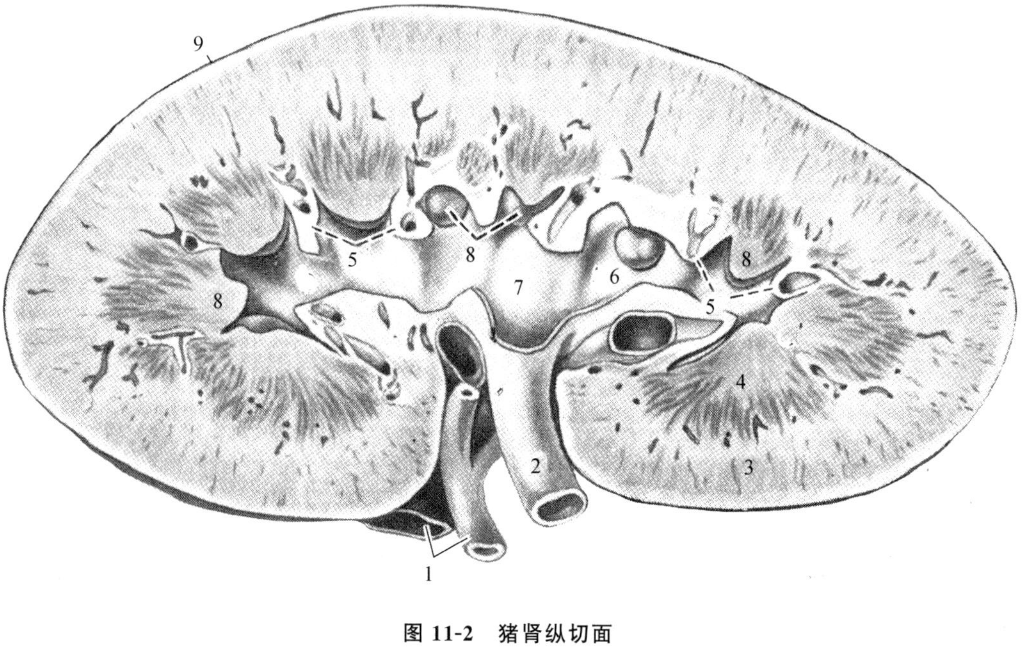

图 11-2 猪肾纵切面

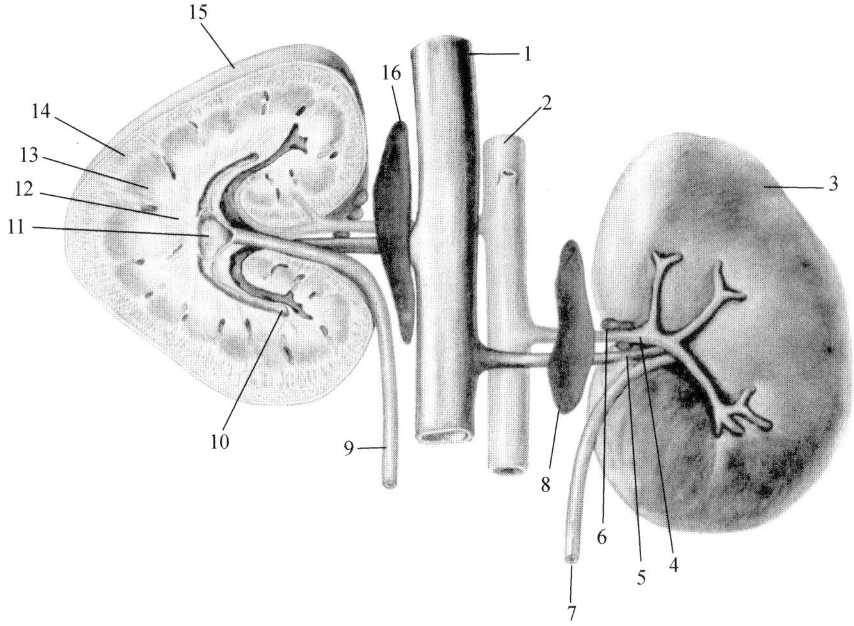

图 11-3　马肾腹侧面(右肾剖开)

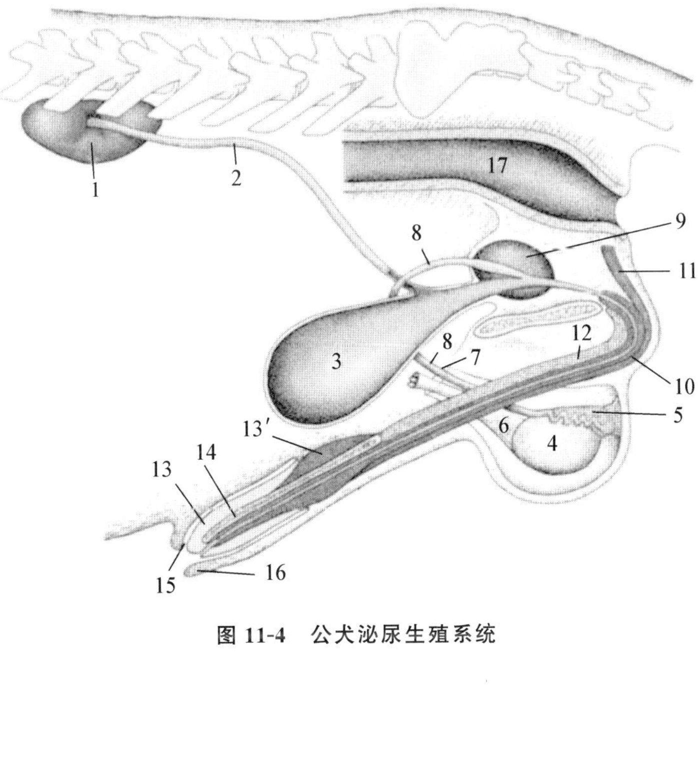

图 11-4　公犬泌尿生殖系统

实验十二　公畜生殖器官

一、实验目的和要求

1. 了解公畜生殖器官的组成、形态位置与结构特征；
2. 比较公牛(羊)、公猪、公马、公犬等动物生殖器官的解剖学特征；
3. 要求学生掌握公畜生殖器官的形态、位置与结构特征。

二、实验仪器和材料

1. 制作好的公牛(羊)、公猪、公马、公犬生殖器官的浸制整体和分离标本；
2. 睾丸、阴囊、精索和阴茎等器官不同切面标本与模型；
3. 常用的解剖器械。

三、实验内容和方法

以牛为主进行观察，在牛整体标本上观察公畜睾丸、附睾、输精管、精索、雄性尿道、副性腺(精囊腺、前列腺、尿道球腺)、阴茎、包皮与阴囊等器官的形态、位置、结构特征和相互关系。

(一)睾丸和附睾

1. 睾丸

(1)位置与形态　睾丸位于阴囊内，左右各一。睾丸呈椭圆形或卵圆形，表面光滑，分两面、两缘和两端。内侧面较平坦，与阴囊中隔相贴附。外侧面较隆凸，与阴囊外侧壁相邻。附睾缘为有附睾附着的一侧。游离缘为与附睾缘相对的一侧。睾丸头端为血管、神经进入的一端，与附睾头相接。睾丸尾端为与睾丸头端相对的一端。

(2)结构　睾丸由固有鞘膜、白膜、睾丸纵隔、睾丸小隔、睾丸小叶、精曲小管、精直小管和睾丸网等组成。睾丸表面被覆一层浆膜称固有鞘膜。固有鞘膜深面为一层由致密结缔组织构成的白膜。白膜自睾丸头端沿纵轴伸向尾端，形成睾丸纵隔。自睾丸纵隔呈放射状分出许多睾丸小隔。睾丸小隔将睾丸实质分隔成许多锥体形睾丸小叶，每个小叶中有2～3条卷曲的精曲小管。精曲小管之间为睾丸间质，内含间质细胞，能分泌雄性激素。精曲小管伸向睾丸纵隔，在近纵隔处变直称精直小管。精直小管在睾丸纵隔中相互吻合形成睾丸网。由睾丸网最后汇合成6～12条较粗的睾丸输出小管，从睾丸头端走出进入附睾头。

2. 附睾

附睾分附睾头、体和尾，外面包有固有鞘膜和薄的白膜。附睾头膨大，由睾丸输出小管组成，与睾丸头相接。附睾体和附睾尾由附睾管蟠曲而成，在尾端延续为输精管。附睾尾借睾丸固有韧带与睾丸尾相连。附睾尾韧带连接附睾尾与鞘膜壁层；连接附睾尾韧带与阴囊壁肉膜的结缔组织带称阴囊韧带，动物去势时，必须切开此韧带。

3. 比较公牛(羊)、公马、公猪和公犬等动物睾丸和附睾的位置形态与结构特征

(1)牛(羊)睾丸　长轴呈上下垂直位，椭圆形，睾丸头端朝上，附睾位于睾丸后面。睾丸实质呈黄色，羊呈白色。

(2)马睾丸　呈前后水平位,睾丸头端朝前,附睾位于睾丸背侧。睾丸实质呈淡棕色。

(3)猪睾丸　位于会阴部,由前下方斜向后上方,睾丸头朝向前下方,附睾位于睾丸前上方。睾丸实质呈淡灰色。

(4)犬睾丸　卵圆形,斜向后上方,附睾位于睾丸背侧。睾丸实质呈白色。

(二)输精管和精索

1. 观察公牛输精管的形态结构和位置关系

输精管起自附睾尾,沿附睾体走至附睾头,进入精索后缘内侧的输精管褶上行,经腹股沟管深环入腹腔,与精索中的血管、神经分离,单独折转向后行进入骨盆腔,在膀胱背侧的尿生殖褶中继续后行,越过输尿管腹侧,其后部膨大形成输精管壶腹,黏膜内含有壁内腺(壶腹腺),其末端变细,与同侧的精囊腺管合并形成射精管,开口于雄性尿道起始部背侧壁的精阜上。

2. 精索

精索为连接睾丸与腹股沟管深环之间的一条扁平的圆锥形结构。基部附着于睾丸和附睾,上达腹股沟管深环。精索内主要含有出入睾丸的动脉、静脉、神经、淋巴管、平滑肌束、输精管等结构。精索表面为鞘膜脏层。

3. 比较观察其他公畜输精管和精索的形态位置与结构特征

如猪无输精管壶腹。

(三)阴囊

1. 观察牛阴囊的位置形态和结构特征

牛的阴囊位于腹底壁两股之间。牛的阴囊呈瓶状,上端略细,形成阴囊颈,阴囊颈前方通常有两对雄性乳头;阴囊腹侧中线有阴囊缝。阴囊壁的结构与腹壁相似,由外向内依次为:皮肤、肉膜、精索外筋膜、提睾肌、精索内筋膜和鞘膜壁层。阴囊皮肤较薄,与腹壁皮肤相延续。肉膜由结缔组织和平滑肌束组成,与阴囊皮肤紧贴,并形成阴囊中隔。精索外筋膜以疏松结缔组织连接肉膜和提睾肌。提睾肌由腹内斜肌分出,位于阴囊外侧壁。精索内筋膜和鞘膜壁层结合,合称总鞘膜。鞘膜壁层折转覆盖到睾丸和附睾表面称固有鞘膜,两者之间的腔隙称鞘膜腔,上部较细称鞘膜管,与腹膜腔相通。

2. 比较牛、马、猪和犬阴囊的位置形态与结构特征

马阴囊的位置同牛;犬阴囊位于两股之间的后部;猪位于会阴部,肛门下方,与周围界线不清。

(四)雄性尿道(尿生殖道)

1. 观察牛雄性尿道的形态位置和结构特征

雄性尿道是排尿和排精的共同通道。以尿道内口起始于膀胱颈,沿骨盆腔底壁向后伸延,绕过坐骨弓,再沿阴茎腹侧向前行至阴茎头,以尿道外口开口于外界。雄性尿道以坐骨弓为界分为骨盆部和阴茎部,两者交界处变窄,称尿道峡。骨盆部位于骨盆底壁和直肠之间,起始部背侧壁中央有一圆形隆起,称精阜,有输精管和精囊腺管的开口;射精口以前的骨盆部称前列腺前部,为纯粹的尿道;射精口以后的部分为前列腺部。在尿道峡之前,黏膜形成半月形的黏膜襞,内有尿道球腺开口。此黏膜襞给公牛导尿带来困难。阴茎部起自坐骨弓,经左右两阴茎脚之间入尿道沟。阴茎部海绵层发达,在坐骨弓处海绵层加厚,形成阴茎球(尿道球),表面有横纹肌形成的球海绵体肌覆盖,该肌有助于排尿和排精。雄性尿道管壁结构由黏膜、海绵体层、肌层和外膜组成。

2. 比较观察公马(羊)、公猪和公犬等动物尿生殖道形态位置与结构特征

请学生自己比较。

(五)副性腺

1. 观察公畜副性腺的位置形态和结构特征

副性腺为位于雄性尿道骨盆部的腺体,有精囊腺、前列腺和尿道球腺。凡去势家畜的副性腺均发育不良。精囊腺1对,位于膀胱颈背侧的尿生殖褶中,在输精管壶腹外侧,一些动物的精囊腺导管与输精管共同形成射精管开口于精阜。前列腺位于雄性尿道起始部背侧,分为体部和扩散部,体部位于雄性尿道起始部背侧,扩散部位于雄性尿道骨盆部海绵体层与肌层之间。前列腺导管有多条,开口于精阜两侧及后方的雄性尿道背侧壁。尿道球腺1对,位于骨盆部末端背侧,坐骨弓附近,导管有多条直接开口于尿生殖道背侧壁。

2. 比较观察公牛(羊)、公马、公猪和公犬等动物副性腺的形态位置与结构特征

(1)精囊腺　牛的精囊腺呈不规则的长卵圆形,羊的呈圆形,表面均凹凸不平,如分叶状。猪的精囊腺十分发达,呈三棱锥体形,导管多数单独开口于精阜。马精囊腺呈梨形囊状,表面平滑,壁薄而腔大,囊壁由黏膜、肌膜和外膜组成。犬无精囊腺。

(2)前列腺　牛的前列腺分体部和扩散部,体部呈横向的卵圆形。羊前列腺只有扩散部。猪的前列腺与牛的相似,但体部较圆。马前列腺发达,由左右侧叶和中间的峡部组成。犬仅有前列腺,很发达,体部呈淡黄色球形体,环绕在整个膀胱颈和雄性尿道的起始部,扩散部薄,包围尿道盆部。

(3)尿道球腺　牛、羊的尿道球腺呈胡桃状,外有球海绵体肌覆盖,导管仅有1条,开口处有一半月状黏膜褶遮盖。马尿道球腺呈椭圆形,有5～8条导管。猪的尿道球腺发达,呈长圆柱状,位于雄性尿道骨盆部后2/3的背侧。犬无尿道球腺。

(六)阴茎

1. 观察公畜阴茎的位置形态和结构特征

家畜的阴茎位于腹壁之下,起自坐骨弓,经两股之间沿中线向前伸延至脐部,可分阴茎头、阴茎体和阴茎根3部分。阴茎根位于会阴部,以两阴茎脚附着于坐骨弓上,外覆发达的坐骨海绵体肌,左右两侧的阴茎脚向前合并形成阴茎体。阴茎体呈圆柱状,构成阴茎的大部分,在阴茎体起始部由两条阴茎悬韧带固着于坐骨联合腹侧。阴茎头位于阴茎前端,藏于包皮腔内,其形状因不同家畜而异。

阴茎退缩肌为带状肌,起自荐骨后部两侧或前位尾椎,经直肠或肛门两侧,在会阴部与对侧同名肌平行伸延于阴茎体腹侧,终止于乙状弯曲的第二曲(牛、猪)或游离端(马)。

2. 比较观察公牛(羊)、公马、公猪和公犬等动物阴茎的形态位置与结构特征

(1)牛、羊的阴茎　呈圆柱状,细而长,在阴囊后方形成乙状弯曲。牛的阴茎头较尖,略向右侧扭转,右侧的浅沟内有尿道突,上有尿道外口。公羊的阴茎头较膨大,尿道突长,绵羊的呈S形弯曲,公山羊的尿道突短而直。

(2)马的阴茎　呈左右略扁的圆柱状,粗大而没有乙状弯曲,阴茎头膨大,后缘微突称阴茎头冠。阴茎头冠之后稍微缩细形成阴茎头颈。阴茎头腹侧的深窝称阴茎头窝,内有短的尿道突,尿道突末端有尿道外口。马阴茎海绵体发达。

(3)猪的阴茎　与公牛的相似,但乙状弯曲位于阴囊的前方,阴茎头扭转呈特殊的螺旋状,尿道外口呈裂隙状,开口于阴茎头前端的外下方。

(4)犬的阴茎　头较长,分前、后两部,且内含阴茎骨。前为阴茎头长部,后为阴茎头球。阴茎头球由尿道海绵体扩大而成,充血后呈球状,交配时可延长阴茎在母犬阴道中的停留时间。阴茎头长部形成阴茎头尖,为海绵体组织。阴茎骨位于阴茎的中前部,后端膨大,前端尖细,形成纤维软骨突。阴茎骨的腹侧有尿道沟。

(七)包皮

牛、羊的包皮长而窄,有两对较发达的包皮肌。马的包皮为双层皮肤套,称外包皮和内包皮,外包皮套在内包皮外面,游离缘形成包皮口;内包皮是外包皮深层延续折转形成的包皮褶,套在阴茎头外面,折转处形成包皮环。包皮口的下方边缘常有两个乳头。马无包皮肌。猪的包皮腔很长,前宽后窄,前部背侧的黏膜形成一大的黏膜盲囊,称包皮憩室。

四、实验注意事项

1. 要爱护标本,不要损坏本次实验的各种标本。
2. 观察完毕要及时将标本放回标本池或用塑料纸包裹好,以防干燥。
3. 实验过程中要保持安静,注意实验室的环境卫生。

五、思考题

1. 简述公畜生殖系统的组成。
2. 比较公牛(羊)、公马、公犬和公猪的生殖器官形态位置与结构特征。
3. 简述阴囊壁的结构与雄性动物去势。

六、填图

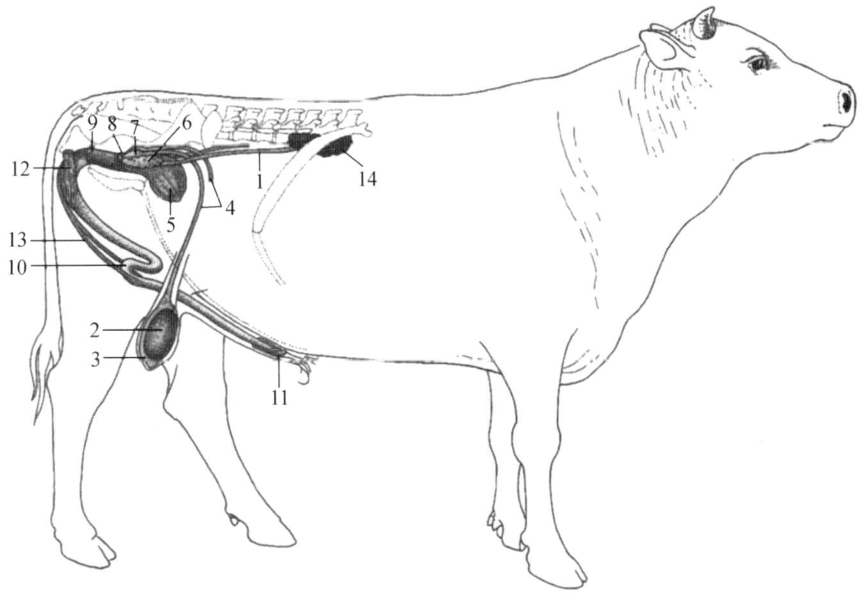

图 12-1　公牛泌尿生殖器官模式图

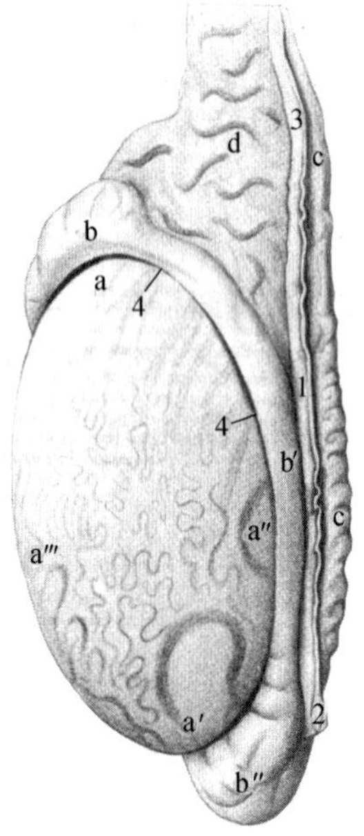

图 12-2 公牛左侧睾丸和附睾
(后内侧面)

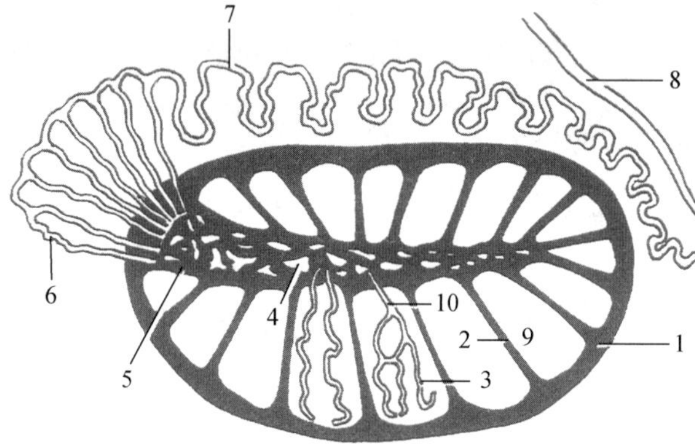

图 12-3 睾丸和附睾的结构图

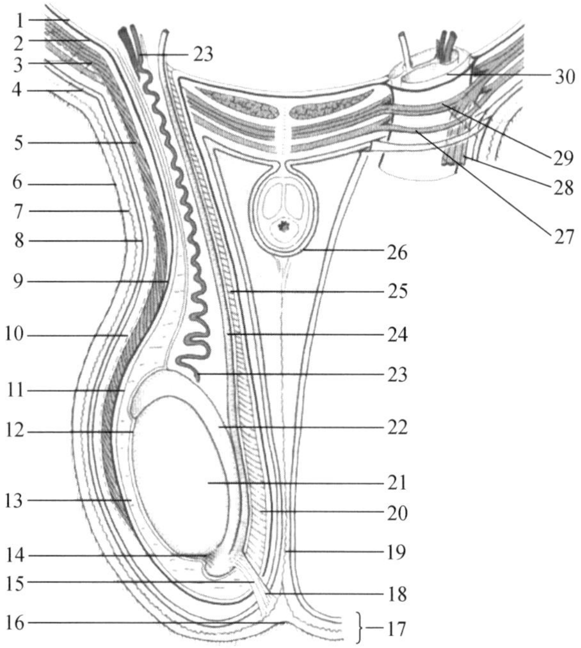

图 12-4 阴囊结构模式图

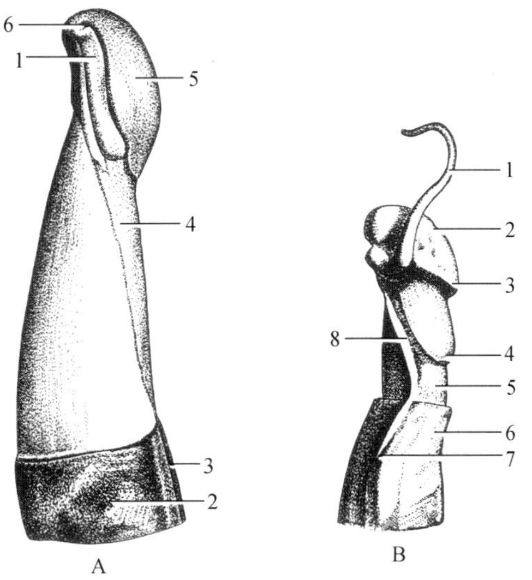

图 12-5　公牛和绵羊阴茎前端

A. 牛　B. 绵羊

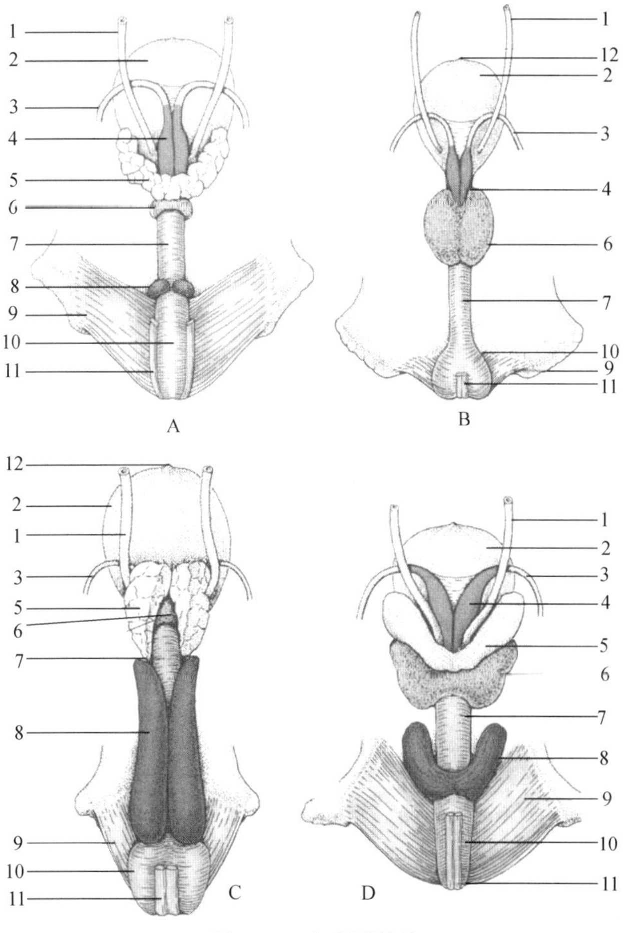

图 12-6　家畜副性腺

A. 牛　B. 犬　C. 猪　D. 马

实验十三 母畜生殖器官

一、实验目的和要求

1. 了解母畜生殖器官的组成、形态位置与结构特征；
2. 比较母牛(羊)、母猪、母马、母犬等动物生殖器官的解剖学特征；
3. 要求学生掌握母畜生殖器官的形态位置与结构特征。

二、实验仪器和材料

1. 制作好的母牛(羊)、母猪、母马、母犬生殖器官的浸制整体和分离标本；
2. 卵巢、输卵管、子宫和阴道等器官不同切面标本与模型；
3. 常用的解剖器械。

三、实验内容和方法

先以牛为主进行观察，在牛整体标本上观察母畜的卵巢、输卵管、子宫、阴道、阴道前庭、阴唇等生殖器官的位置形态与结构特征。

(一)卵巢

1. 观察母畜卵巢的位置形态与结构特征

卵巢的大小、形态、位置依畜种、年龄、妊娠与否及性周期而异。卵巢通常呈椭圆形，具有两缘、两端和两面，背侧与卵巢系膜相连为系膜缘，有血管、神经、淋巴管出入处称卵巢门；腹侧为游离缘；后端以卵巢固有韧带与子宫角相连，为子宫端；前端接输卵管伞，为输卵管端。卵巢由被膜(浅层上皮、白膜)、皮质和髓质组成。

2. 比较观察各种母畜卵巢的位置形态与结构特征

(1)牛、羊的卵巢　牛的卵巢呈稍扁的椭圆形，位于骨盆前口两侧附近。处女母牛多位于骨盆腔内，经产母牛位于腹腔内，在耻骨前缘前下方。性成熟后，成熟卵泡和黄体突出于卵巢表面，成年牛右侧卵巢较大。羊的卵巢较圆，较小。

(2)马的卵巢　呈豆形，借卵巢系膜悬吊于肾后方的腰下部，在第4(右侧)～5(左侧)腰椎横突腹侧。马的卵巢在游离缘具有一卵巢窝(排卵窝)，成熟卵泡由此排出。

(3)猪的卵巢　呈肾形或卵圆形，左侧卵巢较右侧的稍大。性成熟前较小，表面光滑，位于荐骨岬两旁稍后方，骨盆前口两侧上部；接近性成熟时，体积较大，表面有许多卵泡突出呈桑葚状，位置移至髋结节平面的腰下部；性成熟后及经产母猪的卵巢更大，表面有卵泡、黄体等突出呈结节状，卵巢向前向下移至髋关节与膝关节之间连线的中点上。

(4)犬的卵巢　呈扁椭圆形，位于同侧肾后极附近，因被卵巢囊包裹而不易观察。

(二)输卵管

1. 观察母畜输卵管的位置形态和结构特征

输卵管为一条肌膜性管道，细而弯曲，由输卵管系膜固定。输卵管系膜和卵巢固有韧带之间形成卵巢囊，卵巢位于其中。输卵管分为4段：

(1)输卵管漏斗　为输卵管前端漏斗状的膨大部,漏斗边缘有不规则的皱褶,称输卵管伞,漏斗中央的开口称输卵管腹腔口,通腹膜腔。

(2)输卵管壶腹　为漏斗后方宽大的部分,黏膜层形成许多皱褶,卵细胞多在此处受精。

(3)输卵管峡　为输卵管后端细而窄的部分,较短,末端以输卵管子宫口通子宫角。

(4)子宫部　为输卵管穿过子宫壁的部分,仅见于部分动物。

输卵管的结构由黏膜、肌层、外膜等组成。

2. 比较观察牛(羊)、马、猪、犬输卵管的位置形态与结构特征

牛、羊的输卵管较长,弯曲少,壶腹部不明显,与子宫角之间无明显分界。猪的输卵管壶腹部较粗而弯曲,后部较细而直,与子宫角之间无明显分界。马的输卵管较长,壶腹部明显且特别弯曲,有子宫部,与子宫角之间界线清楚。犬的输卵管细,弯曲较少。

(三)子宫

1. 观察母畜子宫的位置形态和结构特征

子宫大部分位于腹腔,小部分位于骨盆腔,为一中空的肌质性器官,借子宫阔韧带附着于腰下部和骨盆侧壁,背侧为直肠,腹侧为膀胱,前端接输卵管,后端通阴道。家畜的子宫为双角子宫,分子宫角、子宫体和子宫颈。子宫角 1 对,呈弯曲的管状,位于腹腔内,两角后端合并成子宫体。子宫体呈上下稍扁的圆筒状,部分位于腹腔,部分在骨盆腔。子宫角和子宫体内的空腔称子宫腔。子宫颈位于骨盆腔内,呈圆筒状,壁厚坚硬,分为阴道前部和阴道部(后端突入阴道的部分)。黏膜形成许多皱褶,中央有一窄细管道,称子宫颈管。子宫颈管平时闭合,发情与分娩时松弛。子宫颈管借子宫内口和外口分别与子宫体和阴道相通。子宫由子宫内膜、肌层和外膜组成。子宫内膜呈粉红色,内含子宫腺。子宫阔韧带分为卵巢系膜、输卵管系膜和子宫系膜。子宫圆韧带自子宫角前缘的子宫阔韧带分出,向下伸至腹股沟管深环。注意观察子宫阔韧带内卵巢动脉、子宫动脉和阴道动脉子宫支的位置和分布。

2. 比较观察牛(羊)、马、猪和犬子宫的位置形态与结构特征

子宫形状、大小、位置因畜种、年龄、性周期以及妊娠时期等不同而异。

(1)牛、羊子宫　子宫角前部游离,呈卷曲的绵羊角状,两子宫角后部因肌肉和结缔组织连接,外包浆膜,形似子宫体,但实为子宫角,常称伪子宫体。子宫腔内有子宫帆,分隔子宫角的后部。子宫角分叉处有角间背侧和腹侧韧带相连,角间韧带之间围成一囊,直肠检查时便于手指插入固定子宫。子宫体短,牛子宫角和子宫体黏膜形成 100 多个黄豆大小的卵圆形隆起称子宫阜,妊娠时子宫阜粗大,与胎膜上的绒毛子叶紧密结合,形成胎盘。羊的子宫阜有 80 多个,表面凹陷,排成 4 排。子宫颈长,子宫颈黏膜形成环形皱褶,子宫颈管呈螺旋状,子宫颈外口的黏膜形成辐射状皱褶,形似菊花。

(2)猪子宫　子宫角特长,似小肠,呈连续的半环状弯曲。子宫体较短,子宫角和体的黏膜形成大而多的皱褶,子宫颈黏膜形成两排半球形隆起称子宫颈枕,子宫颈管呈螺旋状,无子宫颈阴道部,与阴道无明显的界限。

(3)马子宫　子宫整体呈 Y 形,子宫角略呈向下弯曲的弓形。子宫体与子宫角等长,子宫角和子宫体的黏膜形成许多皱褶。子宫颈阴道部明显,子宫外口的黏膜呈花冠状。

(4)犬的子宫　子宫整体呈 Y 形,子宫角细长而直,子宫体和子宫颈很短。有子宫颈阴道部。

(四)阴道

1. 观察母畜阴道的位置形态和结构特征

阴道位于骨盆腔内,背侧为直肠,腹侧为膀胱和尿道。阴道前端与子宫颈阴道部形成一环状的陷窝,称阴道穹窿;后端以尿道外口与阴道前庭为界。在尿道外口前方有一横行或环形的黏膜褶,称阴瓣或处女膜。阴道壁由黏膜、肌层和外膜组成,黏膜呈粉红色,形成许多纵行皱褶。

2. 比较各种母畜阴道的形态结构特点

(1)牛的阴道　较长(20～25 cm),阴道穹窿呈半环形,阴瓣不明显。

(2)马的阴道　较长(15～20 cm),阴道穹窿呈环形,阴瓣明显。

(3)猪的阴道　相对较长(10～12 cm),无阴道穹窿,阴瓣呈一环形褶。

(4)犬的阴道　相对较长(25 磅犬平均 12 cm),有阴道穹窿,阴瓣不明显。

(五)阴道前庭

1. 观察母畜阴道前庭的位置形态和结构特征

阴道前庭为一左右压扁的短管,前方以尿道外口与阴道为界,后方经阴门与外界相通。阴道前庭由黏膜、肌层和外膜组成,黏膜呈粉红色,在尿道外口后方两侧,有前庭小腺的开口,在阴道前庭的两侧壁有前庭大腺的开口。前庭小腺见于犬、猪、绵羊和马,前庭大腺见于牛和猫,偶见于绵羊。

2. 比较各种母畜阴道前庭的形态结构特点

(1)牛阴道前庭　在尿道外口的腹侧有一黏膜凹陷形成的短盲囊,称尿道下憩室,母牛导尿时,导尿管常误入其中,给导尿造成困难。前庭大腺位于阴道前庭两侧壁,直径 2～3 cm,开口于前庭底壁小的黏膜隐窝内。

(2)马阴道前庭　在阴唇前方的阴道前庭壁上有一发达的前庭球,为勃起组织。前庭小腺以许多火山口状的小孔开口于尿道外口后方的腹侧壁上。

(3)猪阴道前庭　腹侧壁黏膜形成两对纵褶,前庭小腺开口于褶间。在尿道外口的腹侧有尿道下憩室。

(4)犬阴道前庭　在尿道外口处有尿道结节,腹侧壁内有前庭球。在尿道外口的后方有前庭小腺。

(六)阴门

1. 观察母畜阴门的位置形态和结构特征

阴门位于肛门的腹侧,具有左、右两片阴唇,两阴唇间的裂隙称阴门裂,其上下两端相联合,分别称背侧连合和腹侧连合,背侧连合钝,腹侧连合锐。腹侧连合前方有一阴蒂窝,内有小而突起的阴蒂,相当于公畜的阴茎。

2. 比较各种母畜阴门的形态结构特点

牛的阴蒂头呈锥形,阴蒂窝不明显。马的阴蒂发达,阴蒂头圆而膨大,位于深的阴蒂窝内,通常在阴门裂的腹侧端可以看到。猪的阴蒂细长,阴蒂头不发达,位于浅而狭的阴蒂窝内。犬的阴蒂发达,位于较深的阴蒂窝内。犬的阴蒂常有阴蒂骨存在。

四、实验注意事项

1. 要爱护标本,不要损坏本次实验的各种标本。

2. 观察完毕要及时将标本放回标本池或用塑料纸包裹好,以防干燥。

3. 实验过程中要保持安静，注意实验室的环境卫生。

五、思考题

1. 简述母畜生殖系统的组成。
2. 比较母牛、母马、母猪和母犬生殖器官的位置形态与结构特征。
3. 如何进行剖腹产和母畜去势？
4. 如何进行胚胎移植？

六、填图

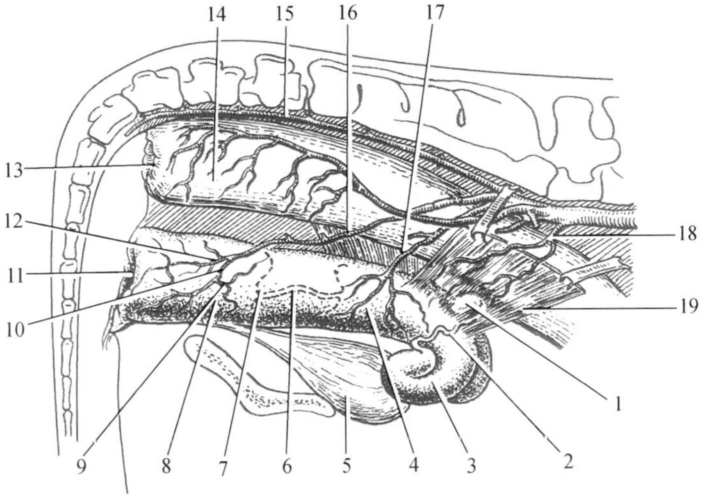

图 13-1　母牛生殖器官关系位置(右侧面)

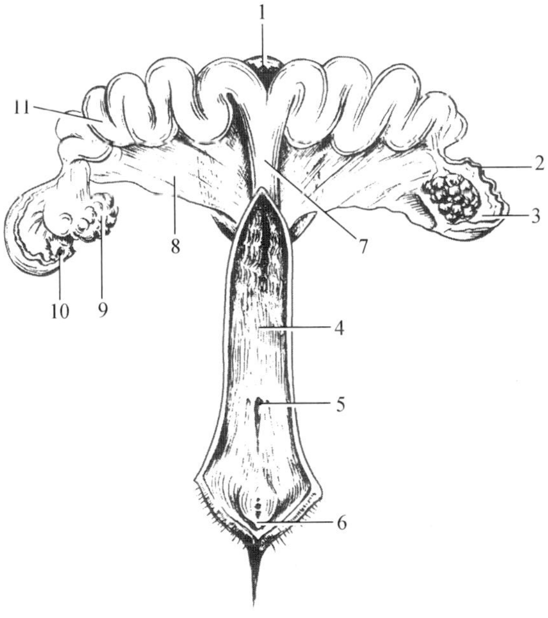

图 13-2　母猪生殖器官(背侧面)

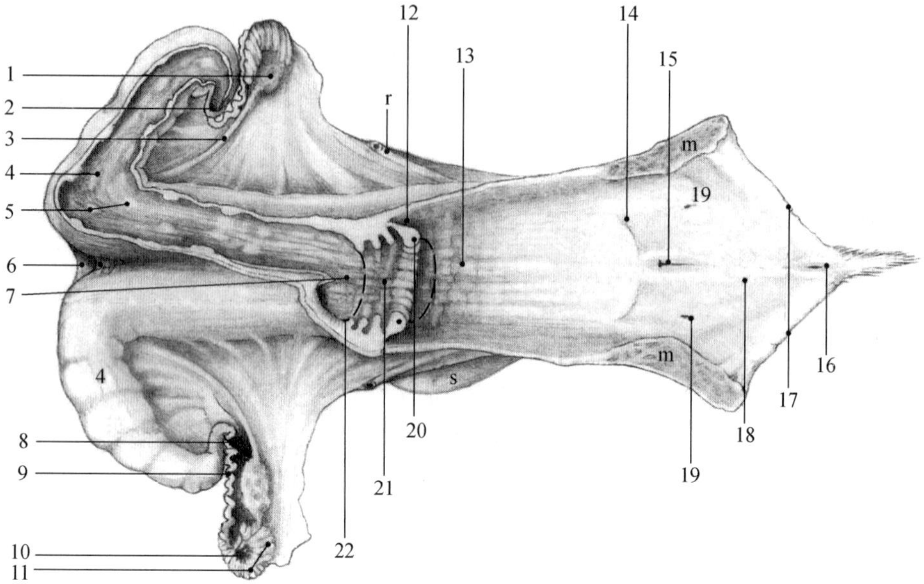

图 13-3 母牛生殖器官(背侧面)

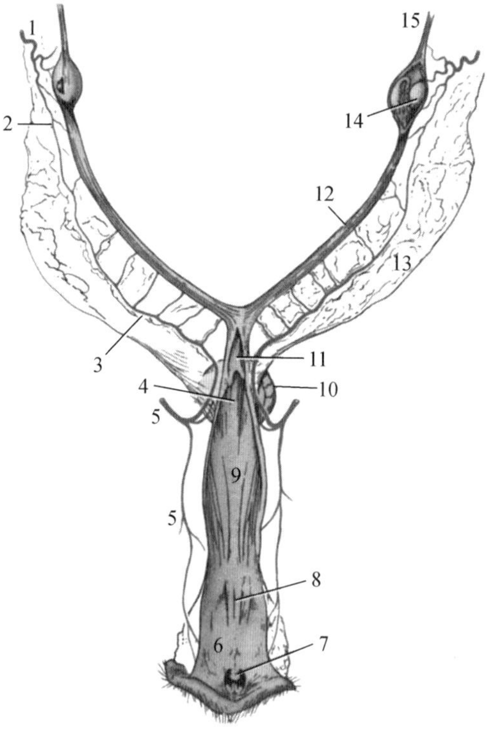

图 13-4 母犬生殖器官(背侧面)

实验十四　心、胸腔和腹腔的血管

一、实验目的和要求

1. 了解心的位置形态与结构特征、心包和心传导系统；
2. 了解胸腔和腹腔动脉和静脉的分支分布特征；
3. 比较观察牛、猪、马、犬等动物心的解剖学特征及胸腔和腹腔血管的分支分布特征；
4. 要求学生掌握心的形态结构和胸、腹腔主要血管的分支分布规律。

二、实验仪器和材料

1. 制作好的牛(羊)、猪、马、犬的心的浸制标本与模型；
2. 显示心腔内部结构和心传导系统的标本与模型；
3. 显示心脏、胸腔和腹腔血管的标本或模型；
4. 常用的解剖器械。

三、实验内容和方法

先以牛为主进行观察，在牛整体和离体标本上观察心形态位置和结构、胸腔的动脉和静脉、腹腔动脉和静脉等血管主干的分支分布特征。

(一)心的位置形态和结构、心的血管、心传导系统、心的神经支配和心包

1. 观察心的位置与形态

心呈倒置圆锥形，为中空的肌质性器官，外有心包包围，位于胸腔纵隔内，夹于左、右两肺之间，略偏左侧(5/7位于左侧)。心底向上，位于肩关节的水平线上，心底有出入心的大血管相连。心尖游离向下，与第5肋软骨间隙或第6肋软骨相对，距胸骨1～1.5 cm，距膈2～5 cm。

心具两面和两缘，两心耳盲尖相遇的一面为左侧面，即心耳面，两心耳之间的大血管为肺动脉干；与心耳面相对的另一面为心房面或右侧面。当心耳面朝向观察者，左手侧为右心室缘，即前缘；右手侧为左心室缘，即后缘。心前缘凸，与胸骨的斜度一致，与第3肋骨或第2肋骨间隙相对；心后缘直，略凹，与第6肋骨或第6肋间隙相对。心底表面有一条呈C形的冠状沟(被肺动脉干在左侧面中断)，将心分为上部的心房和下部的心室。左侧面自冠状沟向下走行的纵沟为锥旁室间沟或左纵沟，不伸达心尖；右侧面自冠状沟向下走行的纵沟为窦下室间沟或右纵沟，向下伸至心尖；左、右纵沟是左、右心室的外表分界线。在冠状沟和纵沟内有冠状血管及其分支和脂肪填充。

2. 心腔的构造

心腔以房间隔和室间隔分为左右两半，每半上部为心房，下部为心室。因此，心腔可分为右心房、右心室、左心房和左心室4个部分，同侧的心房和心室经房室口相通。注意观察心房和心室入口和出口处的瓣膜结构。

(1)右心房　位于心底右前方，壁薄而腔大，分为腔静脉窦和右心耳两部分。右心耳为圆

锥形盲囊,其盲端伸向左侧至肺动脉干前方,内壁上有梳状肌。腔静脉窦以房间隔与左心房隔开,是前、后腔静脉的入口膨大部,前后腔静脉分别开口于腔静脉窦的背侧壁和后壁,在两静脉入口处有发达的半月形静脉间结节或静脉间嵴。在后腔静脉口下方有一冠状窦,开口处有一半月形瓣膜;冠状循环的心大静脉和心中静脉注入冠状窦,牛左奇静脉直接开口于冠状窦或与心大静脉汇合后注入冠状窦。马、犬右奇静脉口位于前后腔静脉口之间或直接注入前腔静脉。在后腔静脉口附近的房间隔上有一卵圆窝,是胎儿时期卵圆孔的遗迹。右心房下方有一右房室口,通右心室。

(2)右心室　位于右心房腹侧,构成心的右前部,由室间隔与左心室隔开,略呈三角形,不达心尖部,入口为右房室口,出口为肺动脉干口,两口位于右心室上部。右房室口略呈卵圆形,口周缘有由致密结缔组织构成的纤维环,环上附着有 3 片三角形瓣膜,称右房室瓣或三尖瓣,其游离缘上有腱索连于心室侧壁和室间隔上的乳头肌。乳头肌为心室壁突出的圆锥形肌柱,有 3 个,两个位于室间隔上,1 个位于心室侧壁上。每片瓣膜的腱索分别连至两个相邻的乳头肌上。当心室收缩时,室内压升高,血液将三尖瓣向上推,使其相互合拢,关闭右房室口,由于腱索的牵引,瓣膜不至于翻向右心房,以防止血液逆流回心房。肺动脉干口位于右心室左前方或主动脉口左前方,呈圆形。周缘也有一纤维环,环上附着有 3 片半月形瓣膜,称肺动脉干瓣或半月瓣。每片瓣膜呈袋状,袋口朝着肺动脉干。当心室舒张时,肺动脉血液倒流,将半月瓣袋口装满,3 片半月瓣展开将肺动脉干口关闭,防止血液倒流入右心室。此外,右心室内还有隔缘肉柱(心横肌),由室间隔中部伸至心室侧壁,有防止心室舒张时过度扩张的作用。肺动脉干起始处的室腔呈圆锥状,称动脉圆锥。

(3)左心房　位于心底左后方,其构造与右心房相似。左心耳盲端向前,内有梳状肌。在左心房背侧壁后部,有 5～8 个肺静脉口,聚集为 3 组。左心房以左房室口通左心室。

(4)左心室　位于左心房腹侧,略呈圆锥形,心尖部完全属于左心室,上部有两个开口,即主动脉口和左房室口。左房室口呈圆形,口周缘有纤维环,环上有两片强大的瓣膜,称左房室瓣或二尖瓣,其形态、构造和功能与右房室口的三尖瓣相同,游离缘借腱索连于心室侧壁的两个乳头肌上。主动脉口为左心室的出口,呈圆形,约在心底中部,在主动脉口的纤维环上,也有 3 片主动脉瓣(或半月瓣),其形态、构造和功能与肺动脉干口的半月瓣相同。在纤维环内有两块心小骨(牛),右侧大,与右半月瓣相连;左侧小,与左半月瓣相连。马为心软骨,2 块,猪为 1 块心软骨。左心室有两个乳头肌,较右心室发达,位于心室侧壁,隔缘肉柱有两条,分别自室间隔伸至两乳头肌基部,因家畜而异。

3. 心壁构造

心壁分 3 层,由外向内依次为心外膜、心肌和心内膜。心外膜为被覆在心表面的一层浆膜,即心包浆膜脏层,光滑而湿润。心肌主要由心肌纤维构成,被房室口的纤维环分为心房和心室两个独立的肌系。心房肌和心室肌可分别收缩和舒张。心房肌薄,分浅、深两层。心室肌比心房肌发达,也分浅、深两层。左心室壁肌厚,约为右心室壁的 3 倍。心内膜薄而光滑,在房室口和动脉口折叠成双层结构的瓣膜,中间夹有结缔组织。

4. 心的血管

心的血管包括冠状动脉和心静脉,它们与毛细血管共同组成一个循环,称冠状循环,属体循环的一部分。左、右冠状动脉起自主动脉根部,分别经肺动脉干后方和前方至冠状沟,于冠状沟和左、右纵沟内延伸,沿途分支分布于心房肌和心室肌。牛左冠状动脉粗大,马左冠状动脉较细。心静脉分心大静脉、心中静脉、心右静脉和心小静脉。心大静脉最粗，起自心尖附近，与左冠状动脉的锥旁室间支伴行，沿左纵沟和冠状沟延伸，最后开口于右心房冠状窦。心中静脉起自心尖附近，与冠状动脉的窦下室间支伴行，沿右纵沟延伸，最后开口于冠状窦。心右静脉有数支，沿右心室上行，注入右心房。心小静脉细小，有数支，注入右心房。

5. 心传导系统

心传导系统是由特殊的心肌纤维所构成，能自动而有节律地产生兴奋和传导兴奋。包括窦房结、房室结、房室束和浦肯野氏纤维。窦房结位于前腔静脉和右心耳之间的沟内，心外膜下。房室结呈结节状，位于房间隔右心房侧的心内膜下，冠状窦口前下方。房室束为房室结向下的直接延续，在室间隔上部分为左、右两脚，分别在室间隔左侧面和右侧面的心内膜下向下伸延，分支分布于室间隔，并有分支通过左、右心室的隔缘肉柱，分布于左、右心壁的外侧壁。浦肯野氏纤维为房室束的微细分支，交织成网，与普通心肌纤维相连。

6. 心的神经支配

心的神经有交感神经和副交感神经，主要包括颈心神经、胸心神经、迷走神经心支等，内含运动和感觉纤维。

7. 心包

心包为包围在心外面的锥形纤维浆膜囊，分纤维心包和浆膜心包。纤维心包位于外面，在心尖部折转到胸骨背侧形成胸骨心包韧带，对心的位置起固定作用。纤维心包外面被覆纵隔胸膜即心包胸膜。浆膜心包分脏层和壁层，脏层紧贴于心外面，构成心外膜；壁层紧贴于纤维心包内面，壁层和脏层之间的腔隙称为心包腔，内含心包液，起润滑作用，可减少心搏动时的摩擦。

（二）胸腔血管的分布规律

1. 主动脉

主动脉是体循环的动脉干，起于左心室的主动脉口，可分为升主动脉、主动脉弓和降主动脉 3 段。升主动脉位于心包内，在肺动脉干和左右心房之间向上伸延，然后穿出心包延续为主动脉弓，主动脉弓呈弓状向上向后伸延至第 5（牛）或第 6（马）胸椎腹侧，向后延续为降主动脉，降主动脉沿胸椎腹侧向后伸延至膈的一段，称为胸主动脉，然后穿过膈的主动脉裂孔进入腹腔，称腹主动脉。升主动脉短，起始部膨大称主动脉球，其内面与主动脉瓣之间形成袋状的主动脉窦。左、右冠状动脉分别起自左后窦和前窦。主动脉弓向前分出一支臂头干。臂头干为分布于胸廓前部、头、颈和左、右前肢的动脉干，在纵隔中沿气管腹侧向前向上伸延，至第 1 肋间隙（牛）处分出左锁骨下动脉，其主干在胸前口处分出双颈干后，延续为右锁骨下动脉。猪、犬左锁骨下动脉直接从主动脉弓上分出，位于臂头干背侧。

2. 左、右锁骨下动脉

左、右锁骨下动脉向前向外向下呈弓状伸延，绕过第 1 肋骨前缘，延续为腋动脉，沿途发出的分支主要有肋颈干、胸廓内动脉和颈浅动脉。肋颈干在第 1 肋前方向前向上延伸，顺次分出肋间最上动脉、肩胛背侧动脉和颈深动脉，主干延续为椎动脉，伴椎神经进入横突管向前延伸，分布于颈背侧、腹侧肌和脊髓。肋间最上动脉在颈长肌表面向后延伸，分出第 1～3 对肋间背侧动脉。肩胛背侧动脉沿颈腹侧锯肌的深面向上延伸，分布于鬐甲部的肌肉和皮肤。颈深动脉在头半棘肌和项韧带之间向前延伸，分布于颈背侧的肌肉和皮肤。胸廓内动脉沿第 1 肋内侧面和胸骨背侧面向后延伸至第 7 肋软骨间隙，分为肌膈动脉和腹壁前动脉。肌膈动脉沿腹横肌在肋弓上的附着缘向后延伸，腹壁前动脉经第 9 肋软骨与剑状软骨之间出胸腔，沿腹直肌内侧面背侧缘向后延伸至脐部与腹壁后动脉吻合。颈浅动脉在第 1 肋骨处分出，在臂头肌、肩胛横突肌深面向前向上伸向颈浅淋巴结和肩关节前方的肌肉。

3. 双颈干

双颈干很短，在颈后端气管腹侧，分为左、右颈总动脉。颈总动脉在颈静脉沟深部与颈内静脉以及迷走交感神经干伴行，向上延伸至寰枕关节腹侧延续为颈外动脉和颈内动脉，沿途分出肌支、食管支、气管支、甲状腺前动脉和甲状腺后动脉。颈总动脉是大家畜放血和福尔马林灌注的血管。

4. 胸主动脉及其分支

胸主动脉及其分支包括成对的肋间背侧动脉、支气管食管动脉等。

(1)肋间背侧动脉　牛有 12 对，前 3 对由肋间最上动脉发出，其余均由胸主动脉发出，沿椎体外侧面向上伸延至相应肋间上端分出背侧支和腹侧支，背侧支较小，分布于脊柱背侧的肌肉、皮肤和脊髓。腹侧支较粗，沿肋骨内侧后缘的血管沟向下伸延，分布于胸膜、肋骨、肋间肌和皮肤。其末端与胸廓内动脉和肌膈动脉的肋间腹侧支相吻合。

(2)肋腹背侧动脉　位于最后肋骨后缘，分支分布情况与肋间背侧动脉相似，主要分布于腹侧壁前部的肌肉和皮肤。

(3)支气管食管动脉　分为支气管支和食管支。牛的支气管支和食管支常常单独起始。支气管支在第 6 胸椎腹侧起于胸主动脉，于气管分叉处分为左右两支，分别进入左、右肺，随支气管分支而分支。食管支起于胸主动脉，向下分为前、后两支，前支沿食管右侧面向前伸延，后支较粗，沿食管背侧面向后伸至食管裂孔，分支分布于食管、纵隔、心包等。猪、马支气管支和食管支由一总干起于胸主动脉，称支气管食管动脉。

5. 胸腔的主要静脉

左、右颈外静脉、颈内静脉和锁骨下静脉在胸前口汇合形成前腔静脉，在臂头干的右腹侧后行，约在与第 4 肋相对处入心包注入右心房，沿途有肋颈静脉、胸廓内静脉、右奇静脉(马、犬)汇入。肋颈静脉和胸廓内静脉与同名动脉伴行。牛、猪的左奇静脉是胸壁的静脉主干，起自第 1、2 腰椎腹侧，穿过膈主动脉裂孔，沿胸主动脉的左背侧缘向前伸延，约在第 4 肋间隙处向前向下向后越过胸主动脉和肺干左侧注入冠状窦。颈内静脉较小，由甲状腺静脉、枕静脉等汇合而成，与颈总动脉伴行，在胸前口处左、右颈内静脉汇合后注入左、右颈外静脉汇合处。颈外静脉粗，在腮腺后下角由舌面静脉和上颌静脉汇合而成，沿颈静脉沟向后伸延，在胸前口处有颈浅静脉和头静脉汇入。颈外静脉是临床上采血、静脉注射常用的静脉。犬和猪每侧的颈外静脉和锁骨下静脉汇合形成臂头静脉，左、右臂头静脉汇合形成前腔静脉。

(三)腹腔动脉和静脉的分支分布规律

腹主动脉为胸主动脉的直接延续，沿腰椎椎体腹侧向后延伸至第 5、6 腰椎处分为左、右髂内、外动脉和荐正中动脉。腹主动脉向背侧分出的壁支有腰动脉，向腹侧分出的脏支有腹腔动脉、肠系膜前动脉、肾动脉、肠系膜后动脉、睾丸动脉或卵巢动脉。

1. 腰动脉

腰动脉牛有 6 对，前 5 对起于腹主动脉，第 6 对起于髂内动脉。在相应腰椎横突后缘向外伸延，分布于腰椎背侧和腹侧的肌肉和皮肤，分出脊髓支经椎间孔入椎管。

2. 腹腔动脉

腹腔动脉紧靠膈主动脉裂孔后方起于腹主动脉腹侧(牛、犬在L1平面,马在第17或18胸椎平面),向前下方伸延至瘤胃背囊右侧分为脾动脉、胃左动脉、肝动脉等。

(1)脾动脉　在贲门后方向前向左越过瘤胃前庭至脾门,分为数支进入脾。脾动脉还分出胰支、瘤胃右动脉等。胰支分布于胰;瘤胃右动脉沿瘤胃右纵沟向后伸延,并绕过后沟至左纵沟,与瘤胃左动脉吻合,沿途分布于瘤胃背、腹囊。

(2)瘤胃左动脉　起自脾动脉或胃左动脉,在瘤胃背囊右侧面向前伸延,经前沟进入左纵沟向后延伸,分布于瘤胃背囊和腹囊。沿途分支有网胃动脉、食管支、膈支、网膜支等。

(3)胃左动脉　沿瘤胃右侧面向前向下伸延至瓣胃分为背、腹侧两支。背侧支沿瓣胃后面和皱胃小弯向后伸延,分布于瓣胃和皱胃。腹侧支又称胃网膜左动脉,沿瓣胃前面和皱胃大弯伸延,分布于瓣胃、皱胃大弯和大网膜。

(4)肝动脉　向前向下伸延,与门静脉一起经肝门入肝,先后分出胰支、肝左支、肝右支、胆囊动脉,主干延续为胃十二指肠动脉。胃右动脉起始于肝左支或胃十二指肠动脉,在小网膜内沿皱胃小弯伸延,分布于幽门和十二指肠起始部。胃十二指肠动脉分为2支,胃网膜右动脉横过十二指肠进入大网膜,沿皱胃大弯向前伸延与胃网膜左动脉相吻合。胰十二指肠前动脉在胰右叶和十二指肠之间向后伸延,分布于胰和十二指肠。

3. 肠系膜前动脉

肠系膜前动脉在腹腔动脉后方(牛、犬在L2平面,马、猪在L1平面)自腹主动脉腹侧面分出,经横结肠后方进入总肠系膜,主干在结肠旋袢与空肠之间的空肠系膜内向后延伸,末端延续为回肠动脉。沿途分出胰支、胰十二指肠后动脉、结肠中动脉、回结肠动脉、侧副支和空肠动脉。胰十二指肠后动脉伸向十二指肠升部。结肠中动脉伸向横结肠和降结肠。回结肠动脉较粗,分为4支,结肠右动脉分布于结肠离心回和远袢;结肠支分布于结肠向心回和近袢;回肠系膜支行经回肠系膜和回盲襞分布于回肠;盲肠动脉行经回盲襞分布于盲肠。空肠动脉起自肠系膜前动脉的凸面,有多条(马15～20条,犬12～15条,绵羊15～28条),分布于空肠。侧副支在结肠旋袢与肠系膜前动脉主干之间向后延伸。

4. 肾动脉

肾动脉在肠系膜前动脉后方自腹主动脉分出,经肾门入肾。

5. 肠系膜后动脉

肠系膜后动脉在第4～6腰椎腹侧(马在L4平面,小反刍动物、猪、犬在L5平面,牛在L6平面)、两髂外动脉起始部之间自腹主动脉分出,分为2支,结肠左动脉沿降结肠系膜前行,分布于降结肠后部;直肠前动脉沿直肠背侧向后行,分布于降结肠后部和直肠。

6. 睾丸和卵巢动脉

睾丸和卵巢动脉在肠系膜后动脉起始部附近自腹主动脉分出,睾丸动脉沿腹壁向后向下进入鞘膜管,分布于睾丸、附睾、精索等结构。卵巢动脉在子宫阔韧带中向后延伸,分出输卵管支和子宫支后,经卵巢系膜入卵巢。

7. 后腔静脉及其分支

后腔静脉为收集腹部、骨盆部、尾部和后肢静脉血注入右心房的静脉干。由左、右髂总静脉在第5、6腰椎腹侧汇合而成,沿腹主动脉右侧向前伸延至膈脚与主动脉分开,经肝腔静脉沟和膈腔静脉孔至胸腔,经腔静脉褶及右肺副叶外侧前行注入右心房。后腔静脉沿途有腰静脉、睾丸或卵巢静脉、肾静脉、肝静脉汇入。髂总静脉为一短干，由髂内静脉和髂外静脉在荐髂关节腹侧汇合而成，第6腰静脉、旋髂深静脉和荐正中静脉直接注入髂总静脉。肝门静脉为收集胃、脾、胰、小肠和大肠(直肠后段除外)的静脉血入肝的静脉干，由胃十二指肠静脉、脾静脉、肠系膜前静脉和肠系膜后静脉汇合而成，穿过胰环与肝动脉一起经肝门入肝。肝静脉有3～4条，在肝腔静脉沟内注入后腔静脉。

四、实验注意事项

1. 要爱护标本，不要损坏本次实验的各标本。不要用力牵拉细小的血管，以防血管被拉断。
2. 观察完毕要及时将标本放回标本池或用塑料纸包裹好，以防干燥。
3. 实验过程中要保持安静，注意实验室的环境卫生。

五、思考题

1. 简述心的位置形态与心腔的结构。
2. 胸腔血管有哪些主要的分支？
3. 腹腔血管有哪些主要的分支？
4. 简述心包、心传导系统、奇静脉、肝门静脉的概念。
5. 简述胎儿血液循环的特征。

六、填图

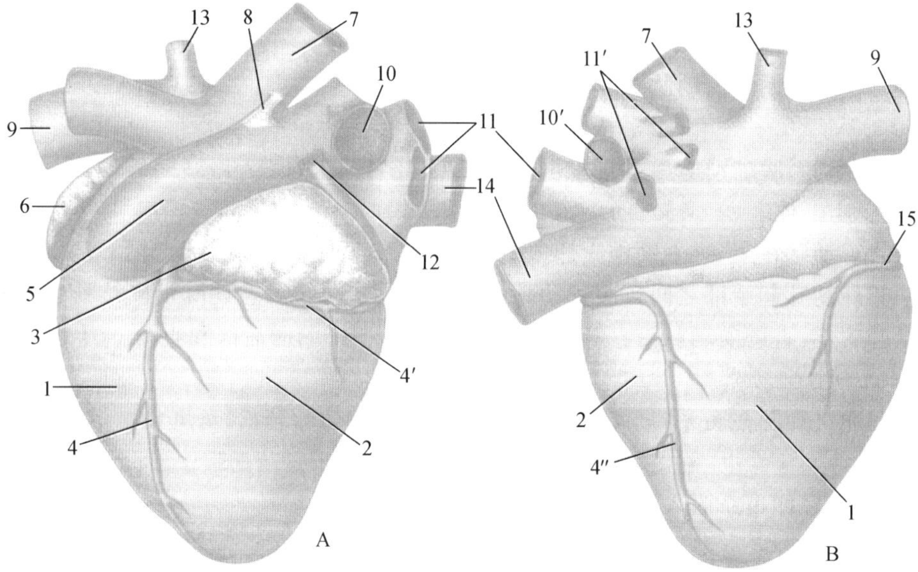

图 14-1 牛的心

A. 左侧面 B. 右侧面

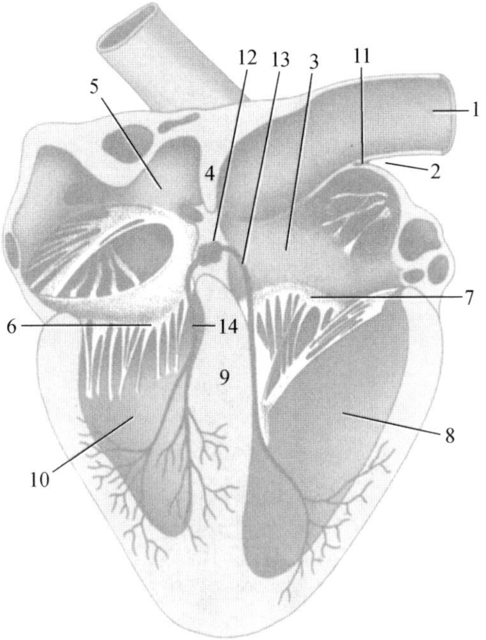

图 14-2　心纵切面

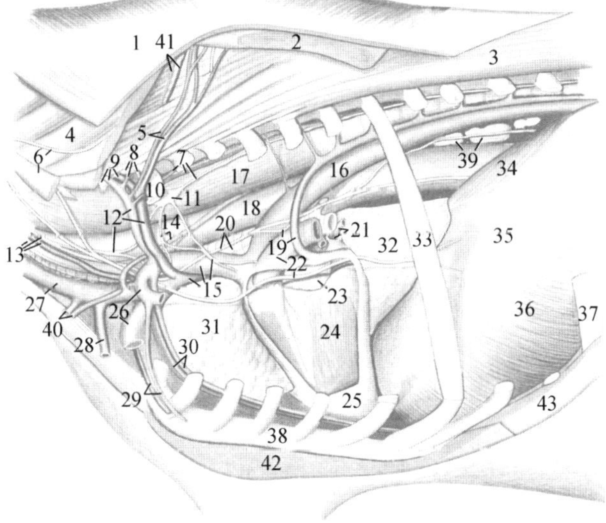

图 14-3　牛胸腔血管(左侧面)

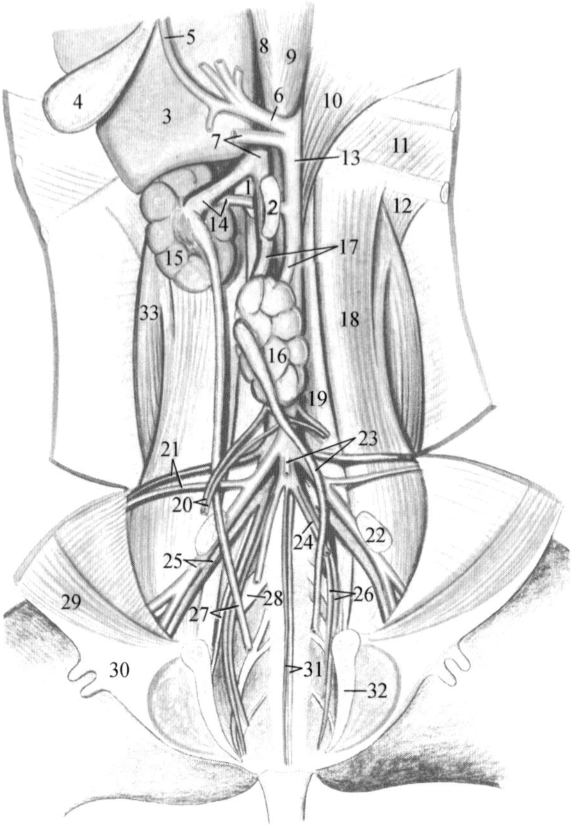

图 14-4　腹主动脉的分支图

实验十五　头部、盆腔和四肢的血管

一、实验目的和要求

1. 了解头颈部血管的分支分布特征；
2. 了解骨盆腔血管的分支分布特征；
3. 了解前肢和后肢血管的分支分布特征；
4. 比较观察牛、猪、马、犬等动物头颈部、骨盆腔、前肢和后肢血管的分支分布特征；
5. 掌握家畜采血、注射常用的血管。

二、实验仪器和材料

1. 制作好的牛、猪、马、犬的头颈部动脉和静脉主干的浸制标本与模型；
2. 制作好的牛、猪、马、犬的骨盆腔动脉和静脉主干的浸制标本与模型；
3. 制作好的牛、猪、马、犬的前肢和后肢动脉和静脉主干的浸制标本与模型；
4. 常用的解剖器械。

三、实验内容和方法

以牛为例进行观察，在牛整体标本上观察头颈部、骨盆和尾部、前肢和后肢动脉和静脉主干的分支分布特征，然后比较猪、马、犬上述部位血管分布的差异。

(一)牛头部血管的分支分布特征

左、右颈总动脉为分布于头部的动脉主干，在颈静脉沟深部与颈内静脉及迷走交感神经干伴行，向上延伸至寰枕关节腹侧延续为颈内动脉和颈外动脉。

1. 颈内动脉

颈内动脉向前向上延伸，经颈静脉孔入颅腔。颈内动脉起始部的膨大称颈动脉窦，为血压感受器。成年牛颈内动脉退化。枕动脉起于颈内动脉，向上向内伸延，顺次发出腭升动脉分布于软腭和咽，茎乳突深动脉入茎乳突孔分布于中耳，脑膜中动脉经颈静脉孔入颅腔分布于脑膜，髁动脉经舌下神经孔入颅腔分布于脑，枕支为枕动脉的延续，分布于颈部肌肉。

2. 颈外动脉

颈外动脉在二腹肌和茎突舌骨肌之间向上延伸至颞下颌关节腹侧，分出颞浅动脉后延续为上颌动脉，途中分出舌面干、耳后动脉、咬肌支。

(1)舌面干　在二腹肌后腹内侧由颈外动脉分出，走向前腹侧分为舌动脉和面动脉。舌动脉经舌骨舌肌内侧伸达舌根，分为舌下动脉和舌深动脉，分布于舌。面动脉在翼内侧肌内侧走向前下方，绕过下颌骨腹侧缘的面血管切迹转而向上至面部，与同名静脉、腮腺管伴行，沿咬肌前缘向上延伸，在上唇提肌和犬齿肌起始部附近分为鼻外侧前支和眼角支，前者分布于眶下部和鼻外侧部，后者向后背侧延伸至内眼角。沿途主要分支有颏下动脉、下唇动脉、上唇动脉、口角动脉。下唇动脉有两支，浅支在下唇降肌腹侧缘起始于面动脉，向前延伸；深支较粗，在浅支上方约 1 cm 处起始于面动脉，在颊肌深面向前伸达下唇部，分布于颊肌、颊腺和下唇。上唇动脉在面结节处起始于面动脉，沿上唇降肌腹侧缘向前伸达上唇。口角动脉与上唇动脉以同一总干起始于面动脉，伸向口角。

(2)耳后动脉　沿腮腺深面向后向上伸延至耳基，分出腮腺支、茎乳突动脉、枕支和耳深动脉后，分为耳外侧支和耳中间支，分布于耳廓。

(3)咬肌支　较小，分布于咬肌后部。

(4)颞浅动脉　较粗，在腮腺深面越过颧弓向上向前延伸，分出耳前动脉、面横动脉、角动脉、泪腺支、上睑外侧动脉和下睑外侧动脉。耳前动脉向后行分布于耳前肌肉和皮肤等。面横动脉向前行，穿出腮腺至咬肌表面分布于腮腺、咬肌等。角动脉沿颞线走向角根分布于角。泪腺支分布于泪腺。

3. 上颌动脉

上颌动脉在下颌骨支和翼内侧肌之间向前伸延至翼腭窝，沿途分出翼肌支，下齿槽动脉，颞深动脉，硬膜外前异网前、后支，颊动脉，眼外动脉，颧动脉，最后分支为眶下动脉和腭降动脉。

(1)翼肌支　走向腹侧分布于翼内侧肌。

(2)下齿槽动脉　走向腹侧，经下颌孔入下颌管，分布于下颌骨、下颌齿等，出颏孔为颏动脉，分布于下唇和颏部。

(3)颞深前、后动脉　向背侧分布于颞肌。

(4)硬膜外前异网前、后支　经眶圆孔和卵圆孔入颅腔分布于脑。

(5)颊动脉　走向前腹侧，分布于颊肌、颊腺等。

(6)眼外动脉　进入眼眶，在眼外直肌和眼球缩肌之间形成眼异网，由此网发出眶上动脉、泪腺动脉、睫状后长动脉和肌支等。

(7)颧动脉　在眼眶内向前向上伸延，由眼内角穿出，主要分支有第 3 眼睑动脉、下睑内侧动脉、眼角动脉和鼻外侧后动脉。

(8)眶下动脉　经上颌孔入眶下管，分支分布于上颌齿和上颌窦，出眶下孔分布于鼻唇部。

(9)腭降动脉　分为 3 支，腭小动脉分布于软腭；蝶腭动脉经蝶腭孔入鼻腔，分布于鼻腔黏膜；腭大动脉穿过腭管，在硬腭黏膜深面向前延伸，分布于硬腭等。

4. 头部的静脉

舌面静脉和上颌静脉在腮腺后下角汇合成颈外静脉。

(1)舌面静脉　由面静脉和舌静脉汇集而成。面静脉与面动脉伴行，有眼角静脉、鼻背静脉、鼻外侧静脉、上唇静脉、口角静脉、下唇静脉等属支，还有面深静脉注入。牛的面深静脉由腭降静脉和眶下静脉汇集而成，自咬肌深面向下延伸注入面静脉，途中形成面深静脉丛。面深静脉有分支与颊静脉和上颌静脉吻合。舌静脉由舌下静脉和舌深静脉汇合而成。

(2)上颌静脉　在颞下颌关节腹侧由翼丛与颞浅静脉汇集而成，并有耳后静脉汇入。翼丛汇集翼肌静脉、颊静脉、咬肌静脉、颞深静脉、下齿槽静脉、咽静脉等的静脉血。颞浅静脉汇集耳前静脉、面横静脉、上睑外侧静脉、角静脉、眼外背侧静脉等的血液。以上各支静脉多与同名动脉伴行。

(二)牛骨盆腔和尾部血管的分支分布特征

腹主动脉在第 5、6 腰椎处,分为左、右髂外动脉和左、右髂内动脉及荐正中动脉。

1. 髂内动脉

髂内动脉为分布于骨盆的动脉干,沿荐骨翼和荐结节阔韧带的内侧面向后伸延,沿途分出脐动脉、髂腰动脉、臀前动脉、前列腺动脉(阴道动脉)和臀后动脉,主干延续为阴部内动脉。

(1)脐动脉(阴道动脉)　在骨盆前口处分出,沿膀胱侧韧带游离缘伸至膀胱顶,胎儿时期粗大,出生后管径缩小,末端完全闭塞,形成膀胱圆韧带。脐动脉分出输尿管支(分布于输尿管)、输精管动脉(沿输精管进入精索)或子宫动脉(沿子宫阔韧带向下行至子宫角,分布于子宫角和子宫体)和膀胱前动脉(沿膀胱侧韧带分布于膀胱前部)。

(2)髂腰动脉　很小,分布于髂腰肌等,常分出第 6 对腰动脉。

(3)臀前动脉　经坐骨大孔出盆腔,分布于臀肌、臀股二头肌,并发出第 1、2 荐支。

(4)前列腺动脉(阴道动脉)　约在坐骨棘中部起于髂内动脉,分布于输尿管、输精管、前列腺、精囊腺、尿道和膀胱。阴道动脉分为 2 支,前支较大为子宫支,沿阴道和子宫侧壁向前行,分布于子宫颈、阴道等。后支沿阴道背外侧面向后行,分布于阴道前庭;分出一直肠中动脉,分布于直肠;分出一会阴背侧动脉经阴蒂退缩肌和肛提肌之间走向会阴部,分布于会阴、肛门和阴唇,并分出直肠后动脉。

(5)臀后动脉　较粗,由坐骨小孔穿出后向下向后伸延,分布于臀股二头肌、孖肌等。

(6)阴部内动脉　公牛的阴部内动脉分出尿道动脉,分布于尿道盆部和尿道球腺;分出直肠后动脉,分布于直肠后段;在坐骨弓处分出会阴腹侧动脉,分布于会阴部;主干延续为阴茎动脉,向后向下延伸分为 3 支,阴茎球动脉分布于阴茎球,阴茎深动脉分布于阴茎海绵体,阴茎背动脉沿阴茎背侧向前延伸至阴茎头。母牛的阴部内动脉分出尿道动脉、前庭动脉和会阴腹侧动脉后延续为阴蒂动脉。会阴腹侧动脉分布于会阴部与阴门,并分出阴唇背侧支和乳房支,分布于乳房。阴蒂动脉分布于前庭球和阴蒂。

2. 荐正中动脉

荐正中动脉沿荐骨盆面向后伸延,在荐部分出 3～4 支脊髓支,经荐腹侧孔进入椎孔;在第 1 尾椎处分出左、右尾背侧动脉和左右尾腹侧动脉,主干延续为尾正中动脉,沿尾椎腹侧的血管沟继续后伸。临床上常在牛尾根下方探知脉搏。水牛多数无荐正中动脉,其尾正中动脉由左、右荐外侧动脉汇合而成。

3. 盆腔的静脉

髂内静脉为骨盆和尾部的静脉干,主要属支有子宫静脉、臀前静脉、闭孔静脉、前列腺静脉或阴道静脉、臀后静脉和阴部内静脉。

(三)牛前肢血管的分支分布特征

前肢的动脉主干为锁骨下动脉,绕过第 1 肋骨的前缘出胸腔,在前肢内侧面向下伸延,依不同部位顺次称腋动脉、臂动脉、正中动脉、指掌侧第 3 总动脉和第 3、4 指掌轴侧固有动脉。

1. 腋动脉

腋动脉为锁骨下动脉的直接延续,位于肩关节内侧面,分出旋肱前动脉后延续为臂动脉,沿途分出胸廓外动脉、肩胛上动脉、肩胛下动脉和旋肱前动脉。

(1)胸廓外动脉　在第 1 肋骨前缘自腋动脉分出,沿胸外侧沟延伸,分布于胸肌、臂头肌和臂二头肌及皮肤。

(2)肩胛上动脉　在肩关节上方自腋动脉分出,向上伸延进入冈上肌和肩胛下肌之间,分布于冈上肌、肩胛下肌和肩关节。

(3)肩胛下动脉　较粗,在肩关节后方由腋动脉分出,在肩胛下肌和大圆肌之间向后向上伸延,主要分为 3 支,胸背动脉沿背阔肌深面向后上方延伸,分布于大圆肌、背阔肌、臂三头肌长头、胸深肌等;旋肱后动脉经肩胛下肌与大圆肌之间转至肩关节外侧面,分布于三角肌、臂三头肌、小圆肌等;旋肩胛动脉在肩胛骨下 1/3 分出,分布于肩胛骨内、外侧面的肌肉。

(4)旋肱前动脉　向前穿过喙臂肌至臂二头肌。

2. 臂动脉

臂动脉沿喙臂肌和臂二头肌后缘向下伸延,经肘关节内侧至前臂近端,分出骨间总动脉后延续为正中动脉。沿途分出臂深动脉、尺侧副动脉、二头肌动脉、肘横动脉和骨间总动脉。

(1)臂深动脉　在臂中部分出,向后伸延至大圆肌、臂三头肌长头和内侧头之间,分布于臂三头肌、肘肌、臂肌和前臂筋膜张肌。

(2)尺侧副动脉　在臂部下 1/3 处向后分出,沿臂三头肌内侧头的前下缘伸向肘关节,与尺神经一起经尺沟继续下行,途中分布于臂三头肌、腕尺侧屈肌和指屈肌,在腕关节上方分出腕背侧支参与形成腕背侧网外,沿掌骨背外侧下行,成为指背侧第 4 总动脉。

(3)二头肌动脉在尺侧副动脉下方分出,向前进入臂二头肌。

(4)肘横动脉常与二头肌动脉起于一总干,在臂二头肌深面、臂肌和腕桡侧伸肌之间向下向外侧伸延至前臂背外侧,分支分布于臂肌、臂二头肌、腕桡侧伸肌和指总伸肌等。

(5)骨间总动脉　在前臂近端分出,向后向下穿过前臂近骨间隙延续为骨间前动脉;在穿过骨间隙前分出骨间后动脉,向下伸延分布于前臂骨骨膜和指屈肌;穿过骨间隙后分出小的骨间返动脉,沿尺骨外侧面向上伸延,分布于指的伸肌。骨间前动脉在前臂远端分为两支,一支为腕背侧支,参与形成腕背侧网;另一支为骨间支,穿过前臂远骨间隙分为腕掌侧支和掌侧支,掌侧支分为浅支和深支,浅支向下参与形成掌浅弓。

3. 正中动脉

正中动脉沿桡骨后内侧面向下伸延,至掌远端与骨间前动脉的骨间支的浅支和桡动脉的掌浅支共同形成掌浅弓。由掌浅弓分出指掌侧第 2、3 和 4 总动脉,指掌侧第 3 总动脉可视为正中动脉的延续。正中动脉沿途分出前臂深动脉和桡动脉。

(1)前臂深动脉　在前臂近端分出,分布于前臂和前脚部的屈肌。

(2)桡动脉　在前臂中部向前分出,沿桡骨和腕桡侧屈肌之间向下伸延,在前臂远端分出一腕背侧支、腕掌侧支和掌浅支等。掌浅支参与形成掌浅弓,指掌侧第 2 总动脉可视为桡动脉的延续,在掌指关节掌内侧分为第 2 指掌轴侧固有动脉和第 3 指掌远轴侧固有动脉,分布于第 2 和第 3 指。

4. 指掌侧第 3 总动脉

指掌侧第 3 总动脉下行至指间隙分为第 3 指和第 4 指掌轴侧固有动脉,分布于第 3 指和第 4 指。

5. 前肢的静脉

前肢的静脉分深静脉和浅静脉。锁骨下静脉为前肢的深静脉干，依次为腋静脉，臂静脉，正中静脉，指掌侧第 3 总静脉，第 3、4 指掌轴侧固有静脉，蹄静脉丛，上述静脉干及其属支均与同名动脉伴行。头静脉为浅静脉干，起于蹄静脉丛，向上依次汇集为指掌侧固有静脉、指掌侧总静脉、掌心静脉和桡静脉，再延续为头静脉，沿前臂内侧面上行，并经前臂前面入胸外侧沟向上向内延伸，最后注入颈外静脉。头静脉在前臂部有副头静脉注入，并经肘正中静脉与臂静脉相连。副头静脉位于前脚部背侧。临床上犬、猫等小动物常在此浅静脉干进行静脉注射。

(四)牛后肢血管的分支分布特征

髂外动脉是后肢动脉的主干，沿骨盆前口向后向下伸延，经股管至股部，进而沿小腿和后脚背侧面达趾部，依部位顺次称髂外动脉、股动脉、腘动脉、胫前动脉、足背动脉和跖背侧第 3 动脉。

1. 髂外动脉

髂外动脉约在第 5 腰椎腹侧由腹主动脉分出，沿骨盆前口向后向下延伸至耻骨前缘，分出股深动脉之后移行为股动脉，途中分支有旋髂深动脉。

(1)旋髂深动脉　在距髂外动脉起始部不远处分出，沿腹壁内侧面前行，在与髋结节相对处分为 2 支，前支向前分布于髂腰肌、腹壁肌等；后支伸向后外侧，穿过腹壁沿阔筋膜张肌前缘下行，分布于阔筋膜张肌、髂下淋巴结及附近的肌肉和皮肤。

(2)股深动脉　约在耻骨前缘分出，母牛特别发达，分出阴部腹壁动脉干后，延续为旋股内侧动脉。

①阴部腹壁动脉干：由股深动脉起始部分出，向前下方伸延至腹股沟管深环，分为腹壁后动脉和阴部外动脉。腹壁后动脉沿腹直肌背内侧缘前行，分布于腹内斜肌和腹直肌，在公牛还分出提睾肌动脉。阴部外动脉穿出腹股沟管，公牛分出腹壁后浅动脉和阴囊腹侧支，分布于腹股沟浅淋巴结、包皮、阴囊等；母牛分为乳房前动脉(腹壁后浅动脉)和乳房后动脉(阴唇腹侧支)，分布于乳房和乳房淋巴结等。

②旋股内侧动脉：为股深动脉的延续，沿内收肌向后向下伸延至臀股二头肌深面，沿途分支分布于股内侧肌群和股后肌群。

2. 股动脉

股动脉在股管中向下伸延至膝关节后方、腓肠肌两头之间延续为腘动脉，沿途主要分支有旋股外侧动脉、隐动脉、膝降动脉和股后动脉。

(1)旋股外侧动脉　曾称股前动脉，向前进入股直肌和股内侧肌之间，分布于股四头肌。

(2)隐动脉　在股管内起于股动脉，与隐神经和隐静脉伴行，出股管后沿股部和小腿内侧面皮下向下行，在跟结节附近分为足底内、外侧动脉。足底内侧动脉沿跗跖内侧下行，在跖近端分为深支和浅支，深支参与构成足底深近弓，浅支在跖远端分为趾跖侧第 2 总动脉和趾跖侧第 3 总动脉。趾跖侧第 2 总动脉在跖趾关节的跖内侧分为第 2 趾跖轴侧和第 3 趾跖远轴侧固有动脉。趾跖侧第 3 总动脉下行至趾间隙分为第 3 趾和第 4 趾跖轴侧固有动脉。足底外侧动脉在跖近端外侧分为深支和浅支，深支参与构成足底深近弓，浅支沿跖外侧面下行，在跖远端延续为趾跖侧第 4 总动脉，在跖趾关节的跖外侧分为第 4 趾跖远轴侧和第 5 趾跖轴侧固有动脉。足底深近弓分出跖底第 2、3 和 4 动脉，沿骨间肌和跖骨伸向远端。

(3)膝降动脉　在股远侧 1/3 处由股动脉发出，向前向下伸延，分布于缝匠肌、半膜肌、股四头肌。

(4)股后动脉　由股动脉向后发出，分为升支和降支，分布于股后肌群、腓肠肌和趾浅屈肌。

3. 腘动脉

腘动脉在腘肌深面分为胫前动脉和胫后动脉。胫后动脉较小，分布于小腿跖侧肌肉。

4. 胫前动脉

胫前动脉为腘动脉的延续，穿过小腿骨间隙，沿胫骨前肌与胫骨背侧之间向下延伸，至跗背侧延续为足背动脉，沿途分出小腿骨间动脉、胫骨营养动脉、外侧踝前动脉、内侧踝前动脉及浅支。浅支向下延伸至跖背侧中部，分为3支，即趾背侧第2、3、4总动脉。

5. 足背动脉

足背动脉在跗关节处分出跗穿动脉后，延续为跖背侧第3动脉。

6. 跖背侧第3动脉

跖背侧第3动脉沿跖背侧沟向下延伸，在系关节附近与趾背侧第3总动脉吻合。

7. 趾背侧第3总动脉

趾背侧第3总动脉与跖背侧第3动脉吻合，分出第3、第4趾背轴侧固有动脉分布于趾部。

8. 后肢的静脉

后肢的静脉分深静脉和浅静脉。髂外静脉为后肢的静脉主干，沿髂骨体伸向股管，向下依次为股静脉、腘静脉、胫前静脉和足背静脉，均与同名动脉伴行。浅静脉干为内侧隐静脉与外侧隐静脉，均注入深静脉干。内侧隐静脉在跗关节内侧起于足底内侧静脉，与隐动脉和隐神经伴行，注入股静脉。外侧隐静脉无动脉伴行，约在小腿下1/3处由前、后两支汇合而成，汇入旋股内侧静脉。前支起于蹄静脉丛，向上依次汇集成趾背侧固有静脉、趾背侧总静脉和外侧隐静脉。后支在跗关节下部与足底外侧静脉相连，沿跗关节跖外侧面上行与前支汇合。临床上犬、猫等小动物常在此浅静脉干进行静脉注射。

(五)比较观察牛、马、猪和犬头颈部、骨盆腔、前肢和后肢血管分支分布的异同

请学生自己比较。

四、实验注意事项

1. 要爱护标本，不要损坏本次实验的各标本。不要轻易用力牵拉细小的血管，以防血管被拉断。
2. 观察完毕要及时将标本放回标本池或用塑料纸包裹好，以防干燥。
3. 实验过程中要保持安静，注意实验室的环境卫生。

五、思考题

1. 简述头面部血管的分支分布规律。如何进行颈静脉注射和采血？
2. 简述前肢血管的分支分布规律。如何在前肢进行静脉注射和采血？
3. 简述盆腔血管的分支分布规律。如何通过直肠触摸子宫动脉进行妊娠诊断？
4. 简述后肢血管的分支分布规律。如何在后肢进行静脉注射和采血？

六、填图

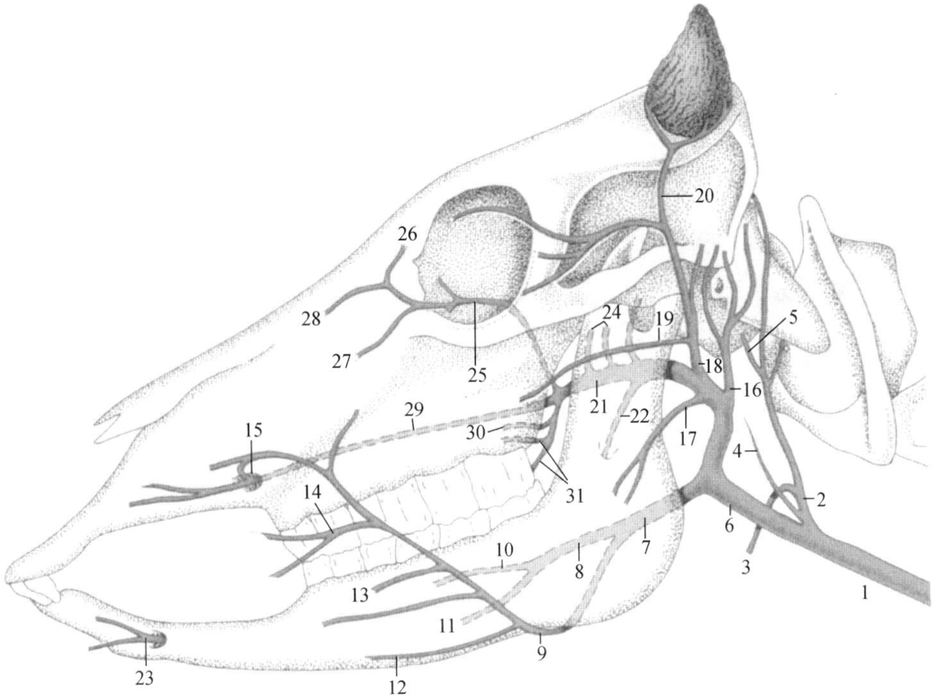

图 15-1　牛头颈部动脉

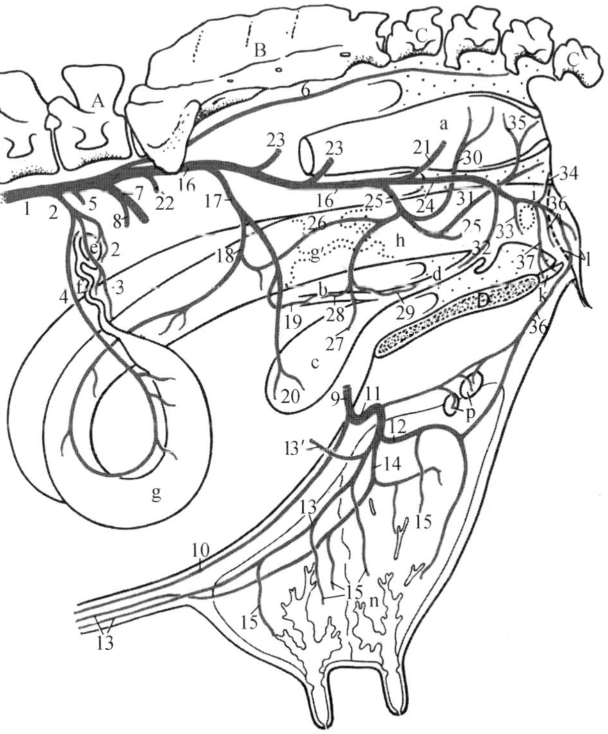

图 15-2　母牛骨盆腔动脉

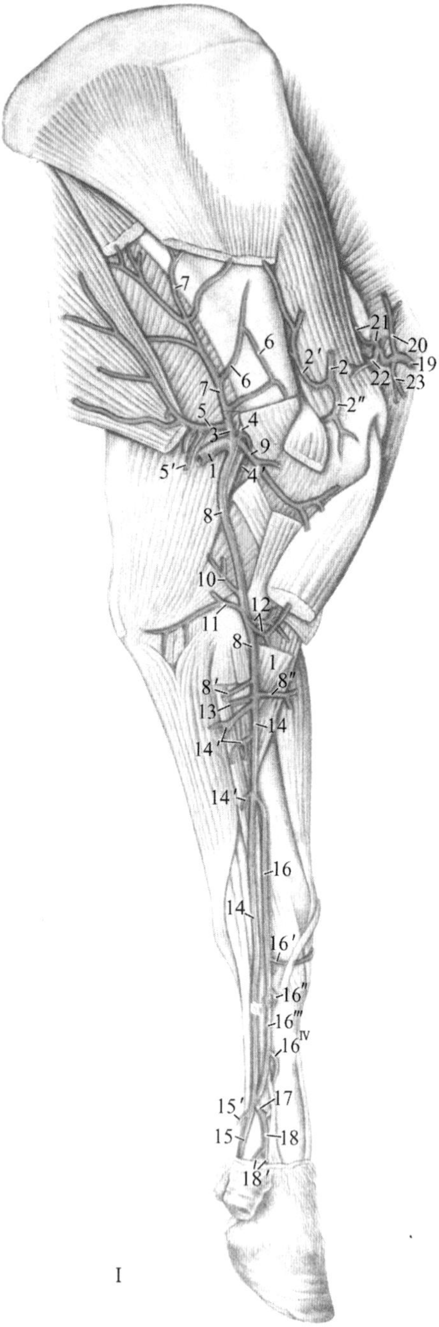

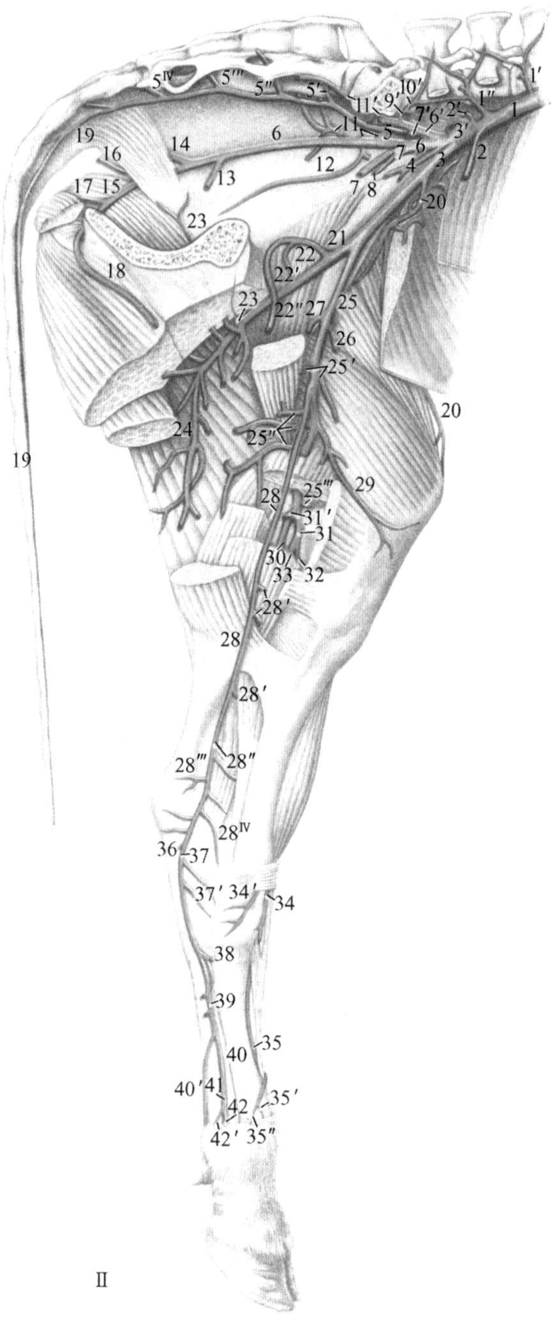

图 15-3　牛前肢和后肢的动脉(内侧面)

Ⅰ. 前肢　Ⅱ. 后肢

实验十六　猪的比较解剖

一、实验目的和要求

1. 了解猪内脏器官的位置、形态结构和毗邻关系；
2. 了解猪部分淋巴器官、内分泌器官的位置和形态结构；
3. 了解猪胸、腹腔部分血管和神经的位置关系。

二、实验仪器和材料

1. 商品猪一头(已经屠宰、放血、去毛)；
2. 猪头正中切面标本，喉软骨；
3. 公、母猪生殖器官标本；
4. 常用的解剖器械。

三、实验内容和方法

(一)被皮系统

观察皮肤的色泽和结构，观察蹄的形态和结构，观察乳房的位置、形态和结构。

(二)头部

1. 口腔

口腔包括唇、颊、硬腭、齿、舌、唾液腺等结构。唇形成口腔的前壁，上唇与鼻相连形成吻突，下唇尖小，口裂大。唇由皮肤、口轮匝肌和黏膜组成。颊为口腔的侧壁，由皮肤、颊肌和黏膜组成，黏膜光滑；颊腺分颊背侧腺和颊腹侧腺。唇、颊与齿之间形成口腔前庭。硬腭形成口腔的顶，中线为腭缝，两侧有横行的腭褶(20～23 条)，腭缝前端有切齿乳头。口腔底的前部由黏膜和下颌骨切齿部组成，黏膜上有舌下阜；口腔底的其余大部分由舌构成。舌呈长带状，分舌尖、舌体和舌根，舌尖薄，腹侧面有两条舌系带与口腔底相连；舌背黏膜上有丝状乳头、菌状乳头、轮廓乳头、锥状乳头和叶状乳头，轮廓乳头位于舌体后部中线两侧，2～3 个；叶状乳头呈卵圆形，位于舌根部两侧。齿有切齿、犬齿、前臼齿和臼齿。上、下切齿每侧 3 个，上切齿方向近垂直，排列较疏，下切齿方向近水平，排列较密。犬齿发达，公猪的下犬齿特别发达，弯向后外方。颊齿为丘形齿，每侧上、下颌前臼齿 4 个，臼齿 3 个。

唾液腺：在下颌骨支后缘切开皮肤，并向前、向后翻开，分离暴露腮腺及腮腺管。腮腺呈三角形，位于下颌骨支的后方，前角突入下颌间隙达咬肌前缘，后角伸至颈 2/3 处。腮腺管由腺的深面走出，经下颌骨腹侧缘转至咬肌前缘上行，开口于与第 4(5)上颊齿相对的颊黏膜上。被腮腺背侧部前缘覆盖的淋巴结为腮腺淋巴结。向前翻开腮腺，暴露下颌腺。下颌腺呈扁圆形，位于腮腺深面和下颌支内侧，腺管起始于腺的外侧面，向前延伸开口于舌下阜。下颌腺前方的淋巴结为下颌淋巴结。舌下腺位于舌体和下颌骨支之间的黏膜下，分多口舌下腺(前部)和单口舌下腺(后部)，后部的腺管开口于下颌腺管开口的附近。

2. 鼻腔

鼻包括外鼻、鼻腔和鼻旁窦。观察外鼻(鼻根、鼻背、鼻尖、鼻孔等)。鼻腔呈圆筒状,前方经鼻孔与外界相通,后方经鼻后孔与咽相通。鼻腔被鼻中隔分为左、右两半,鼻腔侧壁上附着有上、下鼻甲,每侧鼻腔被上、下鼻甲和鼻中隔分为4个鼻道,观察上鼻道、中鼻道、下鼻道和总鼻道。鼻腔分鼻前庭和固有鼻腔,鼻前庭为鼻腔前部衬有皮肤的部分,固有鼻腔为衬有黏膜的部分,又分为呼吸区和嗅区,猪的嗅区呈棕色,为覆盖筛鼻甲的部分。

3. 咽和软腭

软腭短而厚,前端附着于硬腭,向后伸至会厌口腔面的中部,其游离缘正中在多数猪有小的悬雍垂。在软腭口腔面正中沟的两侧,有近似椭圆形的隆起,为腭帆扁桃体。软腭两侧与舌根和咽壁相连的黏膜褶分别为腭舌弓和腭咽弓。咽分鼻咽部、口咽部和喉咽部。鼻咽部侧壁有咽鼓管咽口,顶壁有咽中隔,在食管口上方有咽憩室。喉咽部在会厌基部两侧有梨状隐窝。

(三)颈部

(1)在肩关节前方切断颈斜方肌和肩胛横突肌并翻开,观察颈浅背侧淋巴结。

(2)从颈前部至胸前口沿颈静脉沟切开皮肤,清理暴露颈外静脉、颈总动脉、迷走交感干、颈部胸腺、喉、甲状腺、食管和气管等。

①胸腺颈部:发达,位于颈部气管两侧,向前伸达枕骨髁旁突,向后连接胸部胸腺。胸腺呈黄白色。

②甲状腺:呈卵圆形,暗红色,位于前6~8个气管环腹侧。

③食管:在喉背侧起始于咽的食管前庭,沿气管背侧向后行,中途不偏向左侧。取下一段食管切开,观察食管的结构。

④喉:位于颈前部,从枕骨底部伸至第4(5)颈椎平面,喉由喉肌、喉软骨和喉黏膜组成。在离体标本上观察喉软骨(环状软骨、甲状软骨、会厌软骨和杓状软骨)。分离切断舌骨会厌肌、甲状舌骨肌、与食管和第1气管环等的联系,取下喉。喉口由会厌、杓状软骨和杓状会厌襞围成。从喉背侧中线切开喉,观察喉腔的结构。喉腔中部侧壁上有声襞,两侧声襞之间的裂隙为声门裂,声襞与声门裂合称声门。声门之前的喉腔为喉前庭,声门之后的喉腔为声门下腔,喉室入口位于声韧带前、后两部之间,喉室向外向前突出形成盲囊。

⑤气管:位于食管腹侧,由气管软骨环组成。取几个气管软骨环切开观察其构造。

(四)胸部(图16-1,图16-2)

按下述方法除去胸壁:①经肩关节前方从背侧中线至腹侧中线切开皮肤;②经肘关节后方从背侧中线至腹侧中线切开皮肤;③经最后肋骨后缘从背侧中线至腹侧中线切开皮肤;④从第1切线腹侧端至坐骨弓沿腹侧中线切开皮肤;⑤从第1切线背侧端至尾根沿背侧中线切开皮肤;⑥切断肩带肌除去前肢;⑦除去肋间肌以外的胸侧壁皮肤和肌肉,在肋骨和肋软骨连接处剪断第2~6肋骨,沿胸膜折转线剪断第7~13肋骨,在肋结节附近剪断第2~13肋骨,除去胸腔侧壁。观察胸膜折转线。

①左肺:观察肺的色泽和位置,按压肺感受其弹性。肺具有3个缘和3个面。背侧缘钝圆;腹侧缘薄锐,有心切迹;底缘薄锐,体表投影为从第5肋间隙下端至倒数第2肋间隙上端的弧线。肋面隆凸,与胸腔侧壁接触;膈面略凹,与膈相邻;内侧面较平,与纵隔相邻,心压迹上方有肺门,主支气管、血管和神经等由此出入肺。左肺分前叶和后叶,前叶又以心切迹分为前、后两部分。靠近肺门切断肺根,取出左肺。

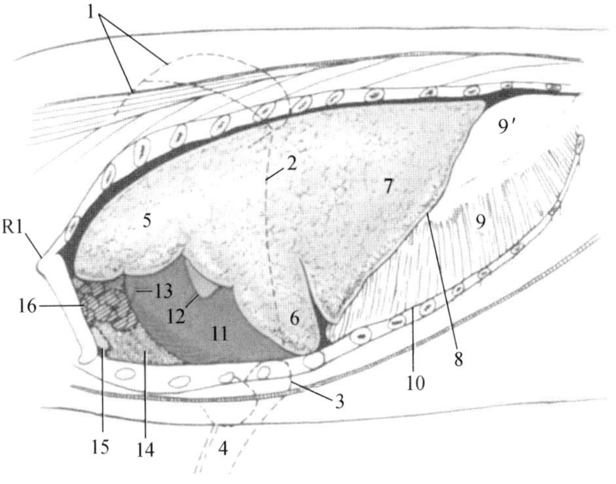

图 16-1　猪胸腔内脏

1. 肩胛骨　2. 臂三头肌后缘　3. 尺骨鹰嘴　4. 桡骨和尺骨　5. 左肺前叶的前部　6. 左肺前叶的后部　7. 左肺后叶　8. 肺底缘　9. 膈肌部　9′. 膈中心腱　10. 胸膜折转线　11. 心　12. 左心耳　13. 右心耳　14. 心前纵隔　15. 胸骨淋巴结　16. 胸腺　R1. 第 1 肋

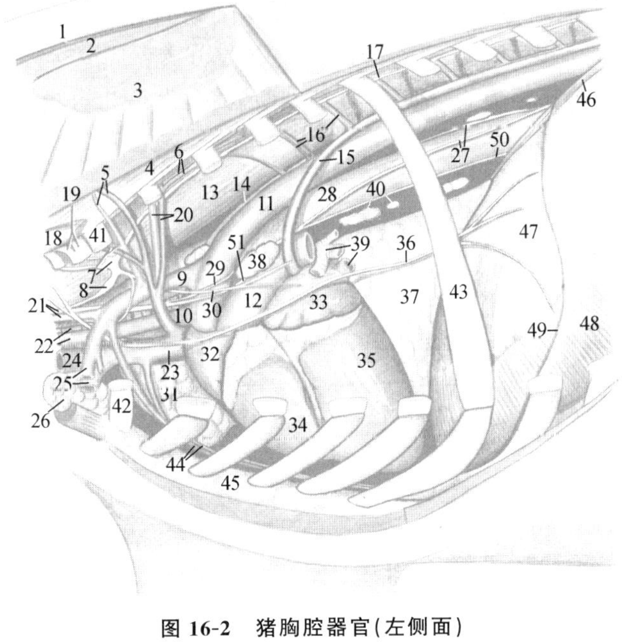

图 16-2　猪胸腔器官(左侧面)

1. 斜方肌　2. 菱形肌　3. 腹侧锯肌　4. 胸髂肋肌　5. 颈深动脉、静脉　6. 肋间最上动脉、静脉　7. 颈胸神经节，椎动脉、静脉　8. 颈中神经节　9. 左锁骨下动脉、静脉　10. 臂头干　11. 主动脉　12. 肺干　13. 颈长肌　14. 胸导管　15. 左奇静脉　16. 肋间背侧动脉、静脉　17. 交感干　18. 背侧斜角肌　19. 臂丛　20. 肋颈干、肋颈静脉　21. 颈浅动脉、左迷走交感干　22. 气管、右颈总动脉　23. 前腔静脉　24. 颈外静脉　25. 腋动脉、静脉　26. 胸腺颈叶　27. 迷走神经背侧干　28. 食管　29. 左喉返神经　30.（交感）颈心神经　31. 右肺前叶　32. 右心耳　33. 左心耳　34. 右心室　35. 左心室　36. 左膈神经　37. 右肺副叶　38. 左气管支气管淋巴结　39. 左主支气管、肺静脉　40. 纵隔后淋巴结　41. 第 1 肋骨　42. 第 1 肋软骨　43. 第 6 肋骨　44. 胸廓内动脉、静脉　45. 胸骨　46. 膈左脚　47. 膈中心腱　48. 膈的肋部　49. 纵隔胸膜附着线　50. 迷走神经腹侧干　51. 左迷走神经

②纵隔：观察纵隔、膈神经、食管、迷走神经（返神经、背侧支和腹侧支、背侧干和腹侧干）、气管、主支气管、气管支气管、胸部胸腺、心包和心、主动脉弓、胸主动脉、肋间背侧动脉、臂头动脉、左锁骨下动脉、肺动脉干、前腔静脉、后腔静脉、左奇静脉、胸导管等。（注意：猪左锁骨下动脉在臂头干背侧直接起始于主动脉弓。）

③观察颈胸神经节、胸交感干（胸神经节、灰白交通支、胸心神经等）、内脏大神经。

④自胸椎腹侧分离切断纵隔的背侧附着部，自膈的胸腔面分离切断纵隔的后端附着部，并结扎切断胸主动脉、食管和后腔静脉。在第1肋内侧分离切断纵隔的前端附着部，并结扎切断食管、气管、前腔静脉、臂头动脉和锁骨下动脉及其主要分支。将纵隔翻向左侧，在右肺肺门处切断右侧肺根，取出右肺。观察右肺的3个面和3个缘。右肺分为4叶：前叶、中叶、后叶和副叶。

⑤膈：由中心腱和肌质部组成，肌部包括胸骨部、肋部和腰部（膈脚），膈上自上而下有主动脉裂孔、食管裂孔和腔静脉孔。

（五）腰部和骨盆部

按下述方法除去腹壁和后肢：①从胸骨后端至耻骨前缘沿腹侧中线切开腹壁，注意避开公猪的阴茎；②从坐骨弓至尾根沿中线切开皮肤，注意避开阴门（母猪）和肛门；③从最后肋骨至髋结节沿腰椎横突分离切断腹壁肌的背侧端；④从最后肋骨上端至胸骨后端沿肋弓分离切断腹壁肌；⑤从髋结节至腹侧中线沿阔筋膜张肌前缘分离切断腹壁肌，除去腹壁；⑥沿骨盆底壁中线分离切断股内侧的肌肉，用锯子沿骨盆联合仔细锯开骨盆底壁；⑦经髋结节下方至尾根下方的连线切开皮肤、肌肉和荐结节阔韧带，仔细锯断髂骨，沿第2切线分离切断附着于骨盆壁的肌肉，除去盆腔壁和后肢。

1. 脾

脾呈紫红色，长带状，长轴几乎呈背腹向，位于胃大弯左侧；上端较宽，位于后3个肋骨椎骨端下方，下端稍窄，位于脐部，靠近腹腔底壁。脏面有一纵嵴，脾门位于纵嵴上。脾借胃脾韧带与胃疏松相连。

2. 消化系统（图16-3，图16-4）

（1）胃　横卧于腹前部，大部分位于左季肋部，小部分在剑状软骨部，仅幽门部位于右季肋部。胃呈U形的囊状，具有2面2弯，壁面朝前，与肝和膈相邻；脏面朝后，与肠、大网膜、肠系膜和胰相邻；大弯凸向左腹侧，小弯朝向右背侧，小弯最凹处为角切迹。在小弯左侧，食管借贲门与胃相连；在小弯右侧，胃借幽门与十二指肠相连。贲门周围为贲门部，贲门以上为胃底部，胃底近贲门处有一锥形盲突，称胃憩室；角切迹左侧、胃底腹侧为胃体，角切迹右侧为幽门部。联系胃大弯与十二指肠、横结肠、脾、胃膈韧带等的腹膜褶为大网膜，分浅、深两层，两层之间形成网膜囊，网膜孔位于肝尾状叶基部，腹侧界为门静脉，背侧界为后腔静脉，后界为胰体，通网膜囊前庭。大网膜富含脂肪而呈网格状。联系胃小弯与肝和十二指肠的腹膜褶为小网膜。

（2）十二指肠　将结肠和盲肠向上翻开，十二指肠位于右季肋部和腰部，在第10～12肋间隙平面起始于幽门，分3部3曲，前部在肝的脏面向后背侧延伸，在右肾紧前方形成水平位的乙状袢，以前曲移行为降部；降部在右肾腹侧与结肠之间向后延伸至右肾后端，转向左侧越过中线为后曲；升部由后曲折转向前行，与降结肠相邻，两者之间有十二指肠结肠韧带相连。在

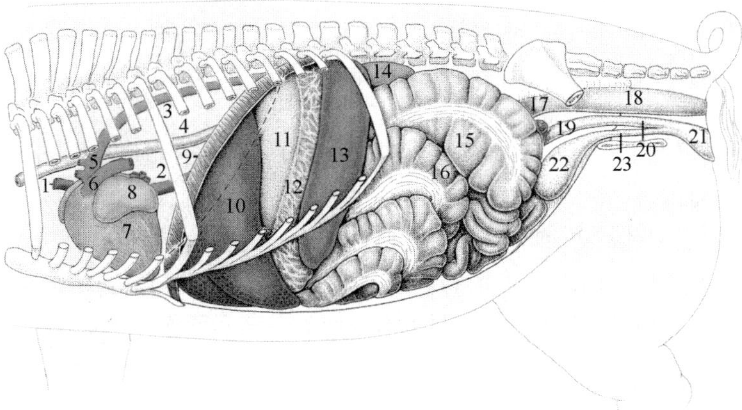

图 16-3　猪腹腔内脏(左侧面)

1. 前腔静脉　2. 后腔静脉　3. 胸主动脉　4. 食管　5. 主动脉弓　6. 肺干　7. 心　8. 左心耳　9. 膈　10. 肝　11. 胃　12. 大网膜　13. 脾　14. 左肾　15. 盲肠　16. 结肠圆锥　17. 降结肠　18. 直肠　19. 子宫　20. 阴道　21. 阴道前庭　22. 膀胱　23. 尿道

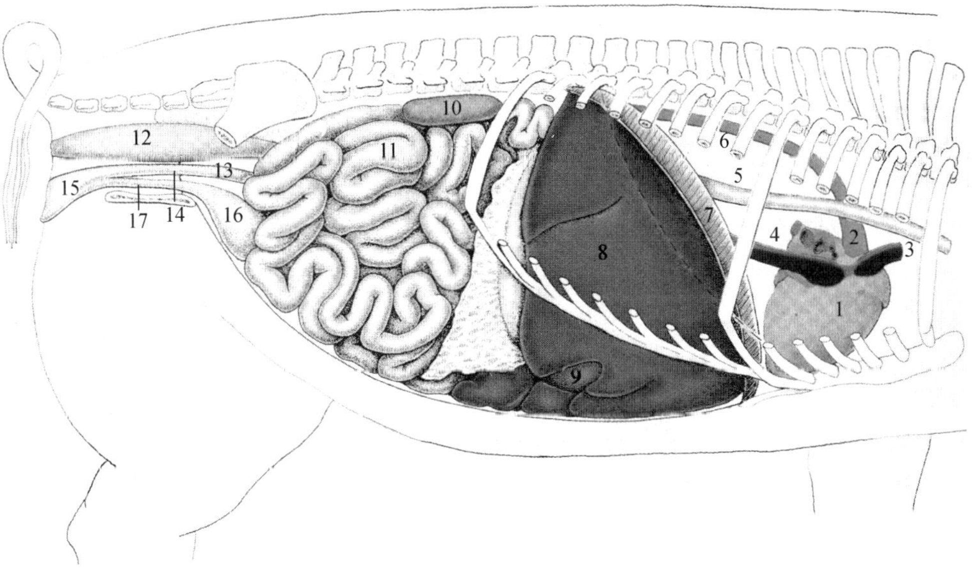

图 16-4　猪腹腔内脏(右侧面)

1. 心　2. 主动脉弓　3. 前腔静脉　4. 后腔静脉　5. 食管　6. 胸主动脉　7. 膈　8. 肝　9. 胆囊　10. 右肾　11. 空肠　12. 直肠　13. 子宫　14. 阴道　15. 阴道前庭　16. 膀胱　17. 尿道

肠系膜前动脉前方，升部转向右行，借十二指肠空肠曲移行为空肠。

(3)空肠　大部分位于腹腔右侧半，小部分位于腹腔左侧后部，自胃和肝向后伸至骨盆入口，形成许多肠袢，借较宽的空肠系膜悬吊于腰下区，外侧与腹腔右侧壁接触，内侧与升结肠和盲肠相邻，背侧与十二指肠、胰、右肾、降结肠、母畜的子宫等相邻。展开空肠系膜，观察空肠淋巴结、血管、神经等。

(4)回肠　位于左腹股沟部，肠管短而直，自空肠末端走向前背内侧，末端突入盲肠与结肠交界处的肠腔内，形成回肠乳头，顶端有回肠口。回肠与盲肠之间有回盲韧带相连。

(5)盲肠　将结肠和盲肠向下恢复原位。盲肠位于左髂部，呈圆筒状，在左肾腹侧从盲肠、结肠交界处沿左侧腹壁向后向下向内侧延伸至结肠圆锥后方，盲端钝圆，达骨盆前口与脐之间的腹腔底壁。盲肠壁有3条肠带和3列肠袋。

(6)结肠　分升结肠、横结肠和降结肠。升结肠包括旋袢和远袢。旋袢在结肠系膜中盘曲成圆锥状，称结肠圆锥，锥底宽，朝向背侧，附着于腰部和左髂部，锥顶向下向左与腹腔底壁接触。结肠圆锥由向心回和离心回组成。向心回位于结肠圆锥的外周，肠管较粗，有两条肠带和两列肠袋，约在第3腰椎平面起始于盲肠，从背侧面观察，以顺时针方向绕中心轴向下旋转3圈至锥顶，折转为离心回，折转处称中央曲。离心回位于结肠圆锥的内心，肠管较细，无明显的肠袋和肠带，以逆时针方向绕中心轴向上旋转3圈至锥底。远袢继承离心回经十二指肠升部腹侧面转向右前方，沿肠系膜根右侧向前延伸，移行为横结肠。横结肠在肠系膜前动脉前方从右向左横行，在左侧折转向后移行为降结肠。降结肠在肠系膜根左侧、左肾腹侧后行，在盆腔入口处延续为直肠。降结肠与直肠连接处常有一向下的弯曲，即乙状结肠。分离一段结肠系膜，观察结肠淋巴结、肠系膜前动脉、静脉等。

(7)直肠　位于盆腔内，后部形成直肠壶腹，借肛门与外界相通。直肠分腹膜部和腹膜外部，观察盆腔腹膜折转形成的陷凹，如直肠生殖陷凹。

(8)胃、肠、胰、脾　在盆腔入口前方双重结扎降结肠，于两道结扎线之间切断降结肠。自腹腔顶壁仔细分离切断总肠系膜、肠系膜前动脉和静脉；分离胰与周围器官的联系，在胰背侧切断门静脉，使胰附着于肠；自肝分离切断小网膜和胆总管；靠近贲门双重结扎食管，在两道结扎线之间切断食管；分离切断胃脾与周围的联系，将胃、肠、胰、脾一同取出。

(9)肝　棕红色，位于腹腔最前部，大部分位于右季肋部，小部分位于左季肋部，膈面与膈接触，脏面与胃、肠等相邻。肝中央厚周围薄，脏面中央有肝门，肝以腹侧缘3个深的切迹和胆囊窝将肝分为左外叶、左内叶、右外叶、右内叶和中叶，中叶又分为肝门背侧的尾叶和腹侧的方叶。胆囊呈长梨形，位于胆囊窝内，胆囊管与肝总管汇合形成胆总管，开口于十二指肠前部(距幽门2～5 cm)。肝主要借(左、右)三角韧带、冠状韧带、镰状韧带固定于膈。

(10)胰　呈三角形，分胰体(胰头)、左叶(胰尾)和右叶，胰体前部有胰环，供门静脉通过；胰管从右叶走出，开口于十二指肠前部(距幽门10～12 cm)。

从胰管后方1 cm处结扎、切断十二指肠，沿胃大弯中线切开胃及附着的十二指肠前部，除去内容物，冲洗干净，观察胃内部结构(胃憩室、贲门、无腺部、贲门腺区、胃底腺区、幽门腺区、幽门、幽门圆枕、唇形隆起)及小肠结构、胆总管和胰管的开口。在距回肠、盲肠和结肠连接处各5 cm的地方分别结扎3条肠管后切取一T形肠管，沿一侧切开，冲洗干净，观察回肠乳头和回肠口、淋巴孤结和淋巴集结及大肠的结构。

3. 泌尿系统

(1)肾　分左肾和右肾，位于前4个腰椎横突腹侧。肾的周围包有肾脂肪囊；表面覆盖有薄而坚韧的纤维膜，容易剥离。肾为棕红色，呈豆形，内侧缘有略凹的肾门，供血管、神经和输尿管出入，肾门内陷形成肾窦。结扎、切断一侧肾的血管和输尿管等，取出肾，从中线纵行切开肾，观察肾的内部结构。猪肾为光滑的多乳头肾，皮质厚，位于外周，可见许多红色小点，为肾小体；髓质薄，肾锥体和肾乳头明显，每肾常有8～12个肾乳头。输尿管入肾后在肾窦内扩大成漏斗状的肾盂，肾盂向前向后分为两支肾大盏，肾大盏分成8～12个肾小盏，每个肾小盏包围一个肾乳头。

(2)输尿管　管径前粗后细，出肾门后沿肾的内侧缘和腰肌的腹侧后行，经髂外动脉下方入盆腔，在膀胱侧韧带内后行，最后几乎呈直角进入膀胱颈，在黏膜下走行一段距离，以输尿管口开口于膀胱。

(3)膀胱　位于盆腔内，充满尿液时伸入腹腔。膀胱呈梨形，分膀胱顶、膀胱体和膀胱颈，膀胱颈向后与尿道相连。膀胱借两侧的膀胱侧韧带和腹侧的膀胱正中韧带固定于盆腔壁，侧韧带边缘有退化的膀胱圆韧带。沿膀胱长轴水平切开，观察内部结构。输尿管末端在膀胱颈背侧黏膜下走行，使该处稍隆起，称输尿管柱，末端有输尿管口；自输尿管口向后延伸的黏膜襞称输尿管襞，两侧输尿管襞向后汇合成尿道嵴，两输尿管襞之间的三角形区域称膀胱三角，膀胱收缩时不起皱褶，其他部分黏膜形成皱褶。观察腹膜在膀胱体后部折转形成膀胱生殖陷凹和耻骨膀胱陷凹的情况。

(4)尿道　母猪的尿道位于阴道腹侧，沿骨盆底壁后行，在坐骨弓附近以尿道外口开口于阴道前庭；在尿道外口的腹侧有一不太明显的尿道下憩室。公猪的尿道分骨盆部和阴茎部，见生殖系统。

4. 母猪生殖系统(图 16-5)

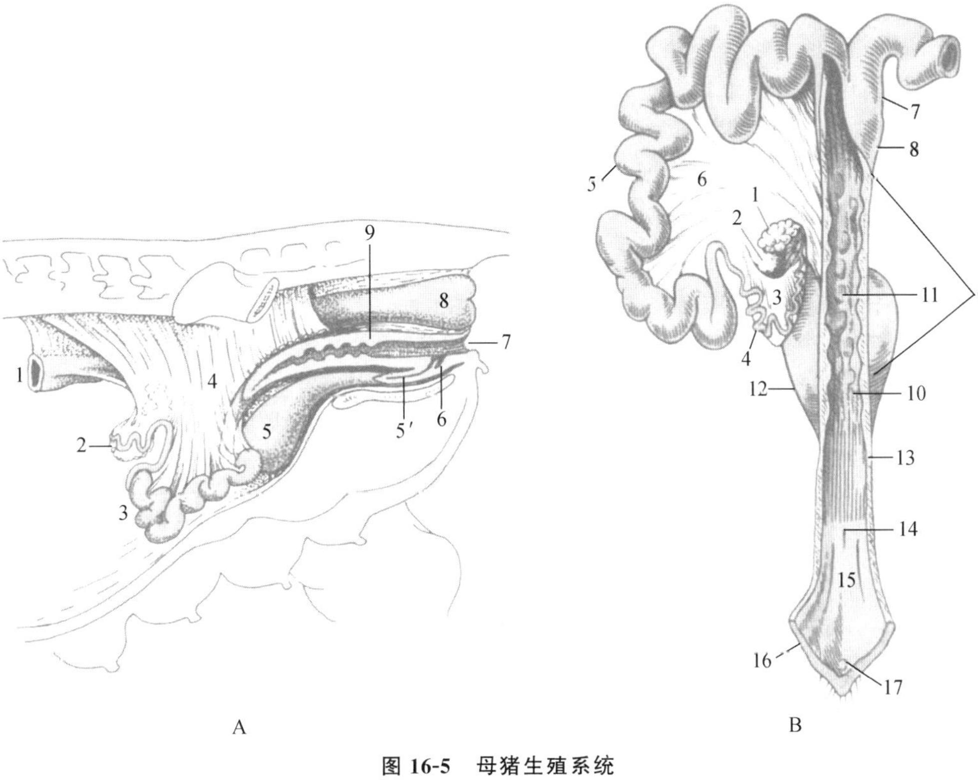

图 16-5　母猪生殖系统

A. 母猪生殖系统位置图　1. 降结肠　2. 卵巢　3. 子宫角　4. 子宫阔韧带　5. 膀胱　5′. 尿道　6. 尿道下憩室　7. 阴门　8. 直肠　9. 子宫颈

B. 母猪生殖系统(部分器官背侧面已打开)　1. 左侧卵巢　2. 卵巢囊　3. 输卵管系膜　4. 输卵管　5. 子宫角　6. 子宫阔韧带　7. 子宫角平行段　8. 子宫体　9. 子宫颈　10. 子宫外口　11. 子宫颈枕　12. 膀胱　13. 阴道　14. 尿道外口　15. 阴道前庭　16. 阴门　17. 阴蒂头

(1)卵巢　左右各一,卵圆形,借输卵管系膜附着于腹壁。性成熟前母猪的卵巢位于髋结节平面,表面因有许多小卵泡突出呈桑葚状;经产母猪的卵巢位于髋结节与膝关节连线的中点处,表面因有卵泡、黄体突出呈结节状。卵巢具有两面、两缘(系膜缘、游离缘)、两端(输卵管端、子宫端),系膜缘有血管、神经等出入处称卵巢门,子宫端有卵巢固有韧带与子宫角相连。剖开卵巢观察其内部结构,卵巢表面被覆浅层上皮,第2层为白膜,白膜以内为卵巢实质,实质的外周为皮质,内有不同发育阶段的卵泡、黄体、白体等;实质的中央为髓质。

(2)输卵管　位于腹腔内,为弯曲的细长管,分输卵管漏斗、壶腹和峡部。输卵管漏斗为输卵管前端漏斗状的膨大部,其边缘具有不规则的皱褶,称输卵管伞;漏斗中央有一孔通腹腔,称输卵管腹腔口。漏斗之后为粗而弯曲的壶腹部,向后逐渐变细,为峡部,后端与子宫角相连,两者之间无明显的界线。输卵管借输卵管系膜附着于腹壁。输卵管系膜、卵巢固有韧带和卵巢系膜围成宽大的卵巢囊,卵巢位于其内。

(3)子宫　分子宫角、子宫体和子宫颈,子宫角和子宫体通常位于腹腔,子宫颈位于盆腔。一对子宫角很长,经产母猪可长达1.2～1.4 m,弯曲如空肠袢。子宫体短,子宫颈较长,触摸较坚硬。剖开子宫观察内部结构,子宫颈黏膜形成两排半圆形隆起,称子宫颈枕;无子宫颈阴道部,与阴道界线不明显。子宫借子宫系膜悬吊于腹腔和盆腔壁。卵巢系膜、输卵管系膜和子宫系膜合称子宫阔韧带,内含血管、神经和平滑肌。子宫阔韧带的外侧面有子宫圆韧带,从子宫角伸至腹股沟管。

(4)阴道　位于直肠与尿道之间,前部与子宫界线不明显,后部以尿道外口与阴道前庭分界,尿道外口前方有环形的阴瓣,经产母猪不明显。

(5)阴道前庭和阴门　阴道前庭位于直肠腹侧,借阴门与外界相通。阴门由两片阴唇组成,阴门腹侧连合前方有一阴蒂窝,内有突出的阴蒂头。注意:如果解剖的是去势母猪,卵巢、输卵管和部分子宫角可能已被摘除。

5. 公猪生殖系统(图16-6)

(1)阴囊　位于肛门腹侧,与周围界线不明显。切开阴囊壁,观察其结构。阴囊壁分6层,第1层为皮肤,正中有一浅沟为阴囊缝;第2层为肉膜,紧贴皮肤深面,并形成阴囊中隔,将阴囊分为左、右两半;第3层为精索外筋膜,与肉膜和提睾肌疏松相连;第4层为提睾肌,位于总鞘膜的背外侧,止于附睾体中部水平;第5层为精索内筋膜;第6层为鞘膜壁层,第5层和第6层合称总鞘膜。覆盖于精索、睾丸和附睾表面的鞘膜为鞘膜脏层,壁层与脏层互相移行,两者之间的腔隙称鞘膜腔,其上部狭窄称鞘膜管。

(2)睾丸　位于阴囊内,呈长椭圆形,长轴由前下方斜向后上方,具有2端、2缘和2面。头端较粗大,位于前下方,尾端位于后上方;附睾缘位于前上方,游离缘朝向后下方;内侧面朝向阴囊中隔,外侧面朝向阴囊侧壁。睾丸分睾丸头、体和尾。从中线纵切睾丸和附睾,观察内部结构。睾丸表面为固有鞘膜(鞘膜脏层),其深面为白膜,白膜伸入睾丸中轴形成睾丸纵隔,纵隔向周围分出许多睾丸小隔,小隔之间为睾丸小叶,内含精细管。

(3)附睾　附着于睾丸附睾缘,分附睾头、体和尾,附睾尾呈锥状,凸向后上方。

(4)精索和输精管　精索为扁平的锥形结构,下端较宽,附着于睾丸头和附睾,上端止于鞘膜环;由鞘膜脏层和夹于其中的血管、神经、输精管等组成。输精管起始于附睾尾,沿附睾体的内侧至睾丸头端,再经精索内侧的输精管襞穿过腹股沟管至腹腔,继而向后向上经膀胱颈背侧连接雄性尿道,开口于精阜。

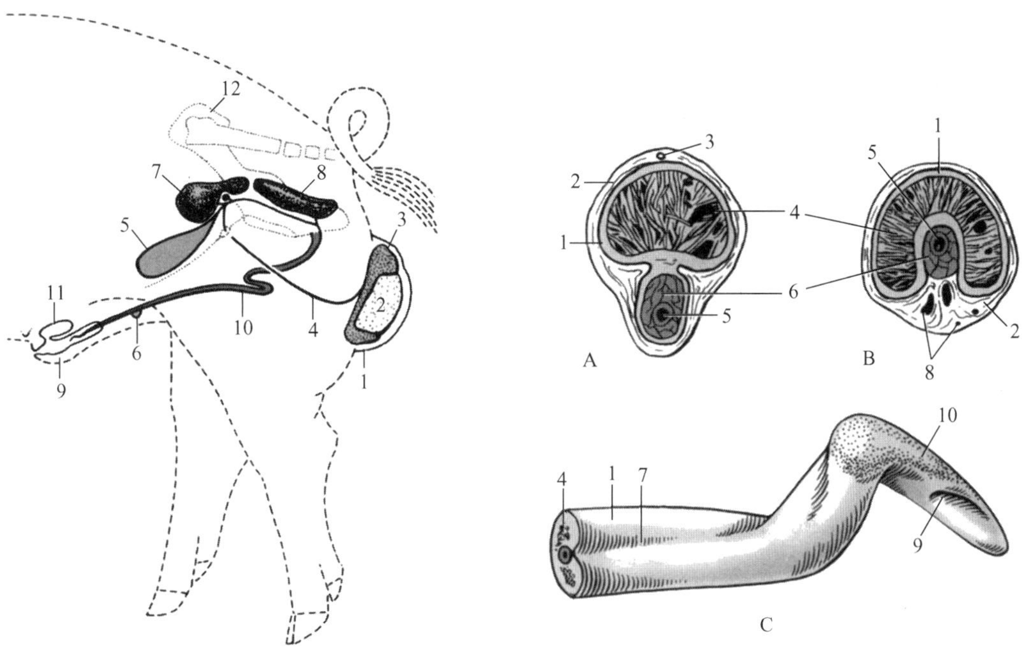

图 16-6　公猪生殖系统示意图

左图：1. 阴囊　2. 左侧睾丸　3. 附睾尾　4. 输精管　5. 膀胱　6. 退化的乳头　7. 精囊腺（覆盖小的前列腺体）　8. 尿道球腺　9. 包皮　10. 阴茎　11. 包皮憩室　12. 右侧髋骨

右图：A. 乙状弯曲近端切面　B. 乙状弯曲远端切面　C. 阴茎游离部　1. 白膜　2. 阴茎周围的结缔组织　3. 阴茎背侧动脉　4. 阴茎海绵体　5. 尿道　6. 尿道海绵体　7. 尿道沟　8. 血管　9. 尿道外口　10. 阴茎头

(5)雄性尿道　分骨盆部和阴茎部，由黏膜、海绵体层、肌层和外膜组成。骨盆部位于直肠腹侧，沿盆腔底壁至坐骨弓，延接阴茎部，折转处管腔变细称尿道峡。骨盆部背侧面有副性腺。剖开尿道盆部观察其内部结构。尿道起始部背侧壁上有一三角形隆起称精阜，后部背侧壁由半月形黏膜褶形成一盲囊。阴茎部位于阴茎腹侧，其末端以尿道外口与外界相通。

(6)副性腺　包括精囊腺、前列腺和尿道球腺。精囊腺呈长锥体形，位于膀胱颈背侧、前列腺和尿道盆部前部的两侧，淡红色，分叶明显，腺管开口于精阜。前列腺分体部和扩散部，体部呈长椭圆形，位于尿道盆部起始部背侧，扩散部位于尿道盆部管壁内。尿道球腺发达，呈长柱状，位于尿道盆部后 2/3 的背外侧，腺管开口于黏膜形成的盲囊内。

(7)阴茎　分阴茎根、体和游离部。阴茎根由左、右阴茎脚和尿道阴茎部组成，两阴茎脚附着于坐骨结节腹侧面，外面被覆坐骨海绵体肌。阴茎体细长，呈圆柱状，在阴囊前方形成乙状弯曲。游离部呈螺旋状扭曲，尿道外口呈裂隙样，开口于前端腹外侧。在阴茎体中部切取一小段阴茎，观察其内部结构。阴茎由皮肤、筋膜、阴茎海绵体和尿道阴茎部组成。阴茎海绵体外面为一层白膜，白膜伸入阴茎海绵体形成阴茎中隔和海绵体小梁，小梁之间为海绵体腔，相当于血窦。阴茎海绵体腹侧有尿道沟，内有尿道阴茎部。尿道阴茎部中央为尿道，周围为尿道海绵体，尿道海绵体外侧为白膜。

(8)包皮　为包裹在阴茎游离部的双层皮肤鞘，纵向切开包皮，观察包皮腔、包皮口和包皮憩室，后者为包皮腔背侧面向外凸出的一个盲囊。

6. 肾上腺

位于肾的前内侧，暗紫红色，长带状。剖开观察皮质和髓质。

7. 腹腔的血管

观察腹主动脉及其主要脏支、后腔静脉及其主要属支、门静脉等。

8. 其他结构

膈位于胸、腹腔之间，分肌质部和中心腱，观察肌质部的附着点（胸骨部、肋部和腰部）及主动脉裂孔、食管裂孔和腔静脉孔。观察腹直肌腱划和耻前腱。观察腹股沟弓和腹股沟管，可见睾丸动脉和输精管出入腹股沟管深环。观察髂内侧淋巴结、髂外淋巴结（髂股淋巴结）、腘淋巴结等。腘浅淋巴结位于臀股二头肌与半腱肌之间，腘深淋巴结位于臀股二头肌与腓肠肌外侧头之间。

四、实验注意事项

1. 打开胸膜腔、腹膜腔时要小心，不要伤及内脏器官。
2. 实验中注意正确使用手术刀、骨钳、锯等解剖器械，防止伤人。

五、思考题

1. 猪消化系统有哪些特点？
2. 猪呼吸系统有哪些特点？
3. 猪泌尿系统有哪些特点？
4. 猪生殖系统有哪些特点？
5. 猪甲状腺、肾上腺、胸腺、脾的位置和形态有哪些特点？

实验十七　脊髓和脑

一、实验目的和要求

1. 了解家畜脊髓的形态结构和脊神经根的组成；
2. 了解家畜脑的形态结构；
3. 比较牛、猪、马、犬脑形态结构的异同；
4. 了解脑膜和脊髓膜的结构，比较脑膜和脊髓膜的异同；
5. 掌握脊神经传导阻滞和抽取脑脊液的主要部位。

二、实验仪器和材料

1. 脊髓整体标本、不同部位（颈、胸、腰、荐部）脊髓横切面标本（脊髓膜已除去）；
2. 牛脑整体标本、正中切面标本、脑干标本、显示海马的标本、厚脑片标本；
3. 猪、马、犬脑整体标本；
4. 显示脑膜和脊髓膜的标本；
5. 常用的解剖器械。

三、实验内容和方法

（一）脊髓的形态结构（以牛为例）

1. 观察脊髓的整体形态

脊髓为背腹压扁的圆柱状，从枕骨大孔伸至荐骨中部，全长粗细不等，有颈膨大和腰膨大，腰膨大之后逐渐变尖细为脊髓圆锥，向后延续为终丝。在脊髓圆锥和终丝周围可见有较长的荐神经和尾神经排列，整个结构形似马尾，称马尾。脊髓背侧面可见背正中沟和背外侧沟，腹侧面可见腹正中裂和不明显的腹外侧沟，脊神经背侧根丝和腹侧根丝分别从背外侧沟和腹外侧沟进入或走出脊髓。

2. 脊神经根及脊髓节段

从脊髓腹外侧沟走出的为脊神经腹侧根，为运动根，内含运动纤维；自背外侧沟进入的是背侧根，为感觉根，内含感觉纤维，背侧根上的膨大部分为脊神经节（背根节），由感觉神经元聚集形成。背、腹侧根在椎间孔附近连合形成脊神经，经椎间孔或椎外侧孔出椎管。一对脊神经背、腹侧根丝所附着的一段脊髓为一个脊髓节段。

3. 脊髓的内部结构

在横切面上，脊髓由灰质和白质组成。灰质位于中央，呈 H 形或蝶形，H 的上臂为背侧角，内含中间神经元；下臂为腹侧角，内含运动神经元；背、腹侧角之间为中间带，在脊髓的胸部和腰前部，中间带向外侧突出，为外侧角，内含交感神经节前神经元，在荐部脊髓中间带相应的部位有副交感节前神经元；H 的横梁连接两侧的灰质，为灰质联合，其中央的小孔为脊髓中央管。白质位于灰质的周围，以脊髓表面的沟裂分为背侧索、外侧索和腹侧索，背正中沟与背外侧沟之间为背侧索，背外侧沟与腹外侧沟之间为外侧索，腹外侧沟与腹正中裂之间为腹侧索。

4. 脊髓膜

脊髓膜分硬膜、蛛网膜和软膜3层，脊硬膜厚，位于外层，与椎管内面骨膜之间的间隙为硬膜外腔，内含静脉和大量脂肪，与蛛网膜之间的间隙为硬膜下腔，内含少量液体；中层为脊蛛网膜，与脊软膜之间的间隙为蛛网膜下腔，内含脑脊液；内层为软膜，紧贴脊髓表面不易分离，软膜在背、腹侧根之间形成齿状韧带。

临床上将麻醉液注入硬膜外腔进行硬膜外麻醉，阻滞脊神经传导。也在最后腰椎间隙进行腰椎穿刺，从蛛网膜下腔抽取脑脊液或注入药物。

(二)脑的形态结构(以牛为例)

脑分大脑、间脑、小脑和脑干，脑干由后向前分延髓、脑桥和中脑。

1. 延髓

延髓呈前宽后窄、背腹略扁的圆柱形，后接脊髓前连脑桥。

(1)腹侧面　正中的浅沟为腹正中裂，腹正中裂两侧的隆起为锥体，内含皮质脊髓束，在延髓后端形成锥体交叉。在锥体外侧前端和后端分别可见第6对和第12对脑神经根与延髓相连。延髓前端的横行隆起为斜方体，内含二级听觉纤维；可见第7对(前)和第8对(后)脑神经根在其外侧与延髓相连。在延髓腹外侧面中后部可见第9、10、11对脑神经根排成一列与脑相连。

(2)背侧面　延髓分两部分：后部为闭合部，前部为开放部，中央管敞开为第4脑室。闭合部正中的浅沟为背正中沟，沟两侧为薄束和楔束，其前部略膨大为薄束核结节和楔束核结节，向前延续为小脑后脚(绳状体)。开放部参与组成第4脑室。

2. 脑桥

脑桥后接延髓前连中脑。

(1)腹侧面　正中有供血管通过的浅沟，沟两侧膨隆，浅层为横行纤维，向外侧聚集为小脑中脚(脑桥臂)，转向背侧连接小脑。在脑桥腹外侧基底部移行为小脑中脚处，有三叉神经根(内侧为小的运动根，外侧为大的感觉根)与脑桥相连。

(2)背侧面　参与组成第4脑室。

3. 第4脑室

第4脑室由腹侧的延髓和脑桥及背侧的小脑组成，前通中脑水管，后连脊髓中央管。第4脑室顶由前向后依次为前髓帆、小脑、后髓帆和第4脑室脉络膜。第4脑室底呈菱形，称菱形窝，其侧壁前部为小脑前脚(结合臂)，后部为小脑后脚。中线上有纵行的正中沟，沟两侧的浅沟为界沟，在菱形窝的中、前部，正中沟与界沟之间的纵行隆起为内侧隆起，在脑桥背面后部内侧隆起圆凸，称面神经丘。在菱形窝后部正中沟的两侧，每侧有2个三角形的小区，前内侧为舌下神经三角，后外侧为迷走神经三角(灰翼)。在菱形窝前部界沟的内侧可见略带青蓝色的小区，即蓝斑。菱形窝的两侧角为外侧隐窝，此处可见听结节；该部界沟外侧为前庭区，内隐前庭神经核。

4. 中脑

(1)腹侧面　呈倒八形的粗大隆起为大脑脚，两大脑脚之间的凹窝为脚间窝，可见第3对脑神经根与中脑相连。

(2)背侧面　有2对圆丘形隆起，前面1对较大称前丘，为视觉反射中枢；后面1对较小称后丘，为听觉反射中枢。在后丘后方可见第4对脑神经根与前髓帆相连。中脑内的空腔为中脑水管。

5．间脑

间脑分(背侧)丘脑、上丘脑、下丘脑、底丘脑和后丘脑。间脑的背侧面和两侧均被发达的大脑半球覆盖，仅腹侧面下丘脑部分外露，间脑内的空腔为第3脑室，呈环形，在前方借室间孔与侧脑室相连，在后方与中脑水管相通。

(1)腹侧面　两视神经相连形成视交叉，视交叉向外侧延续为视束，走向后背侧连接外侧膝状体；视交叉后方为灰结节，脑垂体借垂体柄与灰结节相连；灰结节后方的丘状隆起为乳头体。

(2)背侧面　丘脑为1对卵圆形灰质块，外侧面与纹状体和内囊相连，两侧丘脑有灰质相连称丘脑间黏合(正中切面)；后端外侧为后丘脑，由1对隆起组成，背外侧的较大称外侧膝状体，腹内侧的较小为内侧膝状体；丘脑背内侧为上丘脑，包括缰三角、缰联合、松果体等。松果体为锥形小体，位于缰三角背侧、前丘前方，属内分泌腺。

6．小脑

小脑略呈球形，位于延髓和脑桥背侧、大脑后方，部分被大脑半球覆盖。背侧面有2条纵沟，将小脑分为中间的蚓部和两侧的小脑半球。小脑半球为新小脑，其外侧面腹侧有绒球，与蚓部的蚓小结相连，形成绒球小结叶，为古小脑。绒球小结叶借后外侧裂与小脑其他部分分开。其余的蚓部借原裂分为前叶和后叶，属旧小脑。小脑半球和蚓部表面有许多横裂，将小脑分为许多叶片。小脑借3对脚(后脚、中脚和前脚)与脊髓、延髓、脑桥和中脑相连。小脑腹侧面参与形成第4脑室的顶。小脑的浅层为灰质，称小脑皮质，深部为白质，白质呈树枝状伸入小脑各叶片，称小脑活树。白质内存在灰质团块，称小脑核。

7．端脑

端脑俗称大脑，由两大脑半球组成，其内的空腔为侧脑室。大脑与小脑之间的横裂为大脑横裂，两大脑半球之间的纵裂为大脑纵裂，大脑纵裂的底由连接两侧大脑半球的宽大的横行纤维板组成，称胼胝体。大脑半球表面的隆起为脑回，脑回之间的凹陷为脑沟。大脑半球的前端为额极，后端为枕极。每一大脑半球分内侧面、背外侧面和腹侧面。内侧面较平坦，在中线与对侧大脑半球相邻。背外侧面隆凸，其腹侧以外侧嗅沟与腹侧面分开；腹侧面为嗅脑的结构，前方为嗅球，呈扁卵圆形，表面粗糙，有嗅丝(嗅神经)相连。嗅球向后接嗅脚，嗅脚向后延续为内侧嗅束和外侧嗅束，嗅束表面的灰质为嗅回。内侧嗅束走向后内侧面连接隔区，外侧嗅束走向后外侧连接梨状叶。内、外侧嗅束之间的三角形区域为嗅三角，其前方的隆起为嗅结节。梨状叶为大脑脚和视束外侧的粗大隆起，其前内侧的小隆起为海马结节，深部有杏仁核；梨状叶内部的空腔为侧脑室颞角；梨状叶背内侧的浅裂为海马裂。海马裂背侧为海马和齿状回，海马形似中药海马，在梨状叶背侧先弯向后背侧，进而折转弯向前内侧，两侧的海马前部在中线彼此靠近；由海马外侧缘走出的纤维形成海马伞，海马伞走向前背侧形成穹窿脚，两穹窿脚间有纤维相连形成海马联合，两穹窿脚向前形成穹窿体，穹窿体在胼胝体和端脑隔腹侧前行，在室间孔附近分为两个穹窿柱，弯向腹侧主要止于乳头体。

大脑半球的浅层为皮质，深层为髓质(白质)。皮质分新皮质、旧皮质和古皮质，新皮质主要位于大脑半球背外侧面和内侧面上半部，前部为额叶，内有运动中枢；后部为枕叶，内有视觉中枢；中部为顶叶，内有感觉中枢；外侧面为颞叶，内有听觉中枢。旧皮质位于大脑半球腹侧面，主要为嗅脑的结构。古皮质位于大脑半球内侧面，包括海马结构、扣带回等。白质由联络纤维、联合纤维和投射纤维组成。大脑半球基底部的灰质为纹状体，包括尾状核和豆状核等，位于嗅三角深部，尾状核形成侧脑室前部的底，豆状核借内囊与尾状核分开。

侧脑室为大脑半球内部的空腔，分前角、中央部和颞角，前角向前通嗅球，颞角位于梨状叶内；侧脑室的顶为胼胝体，内侧壁为端脑隔，底壁的前部为尾状核，后部为海马，两者之间有侧脑室脉络丛。侧脑室脉络丛在室间孔与第3脑室脉络丛相连。

8. 脑膜

脑膜分脑硬膜、蛛网膜和软膜，结构与脊髓膜相似。脑硬膜与颅骨内骨膜联合，在某些部位两层之间形成脑硬膜窦。脑硬膜在大脑纵裂、横裂和垂体背侧形成大脑镰、小脑幕和鞍隔。蛛网膜位于脑硬膜内面，不伸入脑沟，蛛网膜下腔经外侧孔与第4脑室相通，并在某些部位膨大形成脑池。蛛网膜在脑硬膜窦处形成许多绒毛状突起，称蛛网膜粒，脑脊液经蛛网膜粒渗入脑硬膜窦。脑软膜薄，紧贴脑表面，在某些部位，脑软膜及其血管和该处的室管膜上皮一起突入脑室，形成脉络丛，可产生脑脊液。

9. 脑室系统

脑室系统包括第4脑室、中脑水管、第3脑室和侧脑室。

四、实验注意事项

1. 要爱护标本，脑和脊髓整体标本易断裂，要轻拿轻放，防止断裂。
2. 观察完毕要及时将标本放回标本缸，以防干燥。

五、思考题

1. 简述脊髓的内部结构和脊神经根的组成。
2. 脑腹侧面、脑干背侧面有哪些主要结构？其主要功能是什么？
3. 丘脑分为哪几部分？
4. 简述纹状体的位置、结构与功能。

六、填图

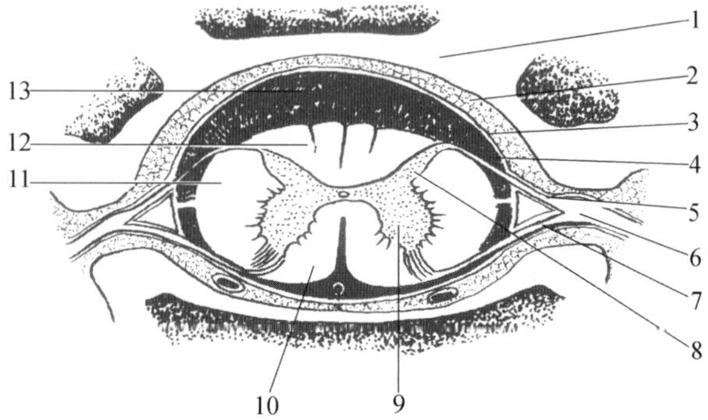

图 17-1 脊髓结构模式图

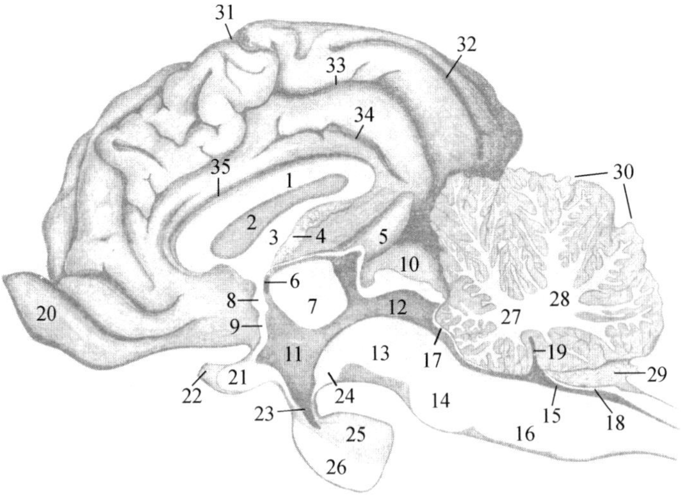

图 17-2　牛脑的正中切面

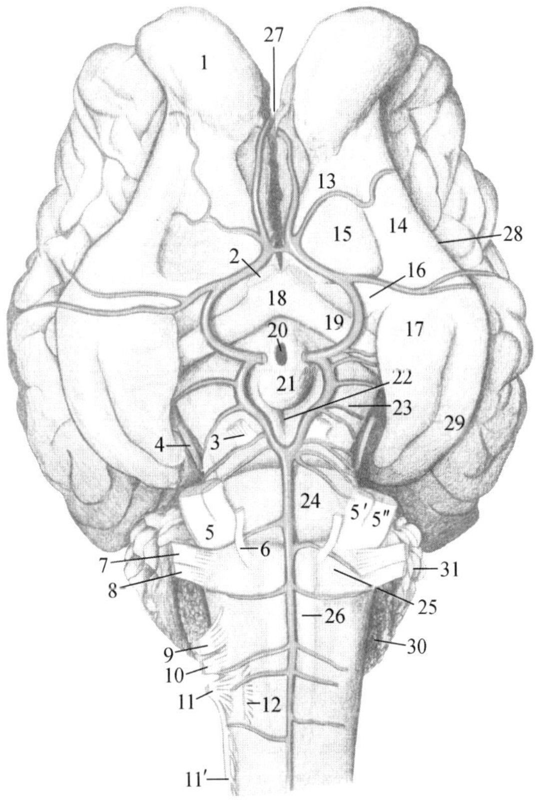

图 17-3　牛脑的腹侧面

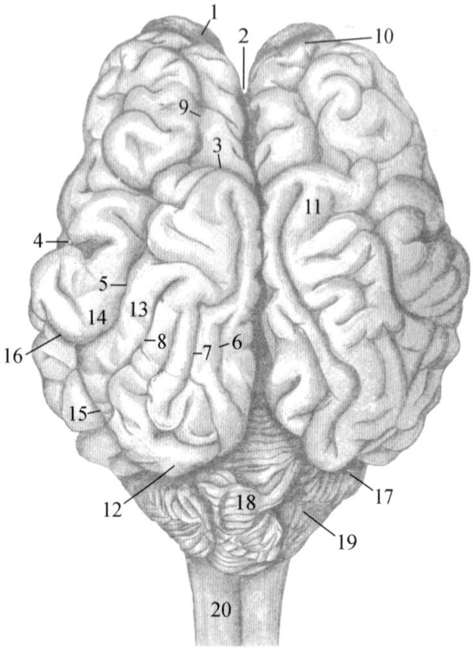

图 17-4 牛脑的背侧面

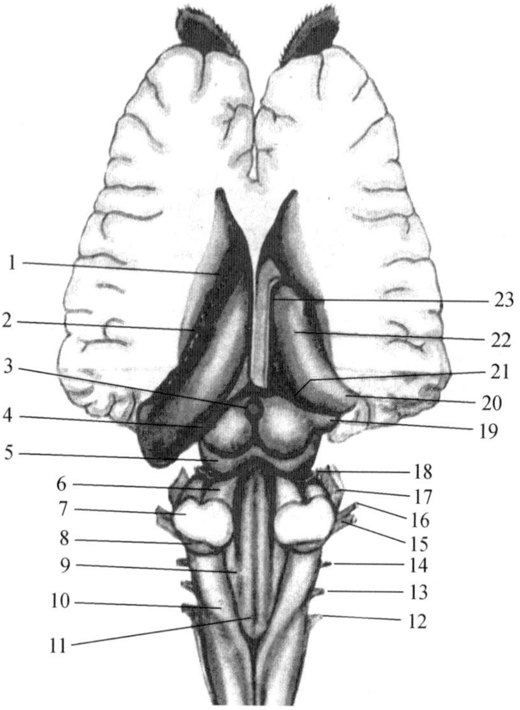

图 17-5 马脑干背侧面

实验十八　头部和躯干的神经

一、实验目的和要求

1. 了解家畜头部和躯干神经分布的规律；
2. 比较牛、猪、马、犬头部和躯干神经分布的异同；
3. 掌握头部和躯干神经麻醉的主要部位。

二、实验仪器和材料

1. 制作好的牛、猪、马、犬头部和躯干神经分布的标本；
2. 常用的解剖器械。

三、实验内容和方法

(一)头部的神经(以牛为例)

1. 面部浅层

除去颧耳肌、腮耳肌和腮腺，观察面神经、耳颞神经和耳睑神经。面神经颊支粗大，穿出腮腺沿咬肌表面向前延伸，耳颞神经面横支与其相连；下颌缘支(颊腹侧支)沿咬肌腹侧缘向前延伸；颊支、下颌缘支分布于颊、唇和鼻部的肌肉。耳睑神经沿颞浅静脉走向背侧，分为2支。耳前支支配耳前肌；颧支伸向外眼角，支配眼轮匝肌、额肌等。除去鼻唇提肌、上唇提肌、犬齿肌和上唇降肌，观察眶下神经。除去咬肌前部和颊肌前部，观察颊神经。观察自颏孔走出的颏神经(下齿槽神经延续支)。

2. 面部中层

除去下颌骨，观察下齿槽神经、舌神经和下颌舌骨肌神经。

3. 头部正中切面

除去咽后内侧淋巴结、头长肌及头腹侧直肌，观察颈前神经节、舌咽神经(舌支、咽支)、迷走神经(咽支、喉前神经)、迷走交感干、舌下神经和副神经。从颅腔面打开卵圆孔、视神经管等结构暴露眼眶部分结构，观察滑车神经、三叉神经、外展神经、动眼神经和视神经。

(二)颈部的神经

1. 颈部浅层

在锁枕肌和锁乳突肌之间观察第2～5颈神经的腹侧支。在腮腺后方，第2颈神经腹侧支分为耳大神经和颈横神经。在腮腺后缘切断并翻起锁乳突肌，可见副神经分为背侧支和腹侧支。

2. 颈静脉沟

迷走交感干伴颈总动脉后行，在颈后部，颈交感干与迷走神经分开，走向后背侧连接颈中神经节，后者与颈胸神经节(星状神经节)相连；迷走神经在食管左侧或气管右侧面入胸腔。喉返神经沿食管腹侧(左侧)或气管腹外侧(右侧)前行。

3. 膈神经

膈神经由第 5、6、7 颈神经腹侧支组成,横过斜角肌入胸腔。

(三)胸部的神经

1. 肋间神经和肋腹神经

肋间神经和肋腹神经在肋骨后缘内侧伴肋间背侧动脉和肋腹背侧动脉下行,分布于胸壁和腹壁。

2. 胸交感干

颈胸神经节(星状神经节)在第 1 肋内侧位于颈长肌表面,由颈后神经节与前 2 个胸神经节合并而成,前连颈中神经节,后接胸交感干。由此神经节发出交通支至臂神经丛,发出椎神经入横突管,还分出数条颈胸心神经至心丛,分布于心及心底的大血管。胸交感干沿颈长肌表面和肋椎关节内侧向后延伸,经膈的腰肋弓入腹腔延续为腰交感干。在每一肋间隙上部交感干上有一胸神经节,胸神经节借灰、白交通支(位于前方)与胸神经相连;由第 3～6 胸神经节发出胸心神经,走向心,参与构成心丛;由第 6～13 胸神经节发出的纤维合并形成内脏大神经,与胸交感干并列向后延伸,在最后胸椎后方离开胸交感干,经腰小肌与膈脚之间进入腹腔,连接肾上腺丛、腹腔肠系膜前神经节和丛。

3. 迷走神经

左侧迷走神经在左锁骨下动脉内侧、臂头干和主动脉弓外侧向后行,在心前方分出心支和喉返神经;左侧喉返神经绕过主动脉弓后方向前延伸,初行于气管与食管之间,至颈部位于食管腹侧;右侧的绕过右锁骨下动脉后沿气管腹外侧向前延伸。然后迷走神经在食管表面分为背侧支和腹侧支,两侧的背、腹侧支合并形成迷走神经背侧干和腹侧干,分别沿食管背、腹侧面后行入胸腔。

4. 膈神经

膈神经在迷走神经腹侧沿纵隔向后延伸,横过心底,分布于膈。

(四)腹部的神经

1. 腹壁浅层

在髋结节的前腹侧可见髂腹股沟神经外侧皮支自腹外斜肌穿出,在最后肋骨肋软骨结合处后方可见肋腹神经外侧皮支,在上述 2 神经外侧皮支连线中点可见髂腹下神经外侧皮支。在髋结节前上方走出的几支为臀前皮神经(第 4～6 腰神经背侧支)。

(1)髂腹下神经　从腰方肌与腰大肌之间走出,经第 2 腰椎横突末端腹侧向后腹侧延伸,在髋结节平面腹膜外表面分为内侧支和外侧支。外侧支经腹横肌与腹内斜肌之间及腹内斜肌与腹外斜肌之间走向腹侧,在髋结节下方穿出腹外斜肌;内侧支穿过腹横肌至腹直肌,再穿过腹直肌及腹内斜肌和腹外斜肌腱膜分布于腹底壁的皮肤。

(2)髂腹股沟神经　从腰横突间肌与腰大肌之间走出,发出分支至腰肌和腰方肌,主干经第 4 腰椎横突末端腹侧向后腹侧延伸,在髋结节平面腹膜外表面分为内侧支和外侧支。外侧支经腹内斜肌与腹外斜肌之间走向腹侧,在髋结节前下方穿出腹外斜肌;内侧支穿过腹横肌至腹直肌,再穿过腹直肌及腹内斜肌和腹外斜肌腱膜,分布于腹底壁的皮肤。

(3)生殖股神经　在腰大肌与腰小肌之间走向后下方,有肌支至腰大肌、腰小肌和腰方肌,主干分为生殖支和股支,伴旋髂深动脉向后延伸,以后伴随髂外动脉在腹膜外表面走向腹侧至腹股沟管,此 2 支通常合并后入腹股沟管,在管内又重新分开,出腹股沟管浅环,分布于母畜的乳房，公畜的提睾肌、阴囊和包皮。

(4)股外侧皮神经　穿过腰肌在腹膜外表面伸向髋结节，伴旋髂深动脉后支穿过腹外斜肌，沿髂下淋巴结深面向下延伸，分布于股部皮肤。

2. 腹腔内脏的神经

(1)腰交感干　在腰椎两侧沿腰小肌内侧缘向后延伸，干上常有 6 个腰神经节，前 3 个腰神经节借灰、白交通支与腰神经相连，但后 3 个腰神经仅有灰交通支与腰神经相连；腰部交感干分出内脏小神经和腰内脏神经，后者连接肠系膜后神经节。

(2)腹腔的椎下神经节　腹腔神经节成对，呈圆形，位于腹腔动脉起始部两侧；肠系膜前神经节较长，单个，位于肠系膜前动脉根部后方，两神经节借短而强的神经纤维相连。它们接受来自内脏大神经和内脏小神经的纤维，发出纤维与来自迷走神经背侧干的纤维一起组成腹腔丛和肠系膜前丛，沿腹腔动脉和肠系膜前动脉的分支分布至肝、胃、脾、胰、肠和肾等脏器。肠系膜后神经节小，位于肠系膜后动脉根部后方，有时成对。接受来自腰内脏神经的纤维和肠系膜前神经节的节间支，发出纤维随肠系膜后动脉的分支至结肠，随睾丸动脉至精索、附睾和睾丸，随卵巢动脉至卵巢、输卵管和子宫角；还分出腹下神经随输尿管入盆腔，参与组成盆神经丛。

(3)迷走神经　迷走神经背侧干转向贲门右侧，分出腹腔支至腹腔肠系膜前神经丛，分出瘤胃右支、瘤胃房支、网胃后支、皱胃大弯支、瓣胃支和皱胃脏面支等分别分布于瘤胃、网胃、瓣胃和皱胃，主干延续为瘤胃背侧支。迷走神经腹侧干在瘤胃左侧面发出交通支与背侧干相连，分出瘤胃房支、网胃前支、幽门支、肝支、瓣胃支和皱胃壁面支分布于瘤胃房、网胃膈面、瓣胃和皱胃等。

(五)盆部的神经

1. 骨盆壁浅层

在背腰最长肌后部、臀中肌和臀股二头肌上部表面走出的是臀中皮神经；在坐骨结节内侧面、背侧和腹侧突之间的中点从坐骨直肠窝穿出的是阴部神经远侧皮支；自坐骨结节背侧突前方穿出，在半腱肌表面伸向远端的是阴部神经近侧皮支。

2. 阴部神经

在髂内动脉背侧沿荐结节阔韧带内侧面向后腹侧延伸，分出肌支至尾骨肌和肛提肌；在坐骨小孔附近，分出近皮支和远皮支，分布于阴囊、阴唇和股后部的皮肤；分出会阴深神经，经尾骨肌和肛提肌外侧面向后延伸，分布于尿道肌、肛门外括约肌、球海绵体肌、坐骨海绵体肌、阴道、前庭缩肌等。主干绕过坐骨弓，在公畜分为阴茎背神经和阴囊包皮支，阴茎背神经沿阴茎背外侧面向前延伸，分布于阴茎。在母畜分出乳房支后成为阴蒂背神经，阴蒂背神经分布于阴蒂和前庭。牛和猪的会阴浅神经由阴部神经远侧皮支分出。

3. 直肠后神经

常有 2 支，在尾骨肌与直肠之间向后延伸，分支分布于直肠、尾骨肌、肛提肌、肛门外括约肌、阴茎退缩肌、阴道前庭、阴唇等。

4. 荐部和尾部交感干

荐部交感干细，沿荐骨骨盆面、荐腹侧孔的内侧向后延伸，牛常在第 5 荐椎处分为内侧支和外侧支。外侧支向后行，与尾神经的腹侧支相连。两侧的内侧支常在第 1～2 尾椎处汇合成一支，向后延伸可达第 7 尾椎。在两内侧支汇合处有一神经节，称奇神经节。荐部交感干有 5 个荐神经节，尾部交感干上常有 4 个尾神经节。荐神经节和尾神经节借灰交通支与荐神经和尾神经相连。

(六)临床应用

在作剖腹产和瘤胃切开手术麻醉时，常封闭 T13 和 L1～L2 的背外侧支和腹侧支，一般在其经过第 1、2 和 4 腰椎横突末端的地方封闭。在做乳房手术麻醉时，常封闭 L1～L4 的腹侧支和阴部神经的乳房支，阻滞 L3～L4 的腹侧支时必须靠近椎体注射麻醉药物，因为它们向后形成生殖股神经。公牛阴部神经的封闭在坐骨结节连线及会阴中点两旁，大约在肛门下一掌宽处。

四、实验注意事项

1. 要爱护标本，不要轻易用力牵拉细小的神经，以防神经被拉断。
2. 观察完毕要及时将标本放回标本池或用塑料纸包裹好，以防干燥。

五、思考题

1. 简述交感干的组成及主要的神经分支。
2. 简述迷走神经的主要分支及支配的器官。

六、填图

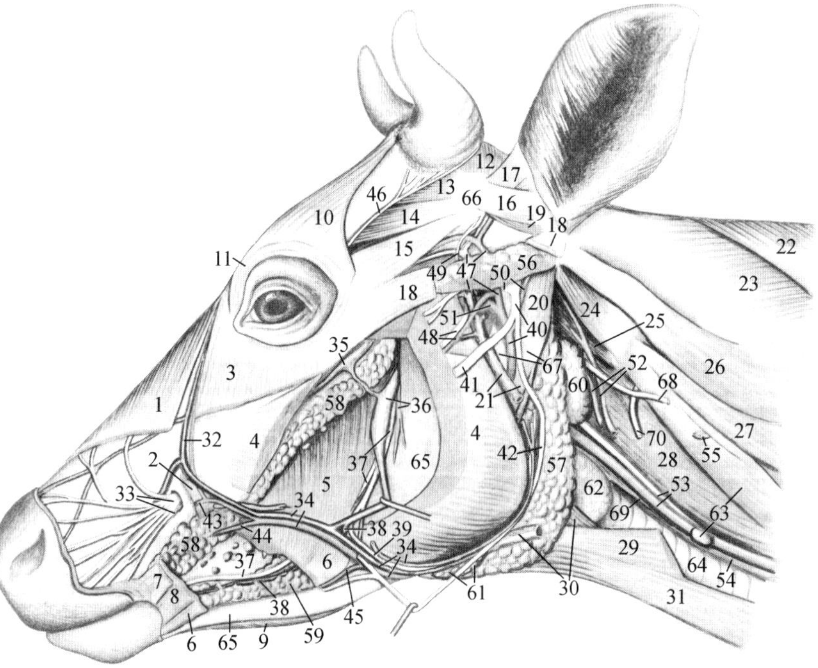

图 18-1 牛头颈部解剖(外侧面，第 2 层)

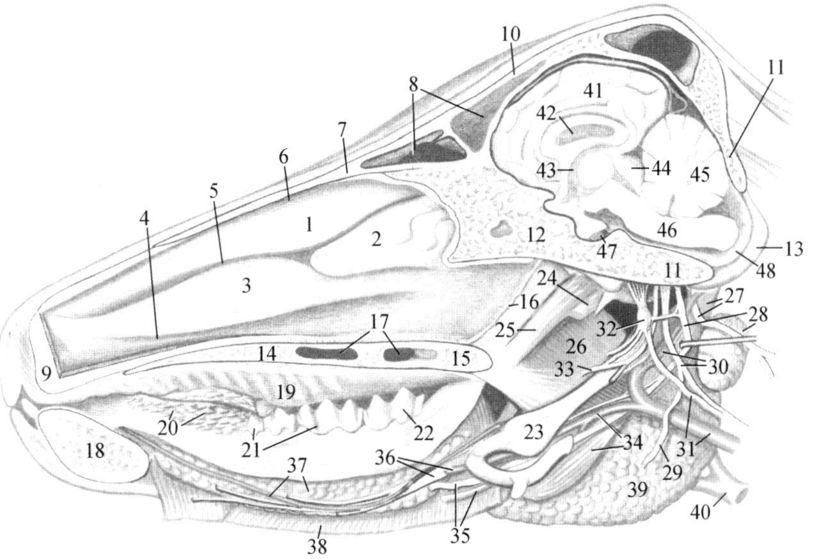

图 18-2　牛头部正中矢状切面

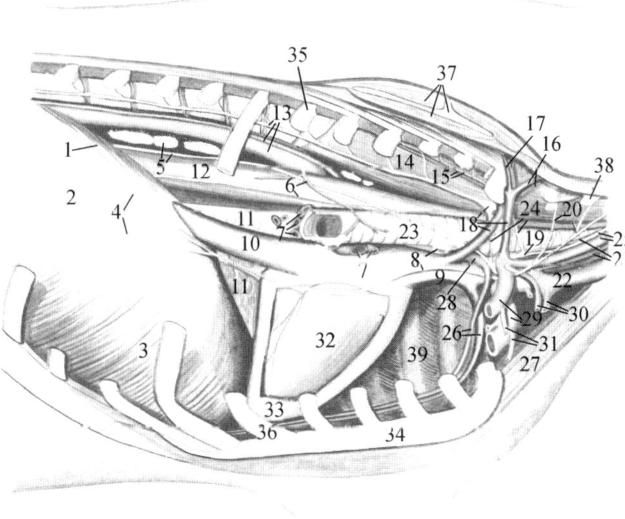

图 18-3　牛胸腔血管和神经(右侧面)

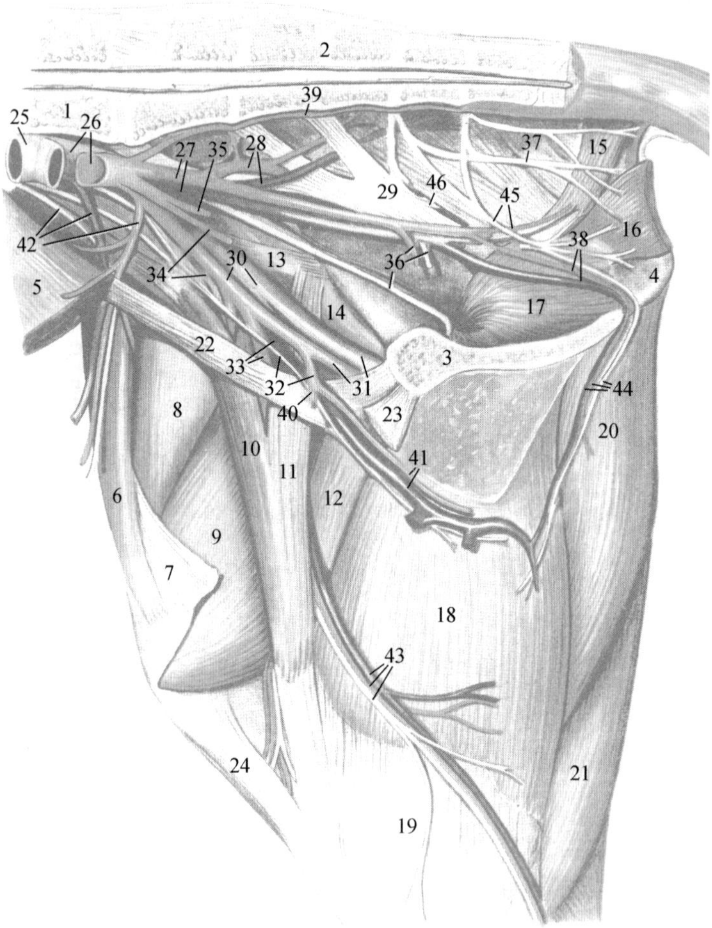

图 18-4　牛骨盆和股部内侧面(第 1 层)

实验十九　四肢的神经

一、实验目的和要求

1. 了解家畜四肢神经分布的规律；
2. 比较牛、猪、马、犬四肢神经分布的异同；
3. 掌握四肢神经麻醉的主要部位。

二、实验仪器和材料

1. 制作好的牛、猪、马、犬前肢和后肢神经分布的标本；
2. 带有臂神经丛的躯干神经标本；
3. 常用的解剖器械。

三、实验内容和方法

（一）前肢的神经（以牛为例）

1. 观察臂神经丛的组成

臂神经丛由第6～8颈神经和第1～2胸神经的腹侧支组成，由该丛发出肩胛上神经、肩胛下神经、腋神经、桡神经、尺神经、肌皮神经、正中神经、胸背神经、胸长神经、胸前神经、胸后神经和胸外侧神经。在躯干神经标本上观察臂神经丛自斜角肌之间走出。

臂神经丛中主要神经的识别：在肩关节内侧面伴随肩胛上动脉、静脉进入冈上肌与肩胛下肌之间的为肩胛上神经，直接分布于肩胛下肌的为肩胛下神经，伴随旋肱后动脉、静脉进入肩胛下肌与大圆肌之间的为腋神经，伴胸背动脉、静脉伸向背阔肌的为胸背神经，约在臂中部进入大圆肌、臂三头肌长头和内侧头之间的为桡神经，在肘关节内侧伴随尺侧副动脉、静脉向后腹侧延伸进入尺沟的为尺神经，伴随臂动脉、静脉进入正中沟的为正中神经，在臂近端伴随旋肱前动脉入喙臂肌的为肌皮神经近肌支，在臂中部进入臂二头肌与臂肌之间的为肌皮神经的远肌支。

（1）肩胛上神经　在肩关节内侧面可见肩胛上神经伴随肩胛上动脉、静脉进入冈上肌与肩胛下肌之间，绕过肩胛骨的前缘，分布于冈上肌和冈下肌。临床上常见肩胛上神经麻痹。

（2）肩胛下神经　在肩关节内侧面可见肩胛下神经常有2支，分布于肩胛下肌。

（3）腋神经　在肩关节内侧面可见腋神经伴随旋肱后动脉、静脉进入肩胛下肌与大圆肌之间，走向外侧，有分支分布于肩胛下肌和大圆肌。在前肢外侧面翻起三角肌等，可见腋神经肌支分布于小圆肌和三角肌、臂头肌；并在三角肌深面分出前臂前皮神经，从三角肌肩峰部与肩胛部之间或三角肌与臂三头肌之间走出，分布于前臂背内侧面的皮肤。

（4）胸背神经　在肩关节内侧面可见胸背神经伴胸背动脉、静脉横过大圆肌，分布于背阔肌。

（5）胸长神经　在躯干标本上可见胸长神经在胸腹侧锯肌表面后行，分布于胸腹侧锯肌。

(6)胸肌前神经、胸肌后神经、胸外侧神经　在前肢内侧面(带有部分胸肌)可见胸肌后神经分布于胸升肌;胸肌前神经有几支,分布于胸升肌以外的胸肌。胸外侧神经伴胸外静脉向后延伸,分布于躯干皮肌、胸壁和腹壁的皮肤。

(7)桡神经　在臂内侧面中部可见桡神经进入大圆肌、臂三头肌长头和内侧头之间至肱骨臂肌沟,有肌支至前臂筋膜张肌、臂三头肌和肘肌。在臂外侧面翻开三角肌和臂三头肌外侧头等,可见桡神经分为深支和浅支。深支穿过臂肌和腕桡侧伸肌,分布于腕和指的伸肌。浅支从臂肌和腕桡侧伸肌之间走出,在臂三头肌外侧头下缘分出前臂外侧皮神经,主干沿腕桡侧伸肌内侧向下延伸伴随副头静脉至腕部和掌部,在掌指关节上方分为指背侧第 2 总神经(内侧支)和指背侧第 3 总神经(外侧支),分布于第 3 指和第 4 指的背侧。临床上可见桡神经麻痹。

(8)肌皮神经　在肩关节内侧面可见肌皮神经经腋动脉外侧和腹侧与正中神经相连形成腋袢,在肩关节附近近肌支伴随旋肱前动脉、静脉穿过喙臂肌至臂二头肌,分布于此二肌;在臂中部远肌支进入臂二头肌和臂肌之间,并分布于此二肌;主干延续为前臂内侧皮神经,经臂肌和臂二头肌之间穿出,分布于前臂和腕背内侧面的筋膜和皮肤。

(9)尺神经　在臂内侧面可见尺神经斜向越过臂动脉、静脉,在肘关节内侧伴随尺侧副动脉、静脉进入前臂部尺沟,在臂中部分出前臂后皮神经分布于前臂后面的皮肤,在臂远端分出肌支分布于腕尺侧屈肌和指屈肌。切断翻开腕尺侧屈肌,可见尺神经在副腕骨上方分为背侧支和掌侧支。背侧支从腕尺侧屈肌和腕尺侧伸肌腱之间穿出,经掌部背外侧面下行延续为指背侧第 4 总神经,分布于第 4 指背外侧面。掌侧支沿指浅屈肌向下延伸,分出深支至骨间肌;浅支与正中神经的交通支相连形成指掌侧第 4 总神经,分布于第 4 指掌侧。

(10)正中神经　在肩关节内侧可见正中神经与肌皮神经相连形成一总干,沿臂动脉前缘向下延伸,至臂中部与肌皮神经分开后,伴随臂动脉、静脉进入正中沟。切断腕桡侧屈肌并翻开,可见正中神经在前臂近端分出肌支分布于旋前圆肌、腕桡侧屈肌、腕尺侧屈肌和指屈肌,分出前臂骨间神经进入前臂骨间隙,主干沿指浅屈肌内侧面向下延伸,在掌远端分为内、外侧支。内侧支很快分成指掌侧第 2 总神经和第 3 指掌轴侧神经(在牛常见与第 4 指掌轴侧神经联合形成指掌侧第 3 总神经,当其进入指间隙后又分开)分布于悬蹄、第 3 和第 4 指掌侧面。外侧支也分成 2 支:一支为交通支,经指浅屈肌浅面与尺神经掌侧支相连形成指掌侧第 4 总神经;一支延续为第 4 指掌轴侧固有神经,分布于第 4 指掌侧。

2. 比较马、猪、犬前肢神经分布的差异

主要比较桡神经、正中神经和肌皮神经。

(二)后肢的神经

1. 观察腰荐神经丛的组成

主要由第 4～6 腰神经和第 1～2 荐神经的腹侧支组成,分出股神经、闭孔神经、臀前神经、臀后神经、坐骨神经。

腰荐神经丛主要神经的识别:在后肢内侧面(缝匠肌上部、股深动脉分出之前的髂外动脉已切断翻开),沿腰大肌内侧面延伸、伴随旋股外侧动脉、静脉进入股直肌与股内侧肌之间的是股神经,伸向闭孔的是闭孔神经,进入坐骨大孔的是臀前神经、坐骨神经和臀后神经。

(1)股神经　在除去缝匠肌上部、股深动脉分出之前的髂外动脉已切断翻起的标本,可见股神经经腰大肌与髂肌之间走出，有分支至髂腰肌，在耻骨梳平面分出隐神经，主干伴随旋股外侧动脉、静脉经股直肌与股内侧肌之间入股四头肌。隐神经经股管下行，从缝匠肌后缘走出，除有分支至该肌外，主干伴隐动脉、静脉沿后肢内侧面向下延伸，分布于股部和小腿内侧面的皮肤。

(2)闭孔神经　在骨盆腔内侧面，可见闭孔神经沿髂骨体内侧伸向闭孔，有分支至闭孔外肌盆内部。切断耻骨肌、股薄肌的近端并翻开，可见闭孔神经出闭孔后分布于内收肌、耻骨肌、股薄肌和闭孔外肌。该神经易被胎儿挤压受损，引起前述 4 肌麻痹。

(3)臀前神经　在后肢外侧面，切断并翻开臀中肌和臀股二头肌，可见臀前神经经坐骨大孔出盆腔，分布于臀肌，有一支经臀中肌与臀深肌之间伸向阔筋膜张肌。

(4)臀后神经　经坐骨大孔出盆腔，在坐骨神经背侧沿荐结节阔韧带和臀深肌外面向后延伸，分为 2 支，背侧支分布于臀中肌，腹侧支分布于臀股二头肌。

(5)坐骨神经　经坐骨大孔出盆腔，在荐结节阔韧带和臀深肌之间走向后腹侧，经股骨大转子与坐骨结节之间绕至髋关节后方，在臀股二头肌与内收肌、半腱肌和半膜肌之间下行，在股中部分为腓总神经和胫神经。途中分出肌支至孖肌、股方肌、臀股二头肌、半腱肌和半膜肌。

股后皮神经：自坐骨神经背侧缘分出，在坐骨小孔附近分为 2 支，内侧支经坐骨小孔入盆腔，合并于阴部神经或会阴深神经，外侧支缺失或加入阴部神经近皮支。

腓总神经：翻起臀股二头肌，可见腓总神经在臀股二头肌与腓肠肌外侧头之间走向前下方，至胫骨外侧髁稍下方分为腓浅神经和腓深神经。在股远端 1/3 处分出小腿外侧皮神经，分布于小腿背外侧面的皮肤。

腓浅神经：沿趾外侧伸肌与腓骨长肌之间向下延伸，在跗背侧面分出趾背侧第 4 总神经，在跖中部分出趾背侧第 2 总神经，主干延续为趾背侧第 3 总神经，3 条总神经分支分布于跖背侧面、悬趾、第 3 和第 4 趾背侧。腓浅神经在起始部附近有肌支至趾外侧伸肌。

腓深神经：初在腓骨长肌与趾外侧伸肌之间伴随胫前动脉下行，然后沿趾长伸肌下行，在跖部延续为跖背侧第 3 神经，后者在系关节附近合并于趾背侧第 3 总神经。腓深神经在近端分出肌支分布于小腿背外侧面的跗屈肌和趾伸肌，在跗背侧面发出分支至趾短伸肌。

胫神经：初在腓肠肌两个头之间下行，分出肌支至腘肌、比目鱼肌、趾深屈肌和腓肠肌外侧头，后在腓肠肌外侧头与趾浅屈肌之间下行，在小腿远端 1/3 位于跟腱前方，约在跟结节处分为足底内、外侧神经。胫神经在起始部有分支至趾浅屈肌和腓肠肌外侧头，并分出小腿后皮神经，在腓肠肌外侧头和臀股二头肌之间伴随外侧隐静脉下行，于小腿中部至皮下，分布至小腿、跗部、跖部后外侧的皮肤。足底内侧神经在后脚内侧面的跖内侧沟中伴随足底内侧动脉下行，至系关节上方分为趾跖侧第 2 和第 3 总神经，分布于趾跖侧面的皮肤、悬趾、关节囊、第 3 和第 4 趾跖侧。足底外侧神经在后脚外侧面的跖外侧沟中伴随足底外侧动脉下行，在跖近端分出深支至骨间肌，主干延续为趾跖侧第 4 总神经，分布于关节囊、悬趾和第 4 趾跖侧。

2. 马、猪、犬后肢神经分布的比较

主要比较臀后神经和坐骨神经，如犬的臀后神经支配臀浅肌。

(三)神经麻醉

(1)前脚部的麻醉　在掌部阻滞桡神经浅支、尺神经背侧支和掌侧支及正中神经分支(掌内侧神经和掌外侧神经)。

(2)后脚部的麻醉　在跖部近端1/3跖侧面骨间肌与趾深屈肌腱之间的沟中阻滞两足底神经。

(3)小腿及后脚部的麻醉　在胫骨外侧髁后方4 cm处阻滞腓总神经。

四、实验注意事项

1. 要爱护标本,不要轻易用力牵拉细小的神经,以防神经被拉断。
2. 观察完毕要及时将标本放回标本池或用塑料纸包裹好,以防干燥。

五、思考题

1. 简述臂神经丛和腰荐神经丛的组成。
2. 简述前、后肢主要神经的分支分布情况。

六、填图

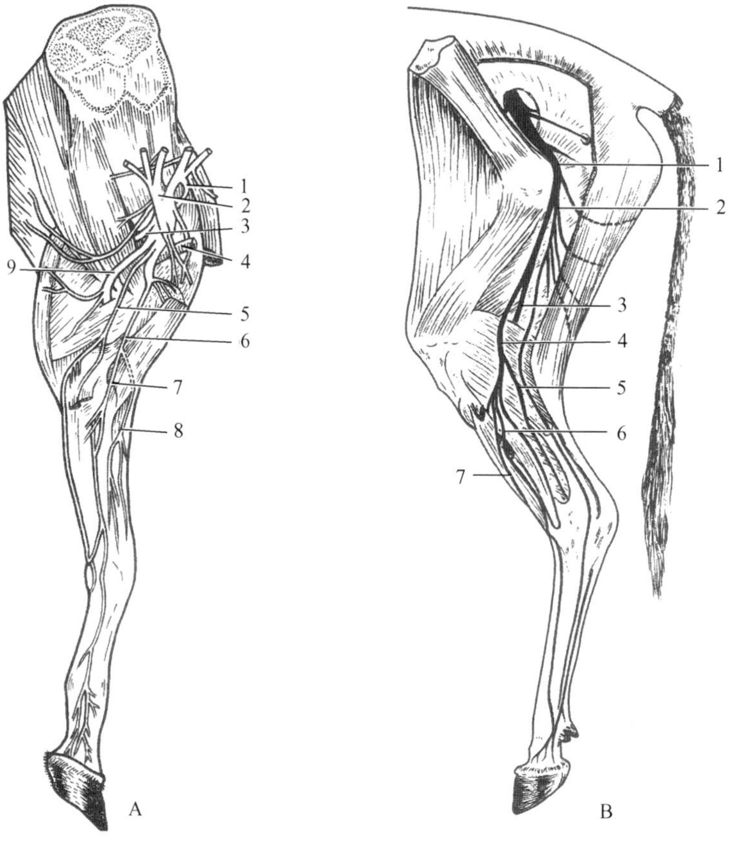

图19-1　前肢内侧面和后肢外侧面的神经

A. 前肢　B. 后肢

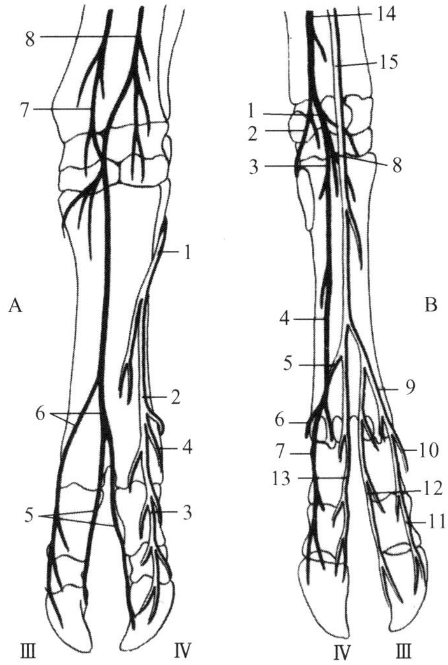

图 19-2　牛前脚部的神经

A. 背侧面　B. 掌侧面　Ⅲ. 第 3 指　Ⅳ. 第 4 指

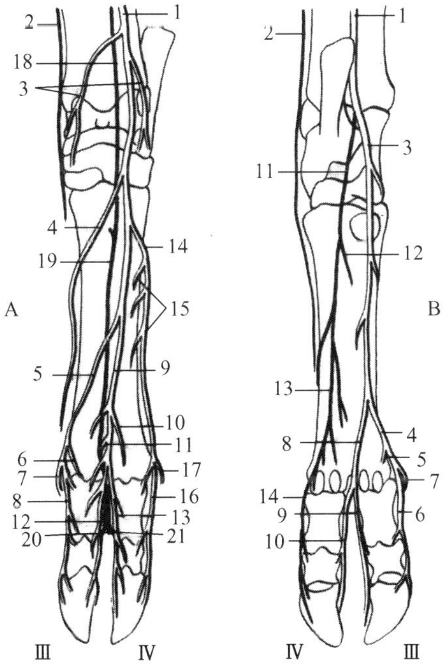

图 19-3　牛后脚部的神经

A. 背侧面　B. 跖侧面　Ⅲ. 第 3 趾　Ⅳ. 第 4 趾

实验二十 鸡的解剖

一、实验目的和要求

1. 了解鸡体各器官的形态结构和位置关系；

2. 比较鸡体结构与牛和猪的异同；

3. 实验结束后，将解剖观察过的内脏器官、胸肌、淋巴器官、内分泌腺等分类整齐地摆放在手术盘内。

二、实验仪器和材料

1. 商品鸡若干只，每2～4人一只，每班至少各有1只成年公鸡和产蛋母鸡；

2. 鸡整体骨骼标本、气囊铸型标本；

3. 常用的解剖器械。

三、实验内容和方法

(一)鸡的致死

(1)动脉放血致死 将鸡头略向一侧扭转，在下颌骨后方切断颈腹侧肌和颈总动脉放血致死。

(2)窒息致死 水池中加入适量的水，将鸡头淹没其中一定时间，使其窒息而死。

(二)体表观察

观察鸡冠、肉髯、耳叶、耳盖、鼻孔盖、喙、羽毛(正羽、纤羽、绒羽)、鳞片、距、爪。除去羽毛后，观察羽区和裸区。触摸比较公、母鸡两侧耻骨之间的距离。

(三)头部解剖

1. 消化系统(图20-1)

除去一侧口咽部外侧的下颌骨等骨骼，自口角沿口咽外侧壁剪开至食管起始部，观察口咽部的结构。鸡口腔前口由上、下喙组成，喙呈尖锥形，被覆有坚硬的角质；无唇和明显的颊。口腔顶为腭，具有呈锯齿状的几条腭褶，鼻后孔的前部延续至腭，形成腭裂，由1对黏膜襞围成。口腔底主要为舌占据，舌为尖锥形，舌体与舌根间有一列乳头。鸡无软腭，口与咽无明显的界限，合称口咽。咽顶壁前部正中有鼻后孔，后部正中有咽鼓管漏斗，由1对黏膜褶即漏斗襞围成，两咽鼓管开口于漏斗内。咽底壁为喉，可见喉口。咽向后连接食管。唾液腺小而分布广。

2. 呼吸系统(图20-1)

鼻无外鼻，1对鼻孔位于上喙基部，上缘形成膜质鼻孔盖。打开一侧鼻腔，鼻腔较狭，被鼻中隔分为左、右两半，每侧鼻腔侧壁上有3个鼻甲，前鼻甲与鼻孔相对，呈C形；中鼻甲较大，后鼻甲呈小泡状；1对鼻后孔共同开口于咽顶壁。鸡眼眶前腹侧有眶下窦，眼眶顶壁处以及鼻腔侧壁内还有鼻腺，也可观察。喉位于咽底壁，从喉口至气管剪开喉背侧壁进行观察。喉软骨仅有环状软骨和杓状软骨，无甲状软骨和会厌软骨；1对杓状软骨形成喉口的支架，围成缝状的喉口。喉腔内无声带。

3. 眼

观察眼睑、结膜、结膜囊、瞬膜、角膜和瞳孔。打开眼眶侧壁，分离眼球周围附着的组织和肌肉，取出眼球，观察眼外肌（只有两块斜肌和 4 块直肌，无退缩肌）和视神经。除去眼外肌，从一侧剪开眼球壁，观察巩膜，巩膜较坚硬，后部含有软骨板，前部有一圈小骨片形成巩膜骨环。观察虹膜、睫状体、脉络膜、视网膜、眼梳膜、眼房、晶状体、玻璃体。观察泪腺和哈德氏腺，泪腺位于下睑后内侧。瞬膜腺（哈德氏腺）淡红至褐红色，位于眼球腹侧和内侧。

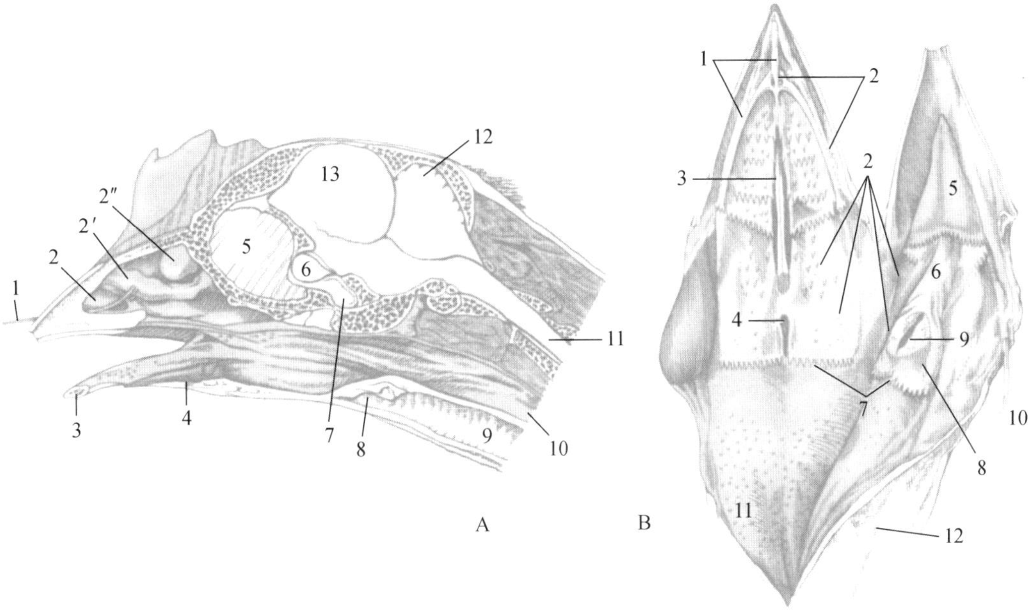

图 20-1　鸡头部解剖

A. 头部正中切面　1. 穿过鼻孔的电线　2、2′、2″. 前、中、后鼻甲　3. 下颌骨　4. 舌　5. 眶间隔　6. 视交叉　7. 垂体　8. 喉　9. 气管　10. 食管　11. 脊髓　12. 小脑　13. 大脑

B. 鸡口咽　1. 正中和外侧腭嵴　2. 唾液腺开口　3. 腭裂、鼻后孔　4. 漏斗裂　5. 舌体　6. 舌根　7. “机械性”乳头　8. 喉隆起　9. 喉口　10. 舌骨支　11. 食管　12. 气管位置

4. 脑

可打开颅腔观察。

(四)颈部解剖（图 20-2）

从下颌间隙后部至肛门沿腹侧中线切开皮肤。

(1)分离颈部皮肤，观察胸腺。胸腺位于颈部气管两侧的皮下，沿颈静脉向后直至胸腔入口处，每侧一般有 7 叶，淡黄或带红色。接近性成熟时达到最大，随后由前向后逐渐退化。

(2)观察颈静脉，在颈前部由头前静脉和头后静脉汇合而成，与迷走神经、胸腺等在同一筋膜鞘内后行，在胸腔入口处与锁骨下静脉汇合成前腔静脉。

(3)观察迷走神经，伴颈静脉后行，在胸腔入口处迷走神经上有一神经节，称干神经节。

(4)观察气管。

(5)观察食管和嗉囊。

(五)胸部解剖

在第 1 肋骨的前方和最后肋骨的后方分别自腹正中线至背正中线切开皮肤，翻起左侧胸壁的皮肤，在肩关节周围环形切开皮肤，保留前肢的皮肤与翼部。

1. 观察部分肩带肌和胸壁的肌肉

胸肌位于胸骨外侧浅层，起始于锁骨、乌喙骨和胸骨，止于肱骨。乌喙上肌位于胸肌深层，起始于锁骨、乌喙骨和胸骨，其腱经3骨间孔止于肱骨大结节。肋间外肌和肋间内肌分别位于肋间隙的浅层和深层。

2. 打开胸腔

经肩关节除去左侧前肢，除去胸肌和乌喙上肌，沿胸骨嵴背侧切开纤维膜至卵圆切迹前端，并在后外侧突起始部腹侧剪断胸骨；沿肩胛骨的腹侧缘剪断所有椎肋；在肩关节处分离除去乌喙骨和锁骨；在1肋骨的前方和最后肋骨的后方分离切断附着的肌肉，除去胸壁。上述各步注意不要损伤内侧的胸膜。

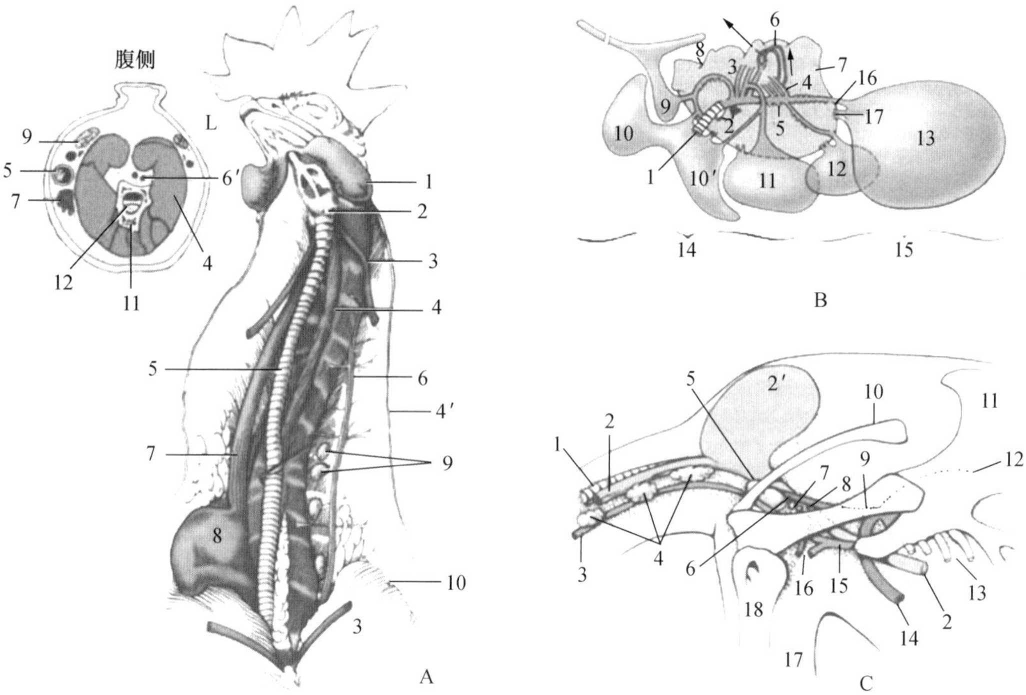

图 20-2 鸡颈部和气囊

A. 颈部(腹侧面) 1. 肉髯 2. 喉 3. 胸骨甲状肌，断端 4. 颈部肌 4′. 颈神经 5. 气管 6. 颈静脉和迷走神经 6′. 颈内动脉 7. 食管 8. 嗉囊 9. 胸腺 10. 胸肌 11. 椎骨 12. 脊髓 L. 左侧

B. 气囊 1. 初级支气管 2. 肺门的肺血管 3. 内腹侧支气管 4. 内背侧支气管 5. 外腹侧支气管 6. 旁支气管袢 7. 肺 8. 肋压迹 9. 颈气囊 10,10′. 锁骨气囊的胸外和胸内部 11. 胸前气囊 12. 胸后气囊 13. 腹气囊 14. 气囊前群 15. 气囊后群 16. 直接(囊支气管)联系 17. 间接(返支气管)联系

C. 颈胸交界处(右侧面) 1. 气管 2. 食管 2′. 嗉囊 3. 右颈静脉 4. 胸腺 5. 甲状腺 6. 右颈总动脉 7. 甲状旁腺 8. 腮后体 9. 右臂头动脉 10. 锁骨 11. 胸骨 12. 心的位置 13. 胸肋 14. 降主动脉 15. 右前腔静脉 16. 锁骨下动、静脉 17. 翼 18. 肱骨

3. 观察胸腔内脏器官(图 20-2，图 20-3)

(1)气囊 在颈中部切开气管，插入一细管，给气囊内吹入气体，观察、识别气囊。

(2)甲状腺、甲状旁腺和腮后体 甲状腺位于胸腔入口处，气管和颈总动脉外侧、颈静脉内侧，暗红色，椭圆形。甲状旁腺位于甲状腺后方，1 对，很小，黄色至淡褐色。腮后体位于甲状旁腺后方。

(3)胸部迷走神经　经锁骨下静脉和颈静脉连接处内侧、心包和肺隔之间后行，越过肺动脉和肺静脉外侧，穿过斜隔后两侧的迷走神经合并形成奇迷走神经，于腺胃腹侧面后行。在肺动脉穿过肺隔时发出返神经。

(4)心　位于胸腔后下方，心底与第 1、2 肋骨相对，心尖夹于肝两叶之间，与第 5、6 肋骨相对；心外包以心包。观察心包。沿心包长轴剪开心包，观察心包腔。观察心底部的大血管。肺动脉干分为左、右肺动脉。家禽的主动脉弓为右主动脉弓，向后延续为降主动脉；从主动脉弓上向前分出两条臂头动脉，臂头动脉分出颈总动脉后延续为锁骨下动脉，锁骨下动脉分出腋动脉后为胸动脉。进入右心房的有 2 条前腔静脉和 1 条后腔静脉，进入左心房的有 2 条肺静脉。切断左、右锁骨下静脉、前腔静脉、肺动脉和静脉、后腔静脉，分离心包与周围组织的附着，取出心和心包。观察心表面的冠状沟和纵沟、心房和心室。沿纵沟和冠状沟打开心室，观察左、右房室瓣，注意禽的右房室瓣为肌肉瓣。

(5)胸部食管　短，末端略变细，与腺胃相连。

(6)气管和支气管　鸣管位于气管分叉处，由鸣骨和鸣膜组成。

(7)肺　呈扁平的四边形，粉红色，紧贴胸腔背侧壁。肺分 3 个面、3 个缘和两端，背侧面为肋面，有 5 条深的肋沟；腹侧面为隔面，与肺隔相邻，中点稍前方为肺门；内侧面平坦。3 缘为外侧缘、背内侧缘和腹内侧缘。前端小，与第 1 肋相对，后端可达第 6 肋。

(8)胸交感干　紧靠椎体外侧缘后行，胸神经节有 7 个，节间有 2 条节间支。由第 2～5 胸神经节发出的纤维形成内脏大神经，与腹腔丛等相连。

(六)腹腔和盆腔解剖

沿腹正中线切开腹腔和盆腔底壁至肛门腹侧，并环绕肛门(周围距肛门 4 mm)切开至尾椎腹侧。向两侧分开腹壁和盆壁，暴露腹腔和盆腔内脏器官。

1. 消化系统(图 20-3)

(1)腺胃　位于肝左、右两叶前部背侧之间，呈长纺锤形，后端变细与肌胃相连。

(2)肌胃　呈圆形或椭圆形，前部位于肝左、右两叶后部之间，与睾丸、卵巢、输卵管等相邻，后部与左侧腹壁、十二指肠、盲肠等相邻。肌胃与腺胃和十二指肠连接处(幽门)均在前方。肌胃由背、腹侧厚肌和前、后薄肌组成，四肌连接处在外侧面形成发达的腱膜，称腱镜。

(3)十二指肠　位于肌胃右侧，呈 U 形，分降袢和升袢，两袢之间夹有胰。降袢自幽门起沿肌胃右侧后行至肌胃后方折转向背侧延续为升袢，沿降袢背侧前行至肌胃前部弯向背侧，越过肠系膜前动脉在右肾腹侧延续为空肠。肝管、胆囊管和胰管开口于十二指肠末部。

(4)空肠和回肠　形成 6～12 个肠袢，借肠系膜悬吊于腹腔右侧，空肠与回肠分界处有小的突起，称卵黄囊憩室(有的教材认为卵黄囊憩室位于空肠中部)。

(5)盲肠　有两条，分盲肠基、体和尖，盲肠尖向后可达泄殖腔腹侧；盲肠基细，壁内有盲肠扁桃体；盲肠体粗大，呈灰绿色。

(6)直肠　短而直。

(7)泄殖腔　为消化、泌尿和生殖系统共用的通道，经肛门与外界相通。在直肠中部结扎、切断直肠，分离取出泄殖腔，自腹侧剪开泄殖腔，冲洗干净，观察泄殖腔的结构。泄殖腔借两个环形或半月形黏膜襞分为 3 部分，即粪道、泄殖道和肛道。泄殖道背侧壁有一对输尿管开口，公禽腹外侧有输精管乳头，母禽左腹外侧有输卵管开口。肛道背侧有泄殖腔囊（法氏囊）的开口。

（8）腺胃和肌胃　在腺胃前方约 2 cm 处结扎、切断食管，在幽门后方约 2 cm 处结扎、切断十二指肠，沿长轴剪开腺胃和肌胃，用自来水冲洗内容物。观察腺胃黏膜和乳头、肌胃角质层等。

（9）肠神经　展开肠系膜，可见肠神经从直肠与泄殖腔交界处起，沿肠系膜延伸至十二指肠远端。肠神经为禽特有的神经节链，上有许多神经节，内含交感和副交感纤维。

（10）胰　位于十二指肠袢内，淡黄色，分背叶、腹叶和脾叶。

（11）肝　位于腹腔前腹侧，暗褐色，分左、右两叶，有峡相连。两叶前部夹有心和心包，后部夹有腺胃和肌胃。两叶内侧有肝门，右叶有胆囊，后腔静脉穿过右叶。

（12）分离除去肠管。

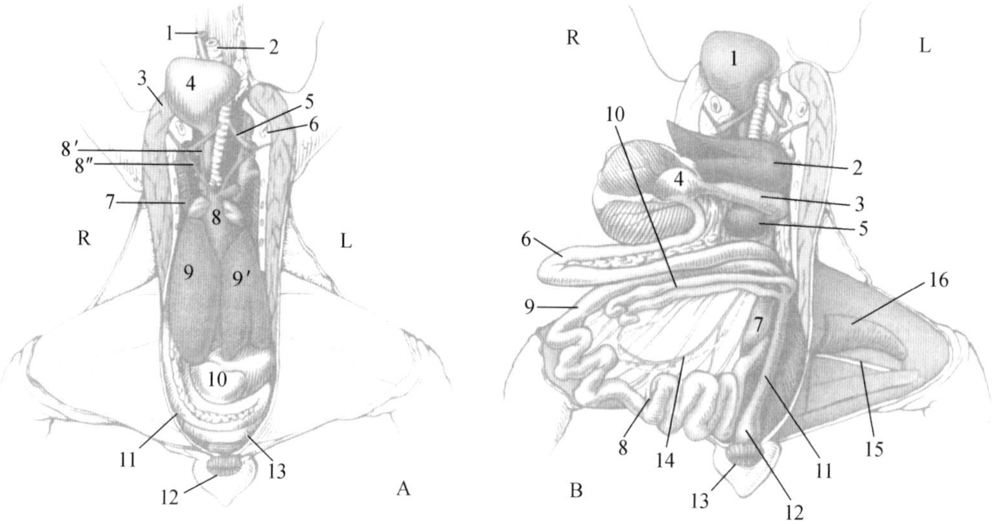

图 20-3　鸡胸腹腔内脏

A. 腹侧面（腹侧体壁已除去）　1. 食管　2. 气管　3. 胸肌　4. 嗉囊　5. 胸骨气管肌　6. 乌喙骨　7. 右前腔静脉　8. 心　8′. 颈总动脉　8″. 锁骨下动脉　9，9′. 肝的右、左叶　10. 肌胃　11. 十二指肠袢，内含胰　12. 肛门（泄殖孔）　13. 盲肠　R. 右侧　L. 左侧

B. 鸡胃肠（肝、胃和小肠翻向前右侧，腹侧观）　1. 嗉囊　2. 肝左叶　3. 腺胃及其背侧面的迷走神经　4. 肌胃右侧前盲囊　5. 脾　6. 十二指肠袢，内含胰　7. 空肠　8. 卵黄囊憩室　9. 回肠　10. 盲肠　11. 结直肠　12. 泄殖腔　13. 肛门　14. 肠系膜前血管及肠系膜内的肠神经　15. 坐骨神经、坐骨动脉　16. 股薄肌和内收肌　R. 右侧　L. 左侧

2. 淋巴系统

（1）脾　位于腺胃右侧，呈圆形，红褐色。

（2）泄殖腔囊　位于泄殖腔背侧，呈圆形或椭圆形。切开泄殖腔囊，可见黏膜形成许多纵褶。泄殖腔囊成年后萎缩退化。

3. 雄性生殖系统（图 20-4）

（1）睾丸　位于肾前部腹侧，呈豆形或长椭圆形，黄色，成年鸡在生殖季节可达鸽子蛋大小，黄白色。

(2)附睾　位于睾丸背内侧缘,不明显。

(3)输精管　为弯曲的细管,伴输尿管后行,末端形成输精管乳头。幼禽的不易观察。

(4)阴茎　位于肛门腹侧唇内侧,由阴茎体和淋巴褶组成,刚孵出的雏鸡可用作性别鉴定。

4. 雌性生殖系统(图 20-4)

母鸡的生殖系统仅左侧发育。

(1)卵巢　位于左肾前腹侧,幼鸡的扁平,灰白色,呈颗粒状;产蛋母鸡的呈葡萄状,上面常有 3～5 个大的卵泡,以卵泡蒂与卵巢相连。

(2)输卵管　位于腹腔左背侧,幼年鸡细而直,成年鸡长而弯曲。输卵管分漏斗部、膨大部、峡部、子宫和阴道。漏斗部呈漏斗状,游离缘为不规则的皱褶,称输卵管伞,中央有输卵管腹腔口。第二段为膨大部,黏膜形成螺旋形纵襞,壁内腺体可分泌蛋白。峡部较细,与膨大部之间有一狭窄的透明带。子宫呈囊状,壳腺的分泌物形成蛋壳,解剖产蛋鸡时常见子宫内有蛋存在。阴道呈 S 形,输卵管腹侧韧带连于第 2 曲上。

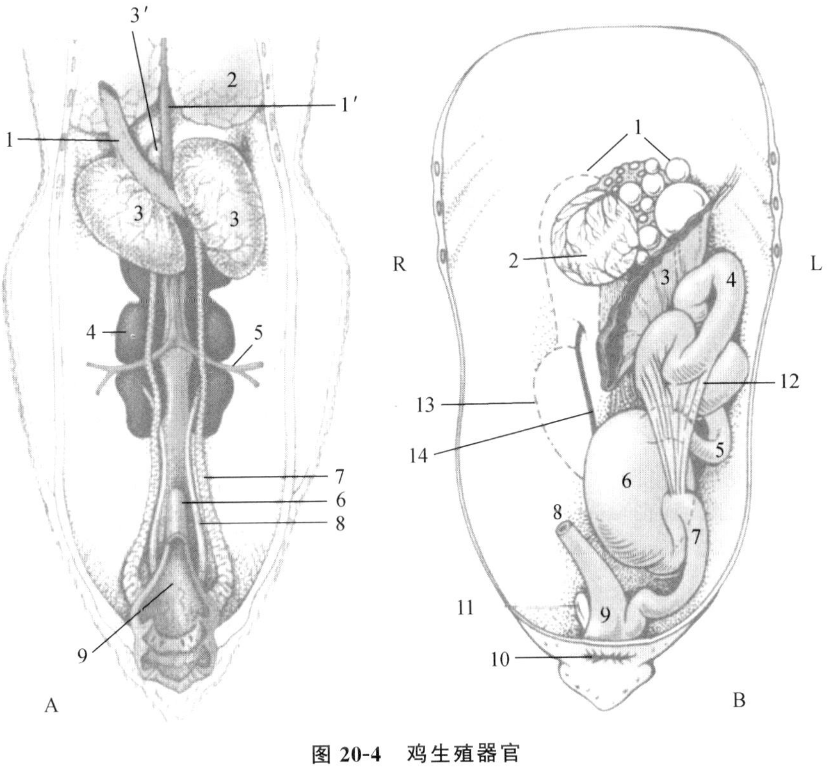

图 20-4　鸡生殖器官

A. 公鸡(腹侧面)　1. 后腔静脉　1′. 主动脉　2. 肺　3. 睾丸　3′. 右肾上腺　4. 肾　5. 坐骨动脉　6. 结直肠　7. 输精管　8. 输尿管　9. 泄殖腔

B. 母鸡(腹侧面)　1. 卵巢　2. 成熟卵泡表面的卵泡斑　3. 漏斗部　4. 膨大部　5. 峡部　6. 子宫,内含卵　7. 阴道　8. 结直肠　9. 泄殖腔　10. 泄殖孔　11. 右输卵管遗迹　12. 输卵管腹侧韧带游离缘　13. 右肾轮廓　14. 右输尿管　R. 右侧　L. 左侧

5. 肾上腺

肾上腺位于肾前内侧,常被卵巢和睾丸覆盖,呈卵圆形或三角形,黄色。

6. 泌尿系统

(1)肾　位于综荐骨和髂骨内面的肾窝内,暗褐色,分前、中、后3部分,无肾门,血管、神经和输尿管从不同的部位出入肾。输尿管在肾内不形成肾盂等结构。虽然肾由肾小叶组成,每一肾小叶也由皮质区和髓质区组成,但因肾小叶深浅不一,整个肾不能区分出哺乳动物那样的皮质和髓质。肾的血管除肾动脉和静脉外,还有肾门静脉。

(2)输尿管　自肾中部走出,沿腹侧面后行,开口于泄殖道。鸡无膀胱。

7. 腹腔和盆腔的大血管

(1)降主动脉　沿综荐骨腹侧后行,在后部分为髂内动脉和尾中动脉,沿途分出腹腔动脉、肠系膜前动脉、肾前动脉、髂外动脉、坐骨动脉(后肢动脉主干)、肠系膜后动脉等。

(2)后腔静脉　由左、右髂总静脉汇合而成,有左、右肝静脉汇入。髂总静脉由髂外静脉和肾门后静脉汇合而成。门静脉由肠系膜总静脉、胃胰十二指肠静脉、腺胃脾静脉等汇合而成。

(七)前肢肌肉

只观察臂部和前臂部浅层肌。

1. 臂部

(1)背侧面　由内向外为臂三头肌肩胛部和臂二头肌。臂近端臂三头肌外侧为三角肌。

(2)腹侧面　由前外侧向后内侧为臂二头肌和臂三头肌臂部。

2. 前臂部

(1)背侧面　由前外侧向后内侧为掌桡侧伸肌、指总伸肌和掌尺侧伸肌。

(2)腹侧面　由前内侧向后外侧为掌桡侧伸肌、旋前浅肌、旋前深肌、指深屈肌和腕尺侧屈肌。

(八)后肢肌肉

只观察股部和小腿部浅层肌。

1. 股部

(1)外侧面　第1层由前向后为髂胫前肌、髂胫外侧肌、髂腓肌(股二头肌)和股外侧屈肌(半腱肌);切断翻起髂胫前肌和髂胫外侧肌,第2层由前向后为股胫内肌、耻坐骨肌、髂腓肌和股外侧屈肌。

(2)内侧面　髂胫前肌、栖肌、髂胫中肌、耻坐骨肌和股内侧屈肌。

2. 小腿部

外侧面　第1层由前向后为腓骨长肌和腓肠肌外部;切断翻起腓骨长肌和腓肠肌外部,第2层由前向后为胫骨前肌、第3趾浅及深屈肌、第2趾浅及深屈肌、第4趾浅屈肌;第3层最前方为趾长伸肌。

3. 坐骨神经

在股中部切断并翻起髂胫外侧肌和髂腓肌,可见宽大的坐骨神经及其分为的腓总神经和胫神经。鸡患马立克氏病时常见此神经肿大。

四、实验注意事项

1. 要爱护标本,鸡整体骨骼标本和气囊铸型标本易损坏,要轻拿轻放。

2. 注意安全,防止刀、剪和骨钳等伤人;保持实验场所安静和干净。

五、思考题

1. 简述鸡消化系统的组成特点。比较鸡消化系统与牛的异同。
2. 简述鸡呼吸系统的组成特点。比较鸡呼吸系统与牛的异同。
3. 简述鸡泌尿、生殖系统的组成特点。比较鸡泌尿、生殖系统与牛的异同。
4. 简述鸡心血管系统的组成特点。比较鸡心血管系统与牛的异同。
5. 简述鸡淋巴和内分泌系统的组成特点。比较鸡淋巴和内分泌系统与牛的异同。
6. 如何制作家禽剥制标本?

下篇

解剖学实习

一、概述

（一）实习目的

家畜解剖学是畜牧兽医专业的一门专业基础课，实践性很强。为了使学生能够理论联系实际，通过亲自实地解剖小牛，加深对畜体结构的认识，提高临床动手能力，特开设解剖教学实习。

（二）实习内容

按部位解剖观察小牛肌肉、内脏（消化、呼吸、泌尿、生殖器官）、心血管、淋巴结、神经系统、内分泌腺等器官的位置、结构和毗邻关系。

（三）实习分组

每班分为 3～4 组，每组 8～11 人，按学号划分。

（四）实习器械

每组一套器械，主要包括：手术盘（1 个）、手术刀（2 把）、手术刀片（1 包）、镊子（2 把）、骨钳（1 把）、止血钳（4 把）、乳胶手套（2 盒）、解剖刀（1 把）、锯子、线绳等。

手术刀片的安装：左手持手术刀柄，右手持刀片，将刀片上的长方形孔对准刀柄上端的凹槽，由上向下推嵌牢即可。

（五）实验小牛的灌注

1. 配制 10%的福尔马林

灌注一头小牛需 10 000～15 000 mL 10%福尔马林。以配制 5 000 mL 10%福尔马林为例，量取 500 mL 40%甲醛溶液，放入 5 000 mL 的塑料桶或玻璃瓶内，加入 4 500 mL 自来水，混匀即可。

2. 灌注固定小牛

将小牛麻醉后行右侧卧位，固定保定，触摸左侧颈静脉沟，在颈静脉沟中后部切开皮肤，钝性分离筋膜、血管和神经，暴露左颈总动脉，在双重结扎线（远心端打死结，向心端打活结）中间的颈总动脉管壁上纵向切一小口，插入预先准备好的尖头玻璃放血管（带 30 cm 长乳胶管），松开向心端的活结，将玻璃管进一步插入，扎牢固定，让血液流入准备好的容器内。准备好输液装置，等血液放完后，更换玻璃管，或经同一玻璃管灌注预先配制的 10%福尔马林固定液。如果口、鼻孔有液体流出，即可停止灌注，取出玻璃管，结扎血管，防止固定液流出。在灌注后期，可用木棍等物将四肢撑开，便于将来解剖。一般情况下，小牛灌注固定 1 周后便可进行解剖。

（六）标本模型

1. 牛整体骨骼标本一副；

2. 成年牛胃标本一副。

（七）实验指导编辑说明

本实验指导仅指明解剖的方法步骤，不对每一个具体的器官进行系统描述说明。若要了解某一器官详细的形态结构和位置关系，请对照教材或参考书学习。

二、体表及头颈部解剖

(一)体表结构和标志的观察

1. 观察皮肤及其衍生物

皮肤衍生物主要观察毛、角、蹄和乳房。

2. 观察触摸下述结构或突起、凹陷

(1)头面部　角间隆凸、颞线、颧弓、面嵴、面结节、面血管切迹、眶下孔、颏孔;

(2)颈部　寰椎翼、颈浅淋巴结、颈静脉沟;

(3)前肢　肩胛冈、肱骨大结节、尺骨鹰嘴、副腕骨、肌沟;

(4)荐臀部和后肢　荐正中嵴、荐结节、髋结节、坐骨结节、大转子、膝盖骨、膝韧带、跟总腱、跟结节、髂下淋巴结、肌沟。

(二)躯干及四肢带解剖

1. 沿下列各线切开皮肤

(1)沿背正中线从头至尾根切开皮肤,在尾根部环切皮肤。

(2)从第一切线的前端沿耳根后方向腹侧切开皮肤,经下颌角至腹正中线。

(3)经肩关节前方平面从背正中线向腹侧切开至腹正中线。

(4)经肘关节(尺骨鹰嘴)后方平面向腹侧切开至腹正中线。

(5)经髋结节平面向腹侧切开至腹正中线。

(6)从第 2 切线下端沿腹正中线切开至第 5 切线下端,在腹底壁后部注意避开公畜的包皮和阴茎。

(7)在肘关节下方环形切开皮肤,并在肘关节内侧面从此切线切开至腹正中线,与第 6 切线相连。

(8)从尾根向腹侧沿正中线切开皮肤与第 6 切线末端相连,切开途中,注意在肛门和阴门(母畜)周围保留 1 cm 呈环形切开皮肤,在两股之间沿乳房或阴囊基部切开皮肤,避免损伤上述器官。

(9)在膝关节下方环形切开皮肤,并在膝关节内侧面从此线切开至第 8 切线。从背正中线向腹正中线仔细剥离皮肤,注意分离、保留肩臂皮肌和躯干皮肌,清理肌肉表面的筋膜。

2. 观察体表的皮神经和淋巴结(图 21-1、图 21-2)

(1)颈部　颈神经背侧皮支在背正中线两侧自斜方肌上部走出;在锁枕肌和锁乳突肌之间自前向后可见第 2 颈神经(耳大神经、颈横神经)、第 3 颈神经和第 4 颈神经,(背侧和腹侧)锁骨上神经在肩关节前方从臂头肌和肩胛横突肌之间及臂头肌穿出。

耳大神经沿寰椎翼外侧缘前行至耳的凸面和腮腺区。颈横神经分支越过颈外静脉的深面和浅面,支配腮腺区、喉区、下颌腹侧区和颈腹侧区前部的皮肤。

(2)肩臂部　在斜方肌上部表面可见胸神经背侧皮支,在三角肌肩峰部与肩胛部止点之间可见(腋神经)前臂前皮神经,在臂三头肌外侧头与腕桡侧伸肌之间可见桡神经浅支。

(3)胸、腹部　在斜方肌、背阔肌和背侧锯肌等上部表面可见胸神经和腰神经的背侧支,其中在髋结节前上方走出的几支为臀前皮神经。从躯干皮肌表面穿出的是肋间神经的外侧皮支。沿髋结节下方至最后肋骨下端连线走出的是髂腹股沟神经、髂腹下神经和肋腹神经的外侧皮支。在阔筋膜张肌前缘的淋巴结为髂下淋巴结,神经为股外侧皮神经。从胸升肌和躯干皮肌下部表面走出的是胸神经和腰神经的腹侧皮支。

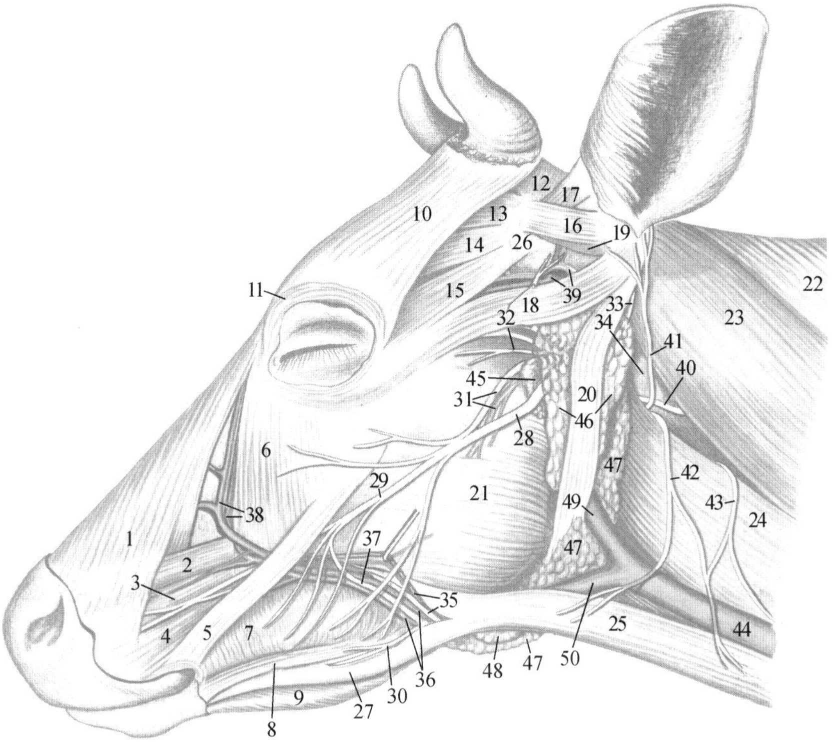

图 21-1　牛头颈部解剖(外侧面,第一层)

1. 鼻唇提肌　2. 上唇提肌　3. 犬齿肌　4. 上唇降肌　5. 颧肌　6. 颧骨肌　7. 颊肌颊部　8. 下唇降肌　9. 下颌舌骨肌　10. 额肌　11. 眼轮匝肌　12. 颈盾肌　13. 盾间肌　14. 额盾肌额部　15. 额盾肌颞部　16. 盾耳浅背肌　17. 盾耳浅副肌　18. 颧耳肌　19. 盾耳浅中肌　20. 腮耳肌　21. 咬肌　22. 斜方肌　23. 锁枕肌　24. 锁乳突肌　25. 胸下颌肌　26. 盾状软骨　27. 下颌骨　28,29. 面神经颊背侧支　30. 面神经颊腹侧支　31. 面横动脉、耳颞神经　32. 耳睑神经　33. 耳后神经　34. 寰椎翼(寰椎横突)　35. 腮腺管和神经　36. 面动脉和静脉　37. 颊背侧支与颊腹侧支交通支　38. 面静脉(眼角静脉),与颧动脉吻合支　39. 颞浅动脉和静脉　40. 副神经背侧支　41. 耳大神经　42. 颈横神经　43. 第三颈神经　44. 颈外静脉　45. 腮腺淋巴结　46. 腮腺　47. 下颌腺　48. 下颌淋巴结　49. 上颌静脉　50. 舌面静脉

(4)荐臀部和股部　在背腰最长肌后部、臀中肌和臀股二头肌上部表面走出的是臀中皮神经;在坐骨结节内侧面、背侧和腹侧突之间的中点从坐骨直肠窝穿出的是阴部神经远侧皮支;自坐骨结节背侧突前方穿出,在半腱肌表面伸向远端的是阴部神经近侧皮支;在膝关节后方,自臀股二头肌前、后两部之间穿出的是小腿外侧皮神经。

3. 观察肩带肌

除去肩臂皮肌和躯干皮肌。观察斜方肌、菱形肌、肩胛横突肌、臂头肌和背阔肌。自肩胛冈分离斜方肌,并向背侧翻开,其上部深面为菱形肌,支配斜方肌的神经是副神经背侧支(图21-3、图 21-4)。

在锁腱划附近切断臂头肌,分离臂头肌与肩胛横突肌,然后将臂头肌向头部翻开,靠近止点将其切断。副神经的背侧支在肩胛横突肌和锁枕肌之间向后延伸至斜方肌。从肩胛冈和肩臂筋膜上分离肩胛横突肌,并将其向前翻开,靠近止点将其切断。此时暴露出位于臂头肌和肩

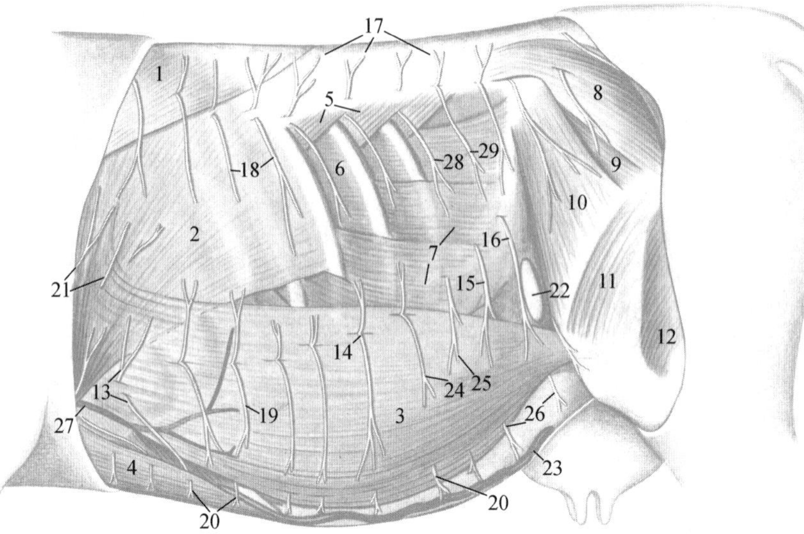

图 21-2 牛腹壁浅层(左侧面)

1. 胸斜方肌 2. 背阔肌 3. 躯干皮肌 4. 胸升肌 5. 后背侧锯肌 6. 肋间外肌 7. 腹外斜肌 8. 臀中肌 9. 臀深肌 10. 阔筋膜张肌 11. 股阔筋膜(和股外侧肌) 12. 臀股二头肌 13、14、19～21. 胸神经(肋间神经)腹侧支 13. 第6肋间神经外侧皮支 14. 第11肋间神经外侧皮支 15. 髂腹下神经外侧皮支 16. 髂腹股沟神经外侧皮支 17,18. 胸神经背侧支 17. 背内侧皮支 18. 背外侧皮支 19. 腹外侧皮支 20. 腹侧皮支 21. 肋间臂神经分支 22. 髂下淋巴结 23. 腹壁前浅静脉(腹壁皮下静脉) 24. 第12肋间神经外侧皮支 25. 肋腹神经外侧皮支 26.(第1、2)腰神经腹侧皮支 27. 胸廓外静脉 28. 第13胸神经背侧支的外侧皮支 29. 第1腰神经背侧支

胛横突肌深面的夹肌和颈腹侧锯肌。副神经在第2颈神经腹侧支前方分为背侧支和腹侧支，腹侧支伸向腹侧支配锁乳突肌、胸乳突肌和胸下颌肌。背侧支沿颈腹侧锯肌表面后行支配斜方肌。颈浅淋巴结位于肩关节前方、肩胛横突肌深面。在此淋巴结深面的动脉为颈浅动脉。

4. 取下前肢

为了卸下前肢，将前肢远端向中线推，自肩胛软骨内侧面分离菱形肌，在臂三头肌长头后方切断背阔肌，自肩胛骨内侧面的锯肌面上分离腹侧锯肌，在肩胛骨和胸部之间作钝性分离，确认臂神经丛主干和腋动、静脉，靠近胸部切断这些神经和血管，切断胸降肌、胸横肌、锁骨下肌和胸升肌(图21-3)，取下前肢。将前肢用塑料纸包好，留待以后解剖。

5. 观察颈腹侧部的结构(图21-4、图21-5)

清理腋动脉、静脉的断端。在胸腔入口处及其附近的淋巴结为颈深后淋巴结。观察斜角肌。臂神经丛主干自斜角肌穿出。

膈神经由C5～C7的分支组成。来自C6～C7的神经支在中斜角肌表面向下向后伸至其腹侧缘，在第1肋内侧与来自C5的分支联合。膈神经在前腔静脉和锁骨下动脉之间进入胸腔。

颈静脉沟位于臂头肌与胸头肌之间。清理颈外静脉。颈外静脉在颈前部由上颌静脉和舌面静脉汇合而成，在胸腔入口处与颈内静脉和腋静脉汇合成前腔静脉。在颈前部切断颈外静脉，分别向前、后翻开。

清理胸头肌。胸头肌分浅、深两部，浅部称胸下颌肌，深部称胸乳突肌。胸乳突肌在颈前

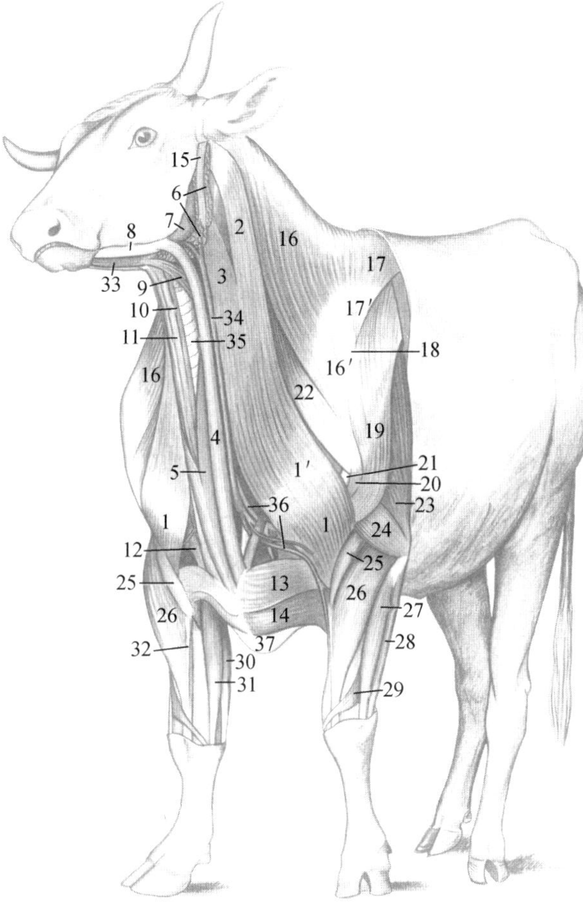

图 21-3 牛颈部及其附近的肌肉(斜视,皮肌已除去)

1～3. 臂头肌(1. 锁臂肌 1′. 锁腱划 2. 锁枕肌 3. 锁乳突肌) 4,5. 胸头肌(4. 胸下颌肌 5. 胸乳突肌) 6. 腮腺和下颌腺 7. 咬肌 8. 下颌骨 9. 肩胛舌骨肌 10. 胸骨甲状肌 11. 胸骨舌骨肌 12. 锁骨下肌 13. 胸降肌 14. 胸横肌 15. 腮耳肌 16. 颈斜方肌 17. 胸斜方肌 16′,17′. 斜方肌腱膜 18. 肩胛冈结节 19. 三角肌肩胛部 20. 三角肌肩峰部 21. 冈下肌腱 22. 肩胛横突肌 23. 臂三头肌长头 24. 臂三头肌外侧头 25. 臂肌 26. 腕桡侧伸肌 27. 指总伸肌 28. 指外侧伸肌 29. 拇长展肌(腕斜伸肌) 30. 腕尺侧屈肌 31. 腕桡侧屈肌 32. 纤维带 33. 下颌舌骨肌 34. 颈外静脉 35. 气管 36. 颈总动脉,头静脉 37. 脂肪体

部构成颈静脉沟的底或深壁,将颈外静脉与颈总动脉鞘隔开。

清理胸骨甲状舌骨肌。观察胸腺。在犊牛,胸腺呈分叶状,颈部分左、右两叶,在颈前部位于气管外侧面,在胸腔入口处位于气管腹侧。胸部胸腺位于心前纵隔内。

切开颈总动脉鞘,右侧的位于颈长肌和气管之间的沟中,左侧的位于颈长肌和食管之间。鞘内最浅层的结构是颈内静脉,在胸腔入口处与颈外静脉相连,在前方消失于肩胛舌骨肌下方。暴露颈总动脉,在后方连接双颈动脉干,在前方分为颈外动脉和颈内动脉(成年牛退化)。迷走交感干位于颈总动脉背内侧,在颈后部迷走神经与交感干分开。喉返神经位于颈总动脉腹内侧,在动脉与气管之间。在左侧,食管插于颈总动脉和返神经之间。在食管与咽连接处,返神经消失于环咽肌的深面,分布于喉肌。

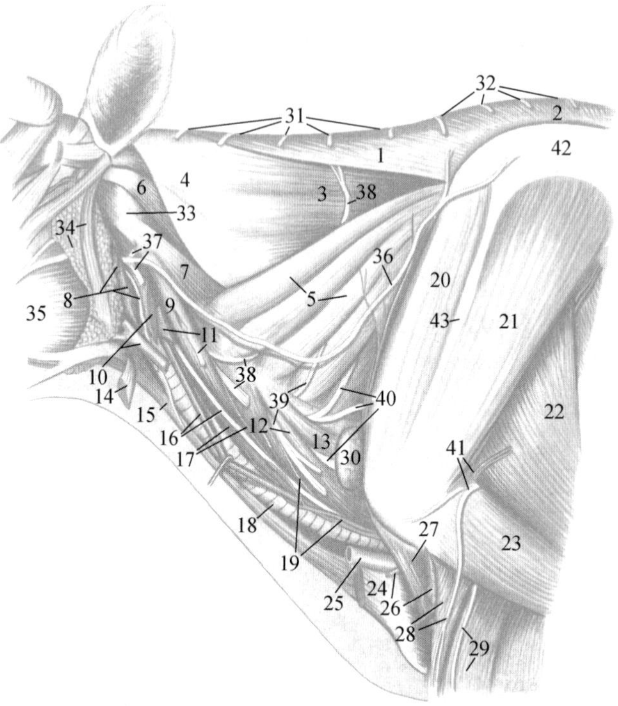

图 21-4　牛颈部解剖(左侧面,第 2 层)

1. 颈菱形肌　2. 胸菱形肌　3. 夹肌　4. 夹肌腱膜　5. 颈腹侧锯肌　6. 头最长肌　7. 寰最长肌　8. 锁乳突肌、副神经腹侧支、咽后外侧淋巴结　9. 寰长肌　10. 胸乳突肌、颈外静脉　11. 肩胛舌骨肌、第 3 颈神经　12. 中斜角肌　13. 背侧斜角肌　14. 胸下颌肌　15. 胸骨舌骨肌　16. 颈总动脉、迷走交感干　17. 食管、膈神经根　18. 气管　19. 膈神经根、颈内静脉　20. 冈上肌　21. 冈下肌　22. 臂三头肌长头　23. 臂三头肌外侧头　24. 胸头肌起点(胸下颌肌和胸乳突肌)　25. 颈外静脉　26. 头静脉、臂头肌起点(锁臂肌)　27. 臂二头肌　28. 臂肌、前臂前皮神经　29. 腕桡侧伸肌、前臂外侧皮神经　30. 颈浅淋巴结(肩前淋巴结)　31. 颈神经背侧皮支　32. 胸神经背侧皮支　33. 寰椎翼　34. 腮腺、腮耳肌　35. 咬肌　36. 副神经背侧支　37. 第 2 颈神经　38. 第 4 颈神经　39. 第 5 颈神经　40. 第 6 颈神经　41. 腋神经、旋肱后动脉和静脉　42. 肩胛软骨　43. 肩胛冈

清除胸头肌和胸骨甲状舌骨肌,观察甲状腺。甲状腺腺叶呈三角形,位于气管和环状软骨外侧面,腺峡伸过第 1 或第 2 气管环腹侧和胸骨甲状肌深面,连接左右两腺叶。外甲状旁腺为灰或红褐色,位于甲状腺前方,沿颈总动脉分布;亦可能位于下颌腺的后缘。内甲状旁腺位于甲状腺背侧缘附近的气管面。

下颌腺位于颈总动脉外侧,新月形,色浅,分叶状。

颈深前淋巴结位于颈总动脉外侧、甲状腺的前背侧。

观察食管:牛食管在颈部偏至气管左侧。在食管外侧壁上作一切口,注意观察食管宽大的管腔和黏膜纵褶,此纵褶可使食管大幅度扩张。

观察气管:切断气管,观察气管软骨。

6. 观察脊柱背侧肌(图 21-4、图 21-5)

在除去腹侧锯肌之前,观察胸背神经和胸长神经。除去腹侧锯肌。除去胸侧壁上部的前背侧锯肌和后背侧锯肌。

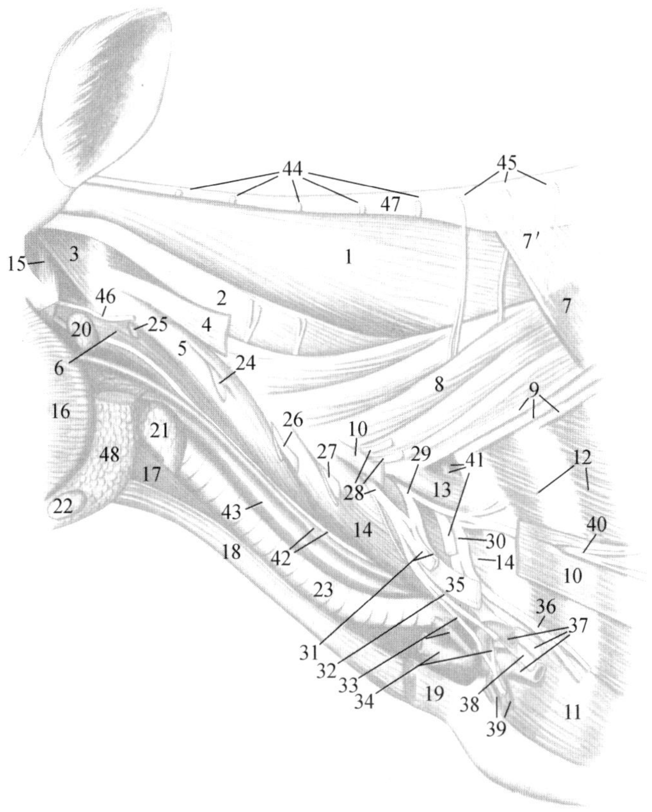

图 21-5　牛颈部解剖(左侧面,第 3 层)

1. 头半棘肌　2. 头最长肌　3. 头前斜肌　4. 寰最长肌　5. 寰长肌　6. 头长肌　7. 前背侧锯肌　7′. 背侧锯肌腱膜　8. 颈最长肌　9. 髂肋肌　10. 背侧斜角肌　11. 胸廓直肌　12. 肋间外肌　13. 中斜角肌　14. 腹侧斜角肌　15. 枕舌骨肌　16. 咬肌　17. 胸骨甲状肌　18. 胸骨舌骨肌　19. 胸头肌起点　20. 咽后外侧淋巴结　21. 甲状腺　22. 下颌淋巴结　23. 气管　24. 第 3 颈神经　25. 第 2 颈神经　26. 第 4 颈神经　27. 第 5 颈神经　28. 第 6 颈神经　29. 第 7 颈神经　30. 第 8 颈神经　31. 肩胛上神经和肩胛下神经　32. 肌皮神经　33. 颈内静脉、第 1 胸肌前神经　34. 颈外静脉、第 2 胸肌前神经　35. 腋神经　36. 胸肌后神经　37. 腋动脉和静脉、尺神经　38. 正中神经　39. 胸廓外动脉和静脉　40. 胸长神经　41. 肩胛背侧动脉和静脉、桡神经　42. 颈总动脉、迷走交感干　43. 食管　44. 颈神经背侧皮支　45. 胸神经背侧皮支　46. 副神经背侧支　47. 项韧带索状部　48. 下颌腺

观察夹肌。除去夹肌。清理、观察胸腰最长肌和背髂肋肌表面的背腰筋膜。然后除去背腰筋膜,暴露、观察胸腰最长肌、髂肋肌、髂肋肌沟、胸颈棘肌半棘肌、颈最长肌、头寰最长肌和头半棘肌。分离头半棘肌与项韧带,观察项韧带,可见其分为索状部和板状部,索状部向后延续为棘上韧带。

经枢椎和第 3 颈椎之间锯开关节。将头用塑料纸包好,留待以后解剖。

三、胸部解剖

(一)观察胸壁肌

清理与胸部相连的胸肌断端,观察胸降肌、胸横肌、锁骨下肌和胸升肌。胸降肌与臂头肌之间形成胸外侧沟，内有头静脉通过。

观察分布于胸肌和躯干皮肌的血管（胸廓外动脉和静脉）和神经（胸前神经、胸后神经和胸外侧神经）。胸廓外动脉、静脉经胸外侧沟走行，并有神经相伴。除去胸肌。

观察肋间肌。肋间外肌位于肋间隙浅层，但不伸达肋软骨间隙。除去任一肋间隙的肋间外肌，观察肋间内肌。肋间内肌位于肋间外肌深面，向下伸入肋软骨间隙。除去髂肋肌和胸腰最长肌。

（二）胸腔内脏解剖

1. 观察胸膜折转线和肺底缘

胸膜折转线是肋胸膜移行为膈胸膜处。在第11肋间隙的背侧端除去肋间肌、胸内筋膜和肋胸膜。用手指在胸膜腔内探索肋膈隐窝的后界。在肋的外侧面标明胸膜折转线，向下除去剩余的肋间组织至此折转线。如上法清理第5～10肋间隙，但不要将膈切开。刮去肋骨上一小区域的骨外膜，标明每一肋的序数。胸膜折转线略呈弧形，从第7或第8肋骨肋软骨结合起，经过第11肋中点稍下方，在背最长肌的外侧缘至最后肋。因为胸膜折转线是胸膜腔的界线，在诊断和外科上很重要。

观察肺底缘，不要与胸膜折转线混淆。肺底缘从第6肋骨肋软骨结合伸至第7肋间隙与过肩关节水平线的交叉点，而后向上至第11肋间隙、背最长肌的外侧缘。注意臂三头肌后部的肺区较小。在第8和第11肋上标出肺的底缘，作为以后学习腹腔内脏时的参考。在肋上标出臂三头肌的后缘。鹰嘴在正常站立时，常与第5肋的肋骨肋软骨结合部相对。

2. 观察肺的心切迹

如上述方法打开第1～4肋间隙。在肺的心切迹处心包胸膜与肋胸膜接触。左侧的心切迹在第3肋间隙下1/3和第4肋间隙下端一小区域内可看到。在第1和第2肋间隙，纵隔胸膜因受右肺尖叶压迫而与左侧的肋胸膜相贴，右肺前叶位于心前间隙内。在幼龄动物，心前纵隔的大部分被胸腺占据，它也推压纵隔胸膜贴近左侧肋胸膜。右侧的心切迹较小，与第4肋下端及相邻的肋间隙相对。

心位于胸腔腹侧半、第2～5肋间隙之间。心大部分位于正中平面的左侧（4/7～5/7）。提起肺的腹侧缘，经肋间隙触摸证实心的位置。学习者应能够在活牛体或骨骼标本上划出胸膜折转线、肺底缘和心的位置。仔细留意心与肋表面标出的臂三头肌后缘的关系。

除第1、第8、第11和第13肋外，除去其余各肋，分别在胸最长肌外缘和肋骨肋软骨结合处将肋切断。在胸膜折转线切断第9、第10和第12肋。

3. 观察肺

观察肺的位置形态。肺具有3个面（肋面、内侧面和膈面）和3个缘（背侧缘、腹侧缘和底缘）。左肺分2叶：前叶（尖叶）和后叶（膈叶）。前叶又被心切迹分为前、后两部分。右肺分4叶：前叶、中叶（心叶）、后叶和副叶。右肺前叶也被心迹分为前、后两部分。肺的分叶系统是按照主支气管的分支来划分的。右肺比左肺大很多。向后拉出前叶。心前纵隔极度偏向左侧。提起右肺后叶的腹侧部和中叶，暴露后腔静脉。右肺副叶位于后腔静脉和腔静脉褶的内侧。观察肺的结构。

4. 观察胸腔内的血管、神经（图21-6）

在左肺内侧面肺门处仔细分离左主支气管、肺动脉、肺静脉，靠近肺门将它们切断，取出左肺。

(1)观察胸交感干　透过胸膜可见胸交感干在肋椎关节线上。仔细分离胸交感干,它前连颈胸神经节,后接腰交感干。颈胸神经节由颈后神经节与前 2 个胸神经节合并而成,位于第 1 肋椎关节腹侧、颈长肌表面,前连颈中神经节。由此神经节发出交通支至臂神经丛,发出椎神经进入横突管,还分出数条颈胸心神经至心丛,分布于心及心基部的大血管。胸交感干上有胸神经节,借灰、白交通支与胸神经相连,白交通支粗,位于后方,灰交通支细,常有 2 支,位于肋间背侧动脉前方。由第 3～6 胸神经节发出胸心神经,走向心,参与构成心丛。由第 6～13 胸神经节发出内脏大神经,逐渐合并形成大的神经干,与胸交感干并列向后延伸,在最后胸椎后方离开胸交感干,经腰小肌与膈脚之间进入腹腔,连接腹腔肠系膜前神经节,分布于腹腔脏器。

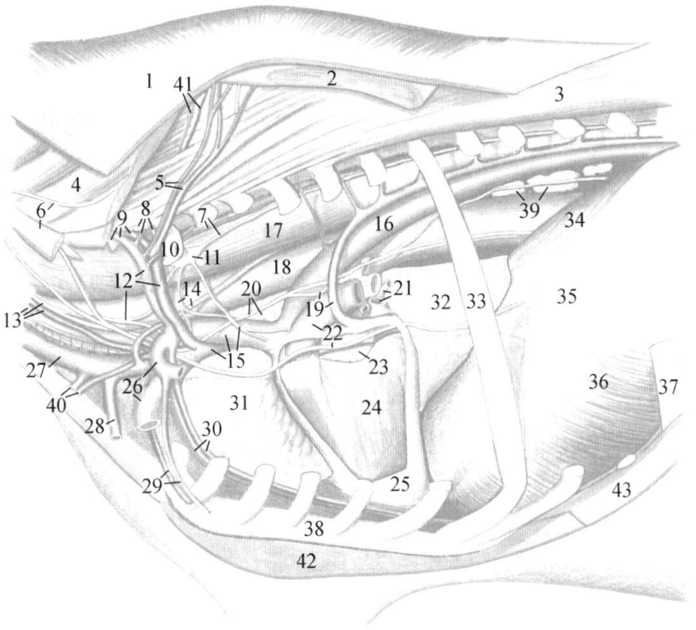

图 21-6　牛胸腔内脏(左侧面)

1. 斜方肌　2. 菱形肌　3. 胸最长肌　4. 颈腹侧锯肌　5. 肩胛背侧动脉、静脉　6. 背侧斜角肌和副神经　7. 肋间最上动脉、静脉,交感干　8. 第 8 颈神经,颈深动脉、静脉　9. 第 7 颈神经,椎动脉、静脉　10. 第 1 肋骨　11. 颈胸神经节　12. 肋颈干、肋颈静脉、颈中神经节　13. 迷走交感干,颈总动脉、颈内静脉　14. 锁骨下袢、胸导管　15. 前腔静脉、臂头干、胸心神经　16. 胸主动脉　17. 颈长肌　18. 食管　19. 左侧喉返神经、左奇静脉　20. 迷走神经、气管　21. 肺静脉　22. 肺干、膈神经　23. 左心耳　24. 左心室　25. 心包　26. 左锁骨下动脉、静脉　27. 颈外静脉　28. 头静脉　29. 胸廓外动脉、静脉　30. 胸廓内动脉、静脉　31. 右肺前叶前部　32. 右肺副叶　33. 第 7 肋骨　34. 膈左脚　35. 膈中心腱　36. 膈肋部　37. 第 10 肋骨　38. 胸骨　39. 纵隔后淋巴结　40. 颈浅动脉、静脉　41. 颈深动脉、静脉的分支　42. 胸升肌　43. 腹外斜肌

(2)观察迷走神经　迷走神经在颈后部与颈交感干分开,经食管左侧或气管右侧入胸腔,在心基上方沿纵隔后行。左喉返神经在迷走神经经过主动脉时自其内侧面分出,绕过主动脉的后面。左迷走神经在左奇静脉和主动脉之间向后行,经过左侧支气管上方至食管。右喉返神经约在第 2 肋处右迷走神经经过右锁骨下动脉下方后行时自其分出,绕过右锁骨下动脉的后面转向背侧。右迷走神经经过右肺气管支气管的背侧抵达食管。

向后追踪食管表面的迷走神经干至膈。左、右两侧的迷走神经各分为背侧支和腹侧支。

背侧支有分支支配胸部食管,并在第 8 胸椎水平合并形成迷走神经背侧干。腹侧支分出肺支,恰在气管分叉后方,合并形成迷走神经腹侧干,腹侧干比背侧干小。背、腹侧干之间常有一交通支,在膈附近越过食管左侧面相连。在背、腹侧干上各系一标签,将它们切断,并从食管表面向后翻开,将它们保留于膈上。

(3)观察膈神经　经心基部沿纵隔后行,分布于膈。

(4)观察左奇静脉　位于胸腔左侧,起始于第一腰静脉,沿胸主动脉左背侧前行,约在第 4 肋间隙越过主动脉弓左侧,向前向下向后经肺动脉与左膈神经之间,转而向右注入冠状窦。

(5)观察胸导管　始于乳糜池,穿过右膈脚外侧入胸腔,沿胸主动脉的右上方向前延伸,然后越过食管和气管的左侧面向下走行,于胸腔入口处注入前腔静脉或左颈外静脉。

(6)观察主动脉弓和胸主动脉　除前 3 对外,其余肋间背侧动脉和肋腹背侧动脉自胸主动脉分出,行向背侧,然后沿肋沟走行。在第 5～6 胸椎腹侧,自胸主动脉腹侧分出支气管动脉和食管动脉,分布于肺和食管等。从主动脉弓的凸缘向前发出臂头干,沿气管腹侧与前腔静脉之间前行,约在第 1 肋间隙处发出左锁骨下动脉,其主干在胸前口处分为双颈干和右锁骨下动脉。锁骨下动脉发出肋颈干(肋间最上动脉、肩胛背侧动脉、颈深动脉、椎动脉)、胸廓内动脉、颈浅动脉。在主动脉背侧的脂肪中,可见到胸背侧淋巴中心的胸主动脉淋巴结。

(7)观察前腔静脉　在胸前口处由左、右颈外静脉、颈内静脉、锁骨下静脉汇合而成,约在与第 4 肋骨相对处穿入心包连接右心房。沿途有肋颈静脉、胸廓内静脉等汇入。

(8)观察胸部食管　在食管和胸主动脉之间的脂肪中有纵隔后淋巴结。

5. 取出胸腔内脏

靠近膈结扎食管并切断,保留迷走神经及其联系。切断后腔静脉,如果内容物为液体,则在双重结扎线中间切断。在胸腔入口处,从肋、颈长肌和胸骨上分离大血管、食管和气管。自胸椎上分离主动脉,并在膈处切断。切断 2 条胸骨心包韧带,从胸骨上分离心包,将心和肺一起除去。

6. 观察心

将心放置桌上。由心尖到心基切开心包,并翻开。观察心的形态、冠状沟、窦下室间沟(右纵沟)和锥旁室间沟(左纵沟)。冠状沟为靠近心基的 C 形横沟,缺口处为肺动脉干起始部。冠状沟为心房和心室外表的分界,心房位于背侧,心室位于腹侧。窦下室间沟位于心的右后方,从冠状沟起沿心的右侧面伸达心尖。锥旁室间沟位于心的左前方,从冠状沟起沿心的左侧面向下延伸,但不到心尖。窦下室间沟和锥旁室间沟为左、右心室外表的分界,右心室位于两室间沟的前方,左心室位于两室间沟的后方。

心腔以房间隔和室间隔分为 4 部分:右心房、右心室、左心房和左心室,同侧的心房和心室经房室口相通。

打开心腔:

①自动脉韧带至肺动脉干起始部切开肺动脉干左侧壁,观察肺动脉干瓣;

②分离左、右心耳与冠状沟,自后腔静脉口附近沿冠状沟底向后向左再向前切开至锥旁室间沟上端附近,再由此切线中点至左心耳尖端切开左心房,观察左房室口;

③自肺动脉干起始部附近沿冠状沟底向前向右再向后切开至窦下室间沟上端附近,再由此切线中点至右心耳尖端切开右心房,观察右房室口;

④沿冠状沟下方切开右心室上部室壁至两室间沟附近,再经此切线两端分别沿锥旁室间

沟和窦下室间沟的前方向下切开右心室，边切边翻，注意不要损伤心腔内的结构；

⑤沿冠状沟下方切开左心室上部室壁至两室间沟，再经此切线两端分别沿锥旁室间沟和窦下室间沟的后方向下切开左心室。

观察心腔的结构：房室瓣、腔静脉窦、冠状窦、卵圆窝、梳状肌、肺动脉干瓣、主动脉瓣、乳头肌、隔缘肉柱，注意左、右心室及肺动脉干瓣和主动脉瓣的关系位置。右心室绕至左心室前方，肺动脉干瓣位于主动脉瓣的左侧。

观察心传导系统。房室结位于右心房的内侧壁，在冠状窦口的前腹侧。房室束右支在室间隔的心内膜下伸至隔缘肉柱（心横肌），经心横肌越过室腔到达壁乳头肌。房室束左支穿过室间隔，在主动脉右后半月瓣的下方出现于室间隔的左侧。房室束左支在沿室间隔表面向心尖下行过程中，发出分支直接至室间隔。其余分支在心横肌内越过心腔抵达乳头肌，由此分布至室壁。窦房结用肉眼不能看到，位于前腔静脉和右心耳之间的界沟内，在心外膜下，呈马蹄形。

四、腹部解剖

(1)观察肋腹神经(T13)、髂腹下神经(L1)和髂腹股沟神经(L2)外侧皮支，后者自髋结节下方、腹外斜肌肉质部后缘穿出，前 2 个自最后肋骨肋软骨结合处至 L2 外侧皮支的连线上穿出（图 21-2、图 21-7）。

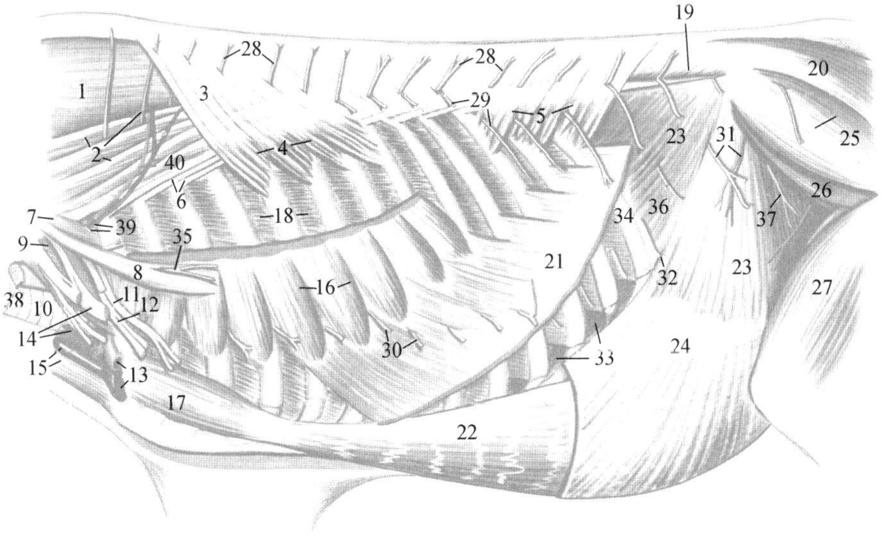

图 21-7　牛躯干左侧观（左前肢已除去）

1. 头半棘肌　2. 颈最长肌和第 2 胸神经　3. 胸腰筋膜（棘横突部）　4. 前背侧锯肌　5. 后背侧锯肌　6. 胸髂肋肌　7. 中斜角肌　8. 背侧斜角肌　9. 腹侧斜角肌　10. 气管　11,12,14,35. 臂丛　11. 胸肌后神经　12. 尺神经和正中神经　13. 腋动、静脉　14. 腋神经和颈内静脉　15. 颈外静脉和胸头肌　16. 胸腹侧锯肌　17. 胸直肌　18. 肋间外肌　19. 腰最长肌　20. 臀股二头肌　21. 腹外斜肌　22. 腹直肌　23. 腹内斜肌　24. 腹内斜肌腱膜　25. 臀中肌　26. 臀副肌　27. 股四头肌　28,29. 胸神经背侧支　28. 内侧皮支　29. 外侧皮支　30. 肋间神经外侧皮支　31. 髂腹股沟神经外侧皮支，旋髂深动、静脉分支　32. 肋腹神经外侧皮支　33. 肋间内肌　34. 第 13 肋骨　35. 胸背神经　36. 髂腹下神经外侧皮支　37. 股外侧皮神经　38. 食管　39. 肋颈干和肋颈静脉　40. 肩胛背侧动、静脉

(2)观察髂下淋巴结和股外侧皮神经,它们位于阔筋膜张肌前缘,有旋髂深动脉后支相伴。

(3)观察腹外斜肌。在腰椎横突末端下方、最后肋骨后缘及阔筋膜张肌前缘切断腹外斜肌或其腱膜(向下不超过腹直肌背侧缘),并向腹侧翻转。观察腹股沟管。

(4)观察腹内斜肌及其肋腹神经、髂腹下神经和髂腹股沟神经外侧支。在腰椎横突末端下方、最后肋骨后缘及阔筋膜张肌前缘切断腹内斜肌或其腱膜(向下不超过腹直肌背侧缘),并向腹侧翻转。观察肋腹神经、髂腹下神经和髂腹股沟神经在腹内斜肌与腹横肌之间分为内侧支与外侧支。

(5)观察腹横肌。在腰椎横突末端下方、最后肋骨后缘及阔筋膜张肌前缘切断腹横肌和腹横筋膜(向下不超过腹直肌背侧缘),并向腹侧翻转。不要切开腹膜。

(6)分离腰大肌和腰小肌,观察髂腹下神经、髂腹股沟神经、生殖股神经和股外侧皮神经自它们之间走出。

(7)除去胸膜折转线腹侧各肋间隙的组织和膈。切开腹膜,打开腹膜腔。观察腹腔内脏。

(8)除去右侧肋软骨腹侧的腹横肌和腹膜。观察腹腔右侧的大网膜、十二指肠降部、十二指肠系膜、皱胃幽门部(第 9、10 肋间隙腹侧)、十二指肠前部和小网膜,大、小网膜附着于皱胃大、小弯和十二指肠(图 21-8,图 21-9)。触摸瓣胃(第 7～9 肋间隙腹侧端)。

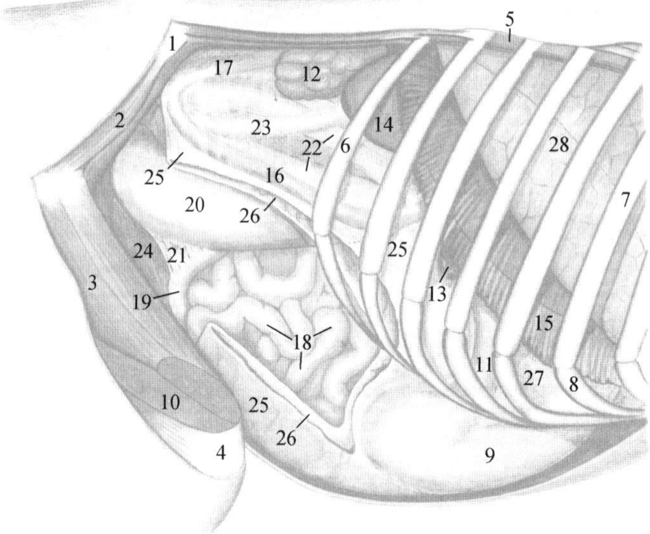

图 21-8　牛腹腔器官(右侧面,浅层,示网膜)

1. 髋结节　2. 臀中肌　3. 股中间肌　4. 膝盖骨　5. 肋间肌　6. 第 13 肋骨　7. 第 8 肋骨　8. 第 8 肋软骨　9. 皱胃　10. 股外侧肌　11. 十二指肠前部　12. 右肾　13. 胆囊　14. 肝　15. 膈的肋部　16. 十二指肠降部　17. 十二指肠升部　18. 空肠　19. 回肠　20. 盲肠　21. 回盲襞　22. 升结肠近袢　23. 升结肠远袢　24. 升结肠旋袢　25. 大网膜浅层　26. 大网膜深层　27. 小网膜　28. 右肺(后叶)

切开网膜囊浅层,向前、向后探察网膜囊,网膜孔开口于网膜囊前庭;肠位于网膜上隐窝,不能看到;触摸十二指肠后曲,向前牵拉可暴露部分肠。

(9)在腹腔左侧观察脾、瘤胃、网胃和皱胃底(图 21-10、图 21-11);在瘤胃背囊上切一小口,尽量除去内容物,以便把后背盲囊拉向前方,暴露肠管、左肾、子宫角和卵巢(母畜)。

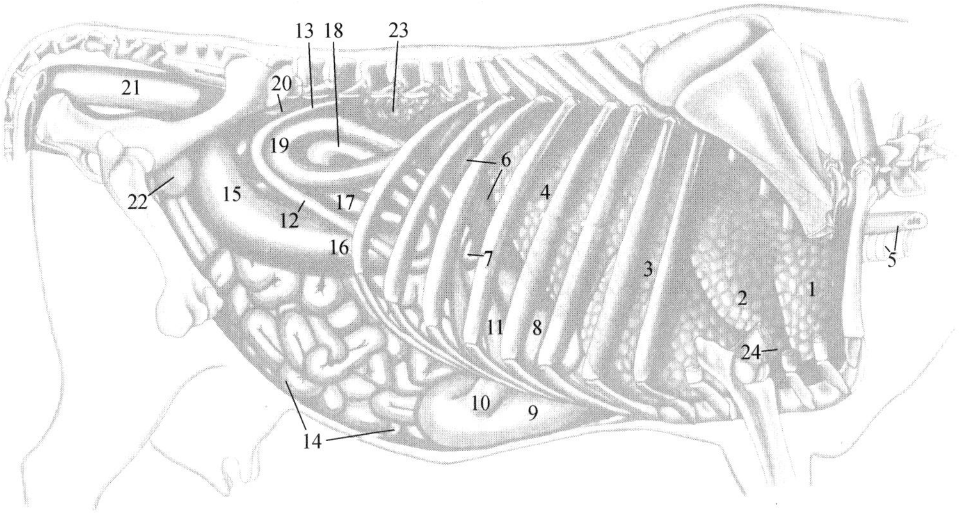

图 21-9　牛胸腹腔器官(右侧面)

1. 右肺前叶前部　2. 右肺前叶后部　3. 右肺中叶　4. 右肺后叶　5. 气管和食管　6. 肝　7. 胆囊　8. 瓣胃　9. 皱胃　10. 皱胃幽门部　11. 十二指肠前部　12. 十二指肠降部　13. 十二指肠升部　14. 空肠　15. 盲肠　16～19. 升结肠　16～18. 升结肠近袢　16. 近袢腹侧回　17. 近袢中回　18. 近袢背侧回　19. 升结肠远袢　20. 降结肠　21. 直肠　22. 膀胱　23. 右肾　24. 心

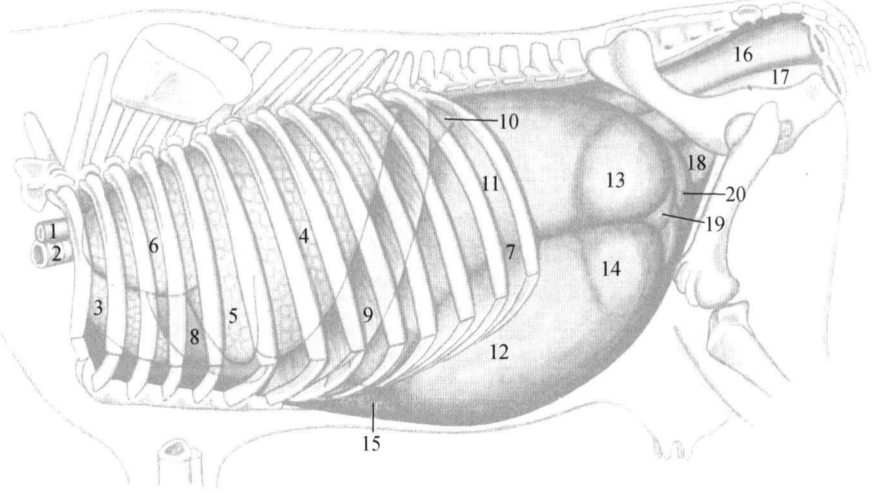

图 21-10　牛胸腹腔器官(左侧面,浅层)

1. 食管　2. 气管　3. 右肺前叶前部　4. 左肺后叶　5. 左肺前叶后部　6. 左肺前叶前部　7. 瘤胃左纵沟　8. 心　9. 膈的肋部　10. 脾　11. 瘤胃背囊　12. 瘤胃腹囊　13. 后背盲囊　14. 后腹盲囊　15. 皱胃　16. 直肠　17. 阴道　18. 膀胱　19. 空肠　20. 盲肠

(10)自十二指肠降部切开大网膜,并向前腹侧翻开,暴露右侧的子宫、小肠、盲肠和结肠近袢等;观察盲肠、回肠和回盲韧带;观察结肠近袢、远袢和横结肠。

(11)在左侧观察十二指肠升部、结肠旋袢、降结肠等(图 21-11)。

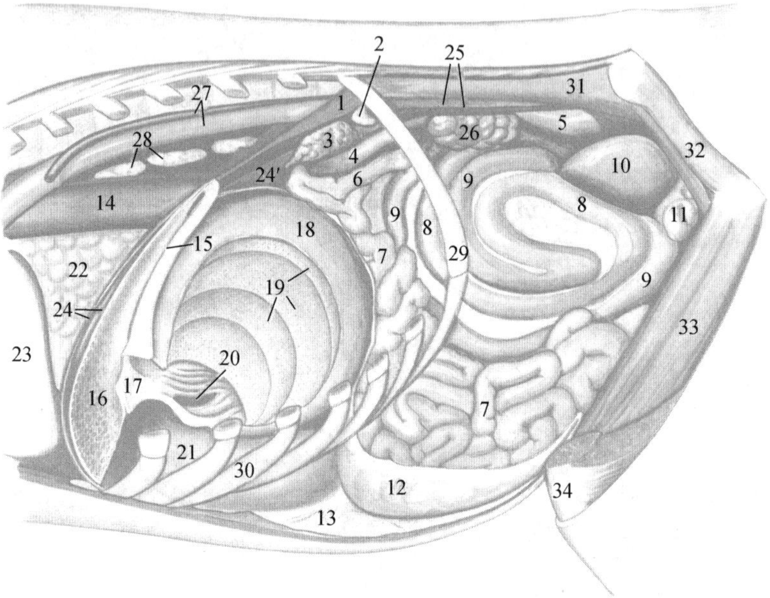

图 21-11 牛腹腔器官(左侧面,深层,瘤胃和部分网胃已除去)

1. 膈脚 2. 左肾上腺 3. 胰 4. 横结肠 5. 降结肠 6. 十二指肠空肠曲 7. 空肠 8,9. 升结肠旋袢 8. 向心回 9. 离心回 10. 盲肠 11. 子宫 12. 大网膜深层 13. 大网膜浅层 14. 食管 15. 网胃沟 16. 网胃 17. 瘤网胃褶 18. 瓣胃 19. 瓣胃叶 20. 瓣皱胃口 21. 皱胃 22. 右肺副叶 23. 心包 24. 肝、膈中心腱 24′. 肝乳头突 25. 腹主动脉、后腔静脉 26. 左肾 27. 胸主动脉、左奇静脉 28. 纵隔后淋巴结 29. 第 13 肋骨 30. 第 9 肋软骨 31. 腰大肌 32. 臀中肌 33. 股中间肌 34. 膝盖骨

(12)除去肠管:将胰和十二指肠降部的腹侧面从升结肠远袢上分离。在胰后方双重结扎十二指肠,在两道结扎线之间切断十二指肠。切断悬吊十二指肠后部的十二指肠系膜。自椎体分离肠系膜,尽量把空肠和结肠拉出腹腔。在盆腔入口结扎并切断直肠。切断结肠系膜,保留左肾和输尿管。分离结肠和网膜及胰、十二指肠之间的任何联系,在网膜孔内侧切断门静脉和肠系膜前动脉,将肠整体取出。

(13)将肠放置桌上,观察肠、肠的血管、淋巴结和神经等。靠近回肠口切断回肠、盲肠和结肠近袢,取下一段 T 形肠管,打开观察回肠口。

(14)观察右肾、输尿管、肾上腺及血管、淋巴结和神经等;观察左肾、输尿管、肾上腺及血管、淋巴结和神经等;切开肾和肾上腺,观察内部结构。

(15)观察母畜卵巢、输卵管、子宫角、卵巢囊、卵巢固有韧带、子宫阔韧带、子宫血管等。

(16)取出瘤胃和网胃内的食物,观察瘤胃内部结构(瘤网褶,网胃沟,前、后肉柱,左、右纵柱,冠状肉柱等),比较牛、羊后背盲囊的差异。

(17)取出胃、十二指肠前部、肝、胰,除去第 8 肋后方诸肋。在膈前方为交感干和内脏大神经贴上标签。内脏大神经在第 6 胸神经节处与交感干分开,比交感干粗,并与交感干伴行。自椎体上分离这些交感神经和主动脉。在右肾内侧切断主动脉和后腔静脉。自背侧壁分离切断十二指肠系膜。托起胃和肝以免被撕裂。切断膈背侧和腹侧的附着，从肝在背侧壁上的附着处分离肝的后部，分离脾、胰和瘤胃的背侧附着，取出胃及其附着的器官。

如果动物已怀孕，盆腔入口处的结构被子宫遮挡，应按下述方法做局部清除：从子宫角末端切除卵巢，以便使卵巢仍附着于子宫阔韧带上。将子宫阔韧带从子宫角上切除，向后直至耻骨，并在此处切断子宫。卵巢、含有卵巢动脉和子宫动脉的子宫阔韧带以及子宫体应保留在尸体上。

(18)在L2或L3之间锯断，包好盆腔入口，以备以后解剖。

(19)将胃和肝放置桌上，自食管裂孔处观察迷走神经背侧干和腹侧干；观察肝分叶、胆囊、胆总管、肝淋巴结、血管、神经等；观察胰、胰管；剥离胰左端，并翻向肝，切断胃脾静脉，暴露肝动脉，观察肝动脉及其分支。

(20)分离胃、肝和膈：自胃和脾的前面分离肝、后腔静脉和膈。分离胃表面的迷走神经。自膈脚分离主动脉和连接的内脏神经及交感干。自腹腔动脉切断肝动脉，在幽门和肝之间切断十二指肠及其动脉。取出肝、胰、十二指肠和膈，保留主动脉、肠系膜前动脉和腹腔动脉及腹腔神经丛于胃上。

(21)观察胃的动脉、静脉，观察网胃、瓣胃和皱胃内部结构。

(22)观察脾。

五、骨盆和后肢解剖

(1)清理腹主动脉，观察卵巢动脉(睾丸动脉)、肠系膜后动脉和淋巴结，腹主动脉在后方分为髂外动脉、髂内动脉和荐中动脉。

(2)分离两侧的股薄肌直至骨盆联合，用锯子仔细锯开骨盆联合。在左侧坐骨结节内侧向背侧和腹侧分离、切开盆膈(肛提肌和尾骨肌及其两侧的筋膜)，注意不要损伤其内侧的阴部内动脉和静脉、阴部神经及其分支；分离、切断阴茎退缩肌和坐骨海绵体肌(或母畜的阴门缩肌和前庭缩肌)等，使其与生殖器官相连，保留在右侧半；分离盆腔内脏器官与左侧半骨盆壁的任何联系，并推向右侧；沿荐正中嵴左侧仔细锯开荐骨，注意不要损伤直肠；取下左侧半骨盆和后肢。

(3)追踪生殖股神经入腹股沟管；观察旋髂深动脉及其分支。观察髂内侧淋巴结和髂外侧淋巴结。

(4)观察髂外动脉、股深动脉、阴部腹壁干、腹壁后动脉、阴部外动脉和旋股内侧动脉。观察腹股沟韧带和腹股沟管深环，注意出入腹股沟管的血管、神经和公畜的输精管等。

(5)观察髂内动脉分为脐动脉、臀前动脉、阴道动脉(前列腺动脉)，其终支为臀后动脉和阴部内动脉；阴部内动脉延续为阴蒂动脉(阴茎动脉)。

(6)观察脐动脉、子宫动脉(输精管动脉)、膀胱圆韧带和膀胱。

(7)在盆腔内侧面观察闭孔神经、阴部神经、盆神经、直肠后神经，它们起始于荐丛。在坐骨小孔处可见阴部神经及其分支(由背侧向腹侧依次为阴部神经近皮支、远皮支、会阴深神经和其主干)。牛的会阴浅神经自远皮支分出。

(8)取出母畜的生殖器官：在阴门与乳房之间分离、切断含有会阴腹侧动、静脉和阴部神经乳房支的浅筋膜，沿坐骨弓至坐骨结节切开深筋膜，从坐骨上解剖分离尿生殖膈。切断荐神经丛根，在阴道动脉起始部近侧切断髂内动脉。从坐骨棘切断尾骨肌和肛提肌的起点，切断直肠尾骨肌。切断子宫阔韧带、膀胱韧带和直肠系膜在周围的附着之后，将直肠与生殖器官一起取出。

(9)将取出的生殖器官和直肠放置桌上，观察子宫(子宫角、子宫体、子宫帆、子宫阜、子宫颈、子宫颈阴道部)、阴道穹窿、阴道、阴瓣、尿道外口、尿道下憩室、阴道前庭、前庭大腺、阴蒂窝、阴蒂、阴门。

(10)追踪输精管进入尿生殖褶，其后部形成输精管壶腹，末端与精囊腺管合并开口于精阜。观察精囊腺和前列腺体部，观察尿道肌，观察球腺肌和尿道球腺，观察球海绵体肌、尿道球和坐骨海绵体肌。

(11)分离、观察阴茎(阴茎根、阴茎体、乙状曲、阴茎游离部、阴茎缝、尿道突)、阴茎退缩肌、阴茎背神经和血管。注意观察小牛阴茎有无乙状曲。

(12)解剖乳房：在乳房基部切开外侧皮肤和外侧板，暴露、观察阴部外动脉、静脉和生殖股神经。观察乳房淋巴结。从乳房后缘开始，在两内侧板之间进行解剖，将乳房分为左右两半。从乳头管到腺组织切开一侧乳房或一个乳丘，观察乳腺结构(皮肤、筋膜、实质、乳头管、输乳窦乳头部和腺部)。

(13)沿股部、小腿和后脚部后缘切开皮肤，并在蹄缘上方环行切开，剥离后肢的皮肤。观察臀股二头肌和半腱肌的止点，分离臀股二头肌和半腱肌；在跗关节上方，外侧隐静脉由背侧支和跖侧支汇合而成，进入这两块肌肉之间，越过腘淋巴结后外侧面汇入股深静脉(旋股内侧静脉)(图 21-12)。观察腘淋巴结；观察小腿后皮神经。

(14)观察阔筋膜张肌、股四头肌(股外侧肌)、臀股二头肌、半腱肌、半膜肌，切断阔筋膜张肌后角并向前翻转，主要观察臀前神经的分支；靠近起点切断并向腹侧翻开臀股二头肌，注意其深面的臀后血管、臀后神经；观察坐骨神经、臀前血管、臀前神经和臀淋巴结。观察坐骨小孔、臀后动脉和坐骨淋巴结。

(15)清理观察小腿背外侧面的肌肉(腓骨第三肌、趾长伸肌、胫骨前肌、腓骨长肌、趾外侧伸肌)。

(16)找到坐骨神经的远侧端，将臀股二头肌向前下方翻转，清理此神经。坐骨神经有肌支分布于股后肌，约在股中部，分为腓总神经和胫神经。

腓总神经越过腓肠肌外侧头走向前下方，在胫骨外侧髁下方分为腓浅神经和腓深神经，途中有小腿外侧皮神经分出。

观察腓浅神经和腓深神经，腓浅神经在跖背侧面分为 3 支，即趾背侧第 2、3、4 总神经。观察胫前动脉和静脉，位于腓深神经深面和胫骨前肌外侧缘。

(17)观察腓肠肌和趾浅屈肌，观察胫神经。

(18)观察缝匠肌和股薄肌；观察隐动脉、隐静脉和隐神经，它们分别起始于股动脉、股静脉和股神经。向下翻转股薄肌和缝匠肌，观察耻骨肌和内收肌；观察股动脉和股神经，股动脉分出旋股外侧动脉(入股四头肌)、隐动脉、膝降动脉、股后动脉，主干延续为腘动脉(见第 20 条)。

(19)观察趾深屈肌和跟腱。在跗关节上方、跟腱前方的小腿间隙内，隐动脉分为足底内、外侧动脉，胫神经分为足底内、外侧神经。足底外侧动脉伴足底外侧神经沿趾屈肌腱外侧面的跖外侧沟下行，延续为趾跖侧第 4 总动脉，神经延续为趾跖侧第 4 总神经；足底内侧动脉伴足底内侧神经沿趾屈肌腱内侧面的跖内侧沟下行，延续为趾跖侧第 2 和第 3 总动脉，神经延续为

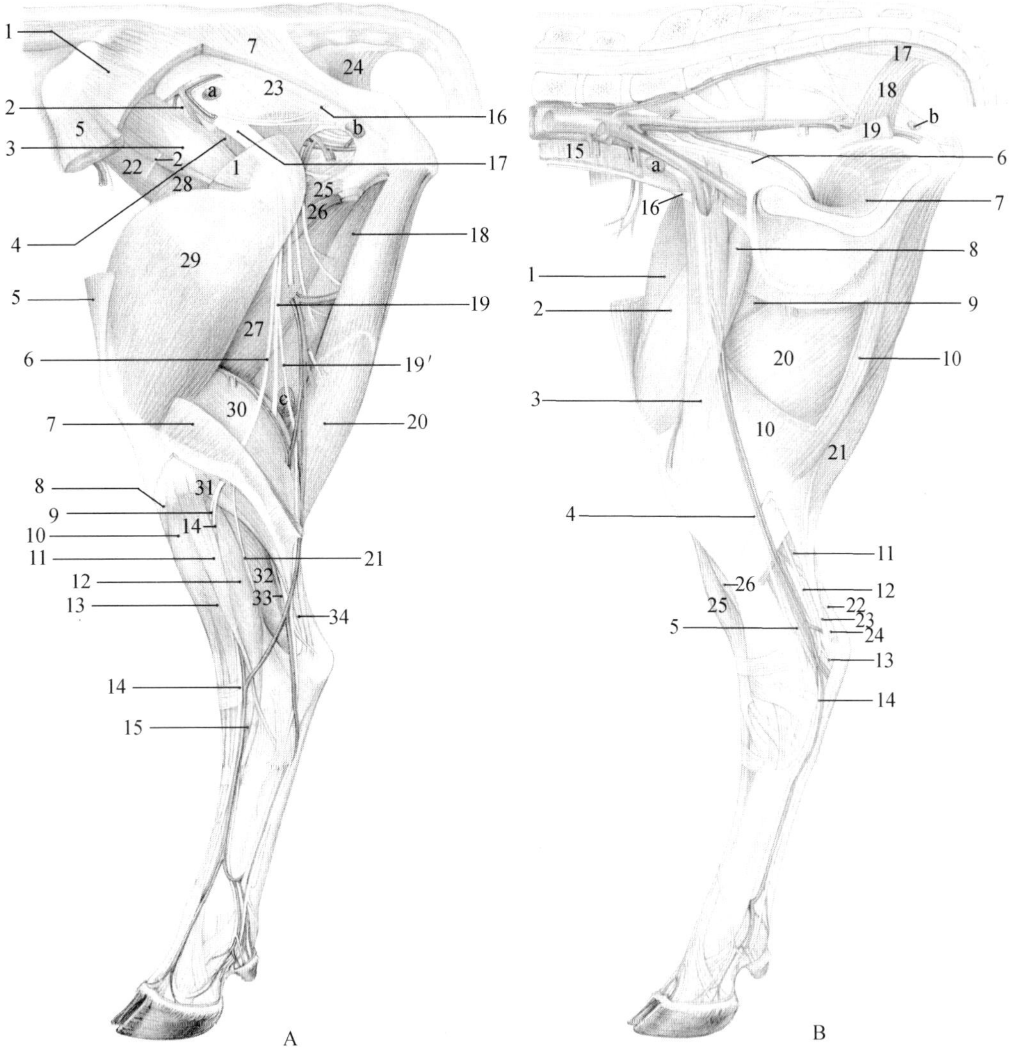

图 21-12　牛后肢神经

A. 后肢外侧面　1. 臀中肌　2. 臀前神经　3. 臀副肌　4. 臀深肌　5. 阔筋膜张肌　6. 腓总神经　7. 臀股二头肌　8. 胫骨前肌　9. 腓深神经　10. 第 3 腓骨肌　11. 腓骨长肌　12. 趾外侧伸肌　13. 趾长伸肌　14. 腓浅神经　15. 趾短伸肌　16. 臀后神经　17. 坐骨神经　18. 半膜肌　19. 胫神经　19′. 小腿后皮神经　20. 半腱肌　21. 小腿外侧皮神经　22. 髂肌　23. 荐结节阔韧带　24. 尾骨肌　25. 孖肌　26. 股方肌　27. 内收肌　28. 股四头肌的股直肌　29. 股外侧肌　30. 腓肠肌　31. 比目鱼肌　32. 趾深屈肌的趾外侧屈肌(踇长屈肌)　33. 胫骨后肌　34. 臀股二头肌跗骨腱　a. 臀淋巴结　b. 坐骨淋巴结　c. 腘淋巴结

B. 后肢内侧面　1. 股四头肌的股直肌　2. 股内侧肌　3. 缝匠肌　4. 隐神经　5. 趾深屈肌腱　6. 闭孔神经和静脉　7. 闭孔外肌(盆内部)　8. 耻骨肌　9. 内收肌　10. 股薄肌　11. 腓肠肌　12. 胫神经　13. 足底外侧神经　14. 足底内侧神经　15. 腹内斜肌　16. 腹外斜肌　17. 荐尾腹内侧肌　18. 尾骨肌　19. 肛提肌　20. 半膜肌　21. 半腱肌　22. 趾浅屈肌腱　23. 半腱肌跗骨腱　24. 腓肠肌腱　25. 第 3 腓骨肌　26. 胫骨前肌　a. 髂外淋巴结(髂股淋巴结)　b. 结节淋巴结

趾跖侧第 2 和第 3 总神经。

(20)靠近腓肠肌起点切断其外侧头,在其深面切断腱质的趾浅屈肌。仔细作钝性分离,除去股胫关节囊后面、腘肌和腘动脉上的脂肪。现在可以证实股动脉穿过腓肠肌内侧头起始腱上一孔后成为腘动脉。绵羊的此动脉则在腓肠肌内侧头和外侧头之间通过。腘动脉分出小的胫后动脉到趾深屈肌,然后穿过胫骨和退化的腓骨(触摸)之间的间隙,延续为胫前动脉。小腿和后脚部背侧面的动脉主干顺次为:胫前动脉→足背动脉→跖背侧第 3 动脉→趾背侧第 3 总动脉。

(21)观察膝关节:观察膝(中间)韧带、膝外侧韧带、股膝外侧韧带(向前翻开臀股二头肌远端)、股胫关节外侧韧带(向前翻开腓骨长肌起始部后缘)、膝内侧韧带、股膝内侧韧带、股胫关节内侧韧带。除去膝韧带下方和腘窝的脂肪,暴露、打开关节囊,观察关节囊和半月板。

(22)观察跗关节:伸肌支持带、内、外侧副韧带、关节囊等。

(23)观察趾关节:趾间韧带、骨间肌(悬韧带)、籽骨下韧带等。

六、前肢解剖

(1)沿前肢后缘至蹄缘切开皮肤,并在蹄缘上方环形切开,剥离前肢的皮肤。

(2)清理肩关节内侧的肌肉、血管和神经,观察腋淋巴结(图 21-13)。

(3)清理附着于前肢的胸肌和臂头肌,观察胸降肌、胸横肌、胸升肌和臂头肌;在臂头肌与胸降肌之间(胸外侧沟)有头静脉和肘正中静脉,后者连接正中静脉与头静脉。观察胸肌神经(胸肌前神经、胸肌后神经、胸外侧神经)、胸廓外动脉和静脉。除去胸肌和臂头肌。

(4)观察肩胛骨内侧面的肌肉:肩胛下肌和大圆肌。

(5)观察肱骨内侧面的肌肉:臂二头肌、喙臂肌、臂三头肌(长头、内侧头)、前臂筋膜张肌。

(6)观察腋动脉、静脉,分出肩胛上动脉和静脉、肩胛下动脉和静脉及旋肱前动脉、静脉后延续为臂动脉和静脉。肩胛上动脉和静脉伴肩胛上神经进入冈上肌和肩胛下肌之间。肩胛下神经有 2 支,分布于肩胛下肌。肩胛下动脉和静脉分为胸背动脉和静脉、旋肱后动脉和静脉及旋肩胛动脉和静脉,追踪这些分支。胸背动脉和静脉伴胸背神经走向背阔肌。

腋神经经肩胛下肌和大圆肌下端之间走向外侧,分布于上述二肌及肩胛骨外侧面的肌肉。桡神经经大圆肌、臂三头肌长头和内侧头之间进入臂肌沟,分布于前臂和前脚部的伸肌。

(7)观察臂动脉、静脉,分出臂深动脉和静脉、尺侧副动脉和静脉、二头肌动脉、肘横动脉和静脉、骨间总动脉和静脉后,延续为正中动脉、静脉。尺神经与尺侧副动脉一起进入腕尺侧屈肌和尺骨外侧肌之间(尺沟),分布于前臂和前脚部的屈肌,尺神经在途中分出前臂后皮神经(见第 11 条)。肌皮神经经腋动脉外侧和腹侧与正中神经相连形成腋袢,近肌支伴旋肱前动脉穿过喙臂肌至臂二头肌,远肌支至臂二头肌和臂肌,从臂肌与臂二头肌之间走出成为前臂内侧皮神经。正中神经伴正中动脉下行进入腕桡侧屈肌和桡骨之间(正中沟),分布于前臂和前脚部的屈肌。

(8)清理、观察肩胛骨外侧面的肌肉,即冈上肌、三角肌、冈下肌(和小圆肌)。自肩峰、肩胛骨后缘和冈下肌表面切断三角肌,并向腹侧翻转,清理其深面的旋肱后动脉和腋神经的分支,腋神经分出前臂前皮神经,自三角肌两部之间走出。

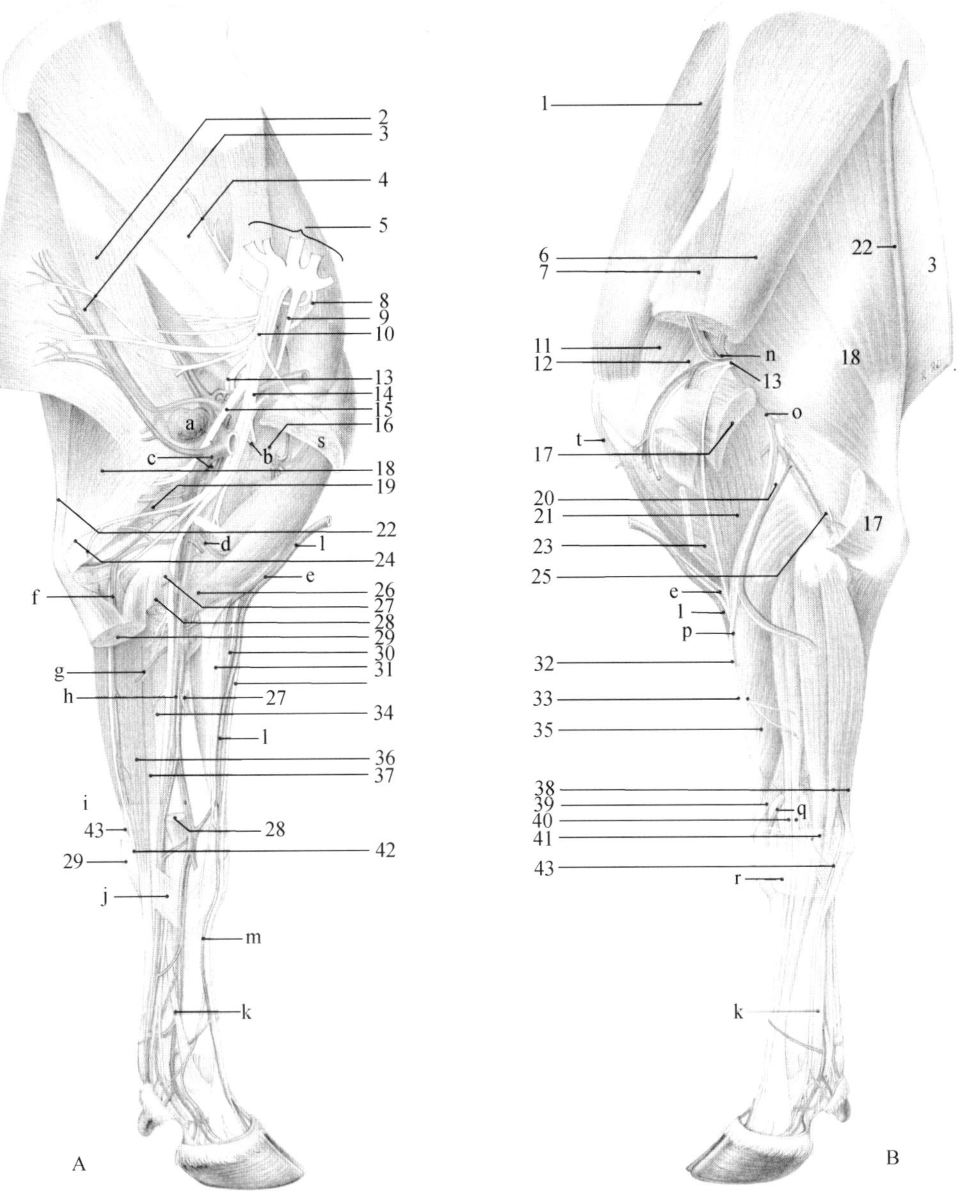

图 21-13　牛前肢神经

A. 内侧面　B. 外侧面

1. 冈上肌　2. 大圆肌　3. 背阔肌和胸背神经　4. 肩胛下肌和肩胛下神经　5. 臂神经丛根　6. 三角肌肩胛部　7. 三角肌肩峰部　8. 肩胛上神经　9. 肌皮神经　10. 尺神经　11. 冈下肌　12. 小圆肌　13. 腋神经　14. 正中神经　15. 桡神经　16. 喙臂肌　17. 臂三头肌外侧头　18. 臂三头肌长头　19. 臂三头肌内侧头　20. 桡神经深支　21. 臂肌　22. 前臂筋膜张肌　23. 锁臂肌　24.（尺神经）前臂后皮神经　25. 肘肌　26. 臂二头肌　27. 旋前圆肌　28. 腕桡侧屈肌　29. 腕尺侧屈肌　30.（腋神经）前臂前皮神经　31.（肌皮神经）前臂内侧皮神经　32. 桡神经浅支　33.（桡神经）前臂外侧皮神经　34. 指深屈肌　35. 腕桡侧伸肌　36. 指浅屈肌浅部　37. 指浅屈肌深部　38. 腕尺侧伸肌　39. 腕斜伸肌　40. 指总伸肌　41. 指外侧伸肌　42. 尺神经掌侧支　43. 尺神经背侧支

a. 腋固有淋巴结　b. 肌皮神经近肌支及旋肱前动脉和静脉　c. 臂动脉和静脉　d. 肌皮神经远肌支及臂二头肌动脉和静脉　e. 肘正中静脉　f. 尺侧副动脉和静脉　g. 前臂深动脉和静脉　h. 正中动脉和静脉　i. 桡动脉和静脉　j. 屈肌支持带　k. 骨间肌远轴侧伸肌支　l. 头静脉　m. 副头静脉　n. 旋肱后动脉和静脉　o. 桡侧副动脉　p. 前臂浅前动脉　q. 骨间前动脉和静脉腕背侧支　r. 伸肌支持带　s. 胸深肌内侧和外侧止点腱（断端）

(9)清理、观察臂外侧面的肌肉(臂三头肌长头和外侧头)。

(10)清理、观察前臂背外侧面的肌肉,即腕桡侧伸肌、指总伸肌、指外侧伸肌、腕尺侧伸肌(尺骨外侧肌)、腕斜伸肌。副头静脉位于前脚背侧面,在腕关节上方走向内侧汇入头静脉。切断臂三头肌外侧头并翻开,清理其深面的臂肌、肘横动脉和桡神经;桡神经分为深支和浅支,深支分布于前臂和前脚部的伸肌,浅支自臂三头肌外侧头下缘走出,分出前臂外侧皮神经,主干在掌背侧面下部分为指背侧第 2 和第 3 总神经。

(11)清理、观察前臂掌内侧面的肌肉、血管和神经:腕桡侧屈肌、腕尺侧屈肌、指浅屈肌和指深屈肌。尺神经在腕关节上方分为背侧支和掌侧支,背侧支自腕尺侧屈肌和尺骨外侧肌之间走出,下行延续为指背侧第 4 总神经;掌侧支沿指浅屈肌下行,与正中神经外侧支交通支相连形成指掌侧第 4 总神经。

(12)观察头静脉,在腕关节上方有副头静脉汇入,头静脉内侧面有前臂内侧皮神经伴行,外侧有桡神经浅支伴行;头静脉下端连桡静脉,上端汇入颈外静脉。

(13)在近端和远端切断腕桡侧屈肌,清理正中沟内的正中动脉和静脉及正中神经。正中动脉分出前臂深动脉和桡动脉,桡动脉与正中动脉和正中神经并列经腕管下行,在掌远端,桡动脉掌浅支、骨间前动脉骨间支的浅支和正中动脉延续干连合形成掌浅弓,由其分出指掌侧第 2、3、4 总动脉。正中神经在掌远端分为内、外侧支,内侧支分为指掌侧第 2 总神经和第 3 指掌轴侧神经,外侧支分为第 4 指掌轴侧神经和交通支,交通支与尺神经掌侧支连合形成指掌侧第 4 总神经。

七、头部解剖

(1)头部浅层结构的观察(图 21-1)。沿头部正中线切开皮肤,向后与颈部背正中线相接,在眼、鼻和唇周围至少保留 1 cm 宽的皮肤带,在耳根部环切皮肤,仔细除去头部一侧的皮肤。观察面皮肌、唇皮肌和额肌,然后除去。观察头部肌:鼻唇提肌、上唇提肌、犬齿肌、上唇降肌、颧肌、颊肌、咬肌、腮耳肌。观察咬肌前缘可触知此沟内的结构:面神经颊支与下颌缘支的交通支、面静脉、面动脉、颊神经的腮腺支、腮腺管。面动脉沿途分出下唇动脉、上唇动脉。观察横过咬肌表面的面神经的颊背侧支,三叉神经的耳颞神经在腮腺前方与其相连。观察腮腺及其前缘的腮腺淋巴结。观察下颌腺及其前端外侧的下颌淋巴结。

(2)取出脑。在眼眶后方及两角根内侧锯开颅骨,仔细用咬骨钳一片一片除去颅腔顶壁和后壁的骨骼,剪断脑神经根,取出全脑。

①观察脑腹侧面的结构。

延髓:腹正中裂、锥体、斜方体、第 6～12 对脑神经根。

脑桥:基底部、三叉神经根、小脑中脚。

中脑:大脑脚、脚间窝、动眼神经根。

间脑:视神经、视交叉、视束、灰结节、乳头体、脑垂体。

端脑:嗅球、嗅脚、内侧和外侧嗅束、嗅三角、梨状叶。

②脑背侧面、正中切面及脑干背侧面结构(用实验室标本):延髓闭合部、延髓开放部、菱形窝、小脑后脚、小脑前脚、小脑蚓部、小脑半球、绒球小结叶、小脑活树、四叠体(前丘、后丘)、松果体、内侧膝状体、外侧膝状体、丘脑、尾状核、额叶、顶叶、枕叶、颞叶、第 4 脑室、中脑水管、第 3 脑室、侧脑室、海马、胼胝体、穹窿。

(3)观察口腔、鼻腔和咽。取出脑后,将头沿正中线锯开,观察口腔、鼻腔和咽的结构。

①口腔:观察口裂、上唇和下唇(皮肤、黏膜、口轮匝肌)、鼻唇镜、人中(羊);观察硬腭(腭缝、腭褶、切齿乳头、齿枕);观察舌(舌尖、舌体、舌根、舌圆枕、舌乳头(丝状乳头、菌状乳头、轮廓乳头、锥状乳头和豆状乳头))、舌扁桃体;将舌拉出口腔,观察颊黏膜、颊乳头和腮腺乳头。观察齿(切齿、犬齿、前臼齿和臼齿)。

观察口腔底:在口腔底、切齿紧后方的是大而扁平的舌下肉阜,为下颌腺管和单口舌下腺管开口处。在舌外侧的口腔底上,从舌下肉阜向后延伸的是一排圆锥状乳头,多口舌下腺管成排开口于这些乳头的两侧。

沿舌的外侧面切开黏膜,并将黏膜翻起,暴露舌下腺和下颌腺管。多口舌下腺将随黏膜翻出。它们呈链状从腭舌弓伸至下颌骨切齿部。除去黏膜和多口舌下腺就暴露出单口舌下腺背侧面的下颌腺管。沿舌下腺外侧面走行的神经是舌神经(三叉神经之下颌神经的分支)的舌底神经。

观察软腭:腭舌弓、腭咽弓、咽峡、咽内口。

②鼻腔:外鼻、鼻孔、鼻前庭、固有鼻腔、鼻中隔、鼻后孔、上鼻甲、下鼻甲、上鼻道、中鼻道、下鼻道、总鼻道、呼吸区、嗅区。

③咽:鼻咽部、咽扁桃体、咽鼓管咽口;口咽部、腭扁桃体窦,沿腭扁桃体窦切开,解剖腭扁桃体;喉咽部。

④喉:观察喉软骨(会厌软骨、甲状软骨、环状软骨和杓状软骨)、声襞、喉口、喉前庭、喉后腔。

(4)暴露咽后内侧淋巴结,它位于寰椎腹侧、咽后壁与头长肌之间的脂肪中。将头长肌及其外侧的短肌——头腹侧直肌在其止点枕骨肌结节处切断,并向后翻开,仔细解剖除去此淋巴结。这样暴露出大的颈前神经节和第 9～12 对脑神经。枕动脉也在迷走神经与副神经之间通过。

(5)翻转头部,从外侧面进行解剖,将下颌腺背侧端从周围组织上解剖分离,并翻向腹侧。向前追踪副神经通过大的咽后外侧淋巴结的深面。观察咽后外侧淋巴结。

(6)清理颈总动脉分叉处,它分为颈外动脉和颈内动脉,颈内动脉分出枕动脉,颈外动脉分出舌面干,羊分出舌动脉。在颈总动脉表面找到迷走交感干,并向前追踪。在枕动脉附近,颈交感干与迷走神经分开,走向颈前神经节。迷走神经在颈外动脉起始部附近分出喉前神经,走向喉部。

(7)观察眼。上眼睑、下眼睑、睑裂、内眼角、外眼角、第 3 眼睑;泪腺、结膜(睑结膜、球结膜)、结膜囊。取出眼球,观察眼球壁和内含物及辅助结构:角膜、巩膜、眼房、瞳孔、虹膜、睫状体、脉络膜、照膜、视网膜、视神经盘、视神经、晶状体、玻璃体、眼外肌(4 块直肌、2 块斜肌和 1 块退缩肌)。

实验教程填图答案

图 1-1　牛头骨外侧面

1. 切齿骨　2. 颏孔　2′. 下颌支　2″. 冠状突　3. 上颌骨　3′. 面结节　3″. 眶下孔　4. 鼻骨　4′. 鼻切齿骨切迹　5. 额骨　5′. 角　5″. 颞线　6. 眼眶　6′. 泪骨　7. 颧骨　7′. 颧弓　8. 颞窝　9. 颞骨　9′. 颞下颌关节　10. 枕髁　11. 髁旁突(颈静脉突)　12. 外耳道

图 1-2　水牛头骨背侧面

1. 顶骨　2. 顶间骨及枕骨　3. 项嵴　4. 颞骨　5. 角突　6. 额骨　7. 眶窝　8. 泪泡　9. 泪骨　10. 颧骨　11. 鼻骨　12. 上颌骨　13. 面结节　14. 切齿骨　15. 犁骨　16. 眶上孔

图 1-3　牛头骨腹侧面

1. 枕骨　2. 额骨眶部　2′. 额骨角突　3. 颞骨鳞部　3′. 颞骨鼓部　4. 蝶骨(底蝶骨和前蝶骨)体　4′. 底蝶骨翼(颞翼)　4″. 前蝶骨翼(眶翼)　5. 犁骨　6. 翼骨　7. 颧骨　8. 上颌骨　8′. 上颌骨腭突　9. 腭骨　10. 泪骨　11. 切齿骨　12. 顶骨　13. 枕乳突缝　14. 蝶枕软骨结合　15. 蝶鳞缝　16. 蝶额缝　17. 颞颧缝　18. 泪上颌缝　19. 颧上颌缝　20. 腭横缝　21. 腭正中缝　22. 人字缝　23,24. 上颌切齿缝　M_1. 第 1 臼齿　M_2. 第 2 臼齿　M_3. 第 3 臼齿　P_2. 第 2 前臼齿　P_3. 第 3 前臼齿　P_4. 第 4 前臼齿

图 1-4　水牛头骨正中切面

1. 切齿骨　2. 上鼻甲骨　3. 下鼻甲骨　4. 鼻骨　5. 筛鼻甲　6. 筛骨垂直板　7. 筛骨迷路　8. 额窦　9. 额骨　10. 顶骨　11. 颞骨岩部　12. 内耳道　13. 枕骨　14. 枕骨大孔　15. 舌下神经孔　16. 枕骨基底部　17. 蝶骨体　18. 犁骨　19. 腭窦　20. 腭骨　21. 上颌骨　22. 犁骨沟

图 1-5　牛寰椎和枢椎

A. 寰椎　1. 后关节凹　2. 腹侧弓　3. 寰椎翼　4. 椎孔　5. 背侧弓　6. 椎外侧孔　7. 翼孔

B. 枢椎　1. 椎体　2. 椎窝　3. 横突　4. 后关节突　5. 棘突　6. 椎外侧孔　7. 齿突　8. 前关节突(鞍状关节面)

图 1-6　牛荐骨

1. 椎头　2. 荐骨翼　3. 前关节突　4. 荐正中棘(棘突)　5. 荐背侧孔　6. 耳状关节面

图 1-7　牛胸骨背侧面

1. 胸骨柄　2. 胸骨体　3. 肋软骨　4. 剑状软骨

图 2-1 牛骨骼及棘上韧带

1. 项韧带索状部 2. 项韧带板状部 3. 棘上韧带 4. 寰椎 5. 第7颈椎 6. 第13肋骨 7. 第1腰椎 8. 第6腰椎 9. 荐骨 10. 第1尾椎 11. 肩胛冈 12. 肱骨大结节 13,14. 肘关节触摸特征 13. 肱骨外侧上髁 14. 尺骨鹰嘴 15. 髋结节 16. 坐骨结节 17. 股骨大转子 18～20. 膝关节触摸特征 18. 股骨外侧髁 19. 胫骨外侧髁及退化的腓骨头 20. 膝盖骨 21. 跗骨 22. 跖骨 23. 近籽骨 24,30. 近趾(指)节骨 25,31. 中趾(指)节骨 26,32. 远趾(指)节骨 27. 桡骨 28. 腕骨 29. 掌骨

图 2-2 牛前肢骨

A. 外侧面 B. 内侧面

1. 肩胛骨 2. 肩胛冈 3. 肩峰 4. 肱骨头 5. 肱骨大结节 6. 肱骨 7. 尺骨鹰嘴 8. 前臂近骨间隙 9. 尺骨 10. 桡骨 11. 桡腕骨 12. 中间腕骨 13. 第2+第3腕骨 14. 尺腕骨 15. 副腕骨 16. 第4腕骨 17. 第5掌骨 18. 大掌骨 19. 近籽骨 20. 近指节骨 21. 中指节骨 22. 远指节骨

图 2-3 牛后肢骨

A. 外侧面 B. 内侧面

1. 荐骨 2. 尾椎 3. 髂骨 4. 坐骨 5. 耻骨 6. 股骨 7. 膝盖骨 8. 腓骨 9. 胫骨 10. 跟骨 11. 距骨 12. 中央+第4跗骨 13. 第2+3跗骨 14. 第1跗骨 15. 第2跖骨 16. 大跖骨 17. 近籽骨 18. 近趾节骨 19. 中趾节骨 20. 远趾节骨 21. 荐结节 22. 髋结节 23. 坐骨结节 24. 股骨头 25. 大转子 26. 踝骨

图 2-4 犬和牛髋骨(背侧面)

A. 犬 B. 牛 a. 髂骨 b. 耻骨 c. 坐骨 1. 髂骨体 2. 耻骨体 3. 坐骨体 4. 髂骨翼 5. 耻骨前支 6. 耻骨后支 7. 坐骨支 8. 坐骨板 9. 坐骨休后部 10. 髂骨嵴 11. 髋结节 12. 荐结节 13. 臀肌线(犬:前臀肌线) 13′. 后臀肌线,13″. 髋臼上臀肌线 14. 髋臼 15. 坐骨棘 16. 坐骨大切迹 17. 坐骨小切迹 18. 坐骨结节 19. 髂耻隆起 20. 耻骨梳 21,22. 骨盆联合 21. 耻骨联合 22. 坐骨联合 23. 坐骨弓 24. 闭孔

图 3-1 关节构造模式图

1. 关节腔 2. 关节囊滑膜层 3. 关节软骨 4. 关节囊纤维层 5. 骨膜 6. 骨密质

图 3-2 牛肩关节

A. 前外侧面 B. 内侧面 1. 横支持带 2. 冈下肌 3. 冈下肌腱下囊 4. 肩关节囊 5. 喙臂肌 6. 肩胛下肌

图 3-3 牛肘关节

A. 外侧面 B. 内侧面 1. 关节囊 2. 外侧副韧带 3. 内侧副韧带 4. 肱骨 5. 桡骨 6. 尺骨 7. 旋前圆肌

图 3-4　牛腕关节(背外侧面)

1. 桡骨　2. 尺骨　3. 桡腕骨　4. 中间腕骨　5. 尺腕骨　6. 副腕骨　7. 第 2＋第 3 腕骨　8. 第 4 腕骨　9. 第 3 掌骨　10. 第 4 掌骨　11. 第 5 掌骨　12. 桡腕背侧韧带　13,19,20,21. 腕短侧副韧带　14,15,17. 腕骨间背侧韧带　16. 腕中背侧韧带　18. 腕掌背侧韧带　22. 副腕骨尺骨韧带　23. 副腕骨尺腕骨韧带　24. 副腕骨掌骨韧带　25. 掌骨间韧带

图 3-5　牛指关节(掌侧面)

A,A′. 大掌骨　A. 第 3 掌骨　A′. 第 4 掌骨　B,B′. 近指节骨　C,C′. 中指节骨　D,D′. 远指节骨　E,E′. 近籽骨　F. 远籽骨　1～3. 悬韧带(骨间肌)　1,1′,1″. 中支及其分支　2,2′,2″. 内、外侧支及其分支　3,3′,3″. 至指浅屈肌腱的纤维　4,4′. 系关节远轴侧副韧带　5,5′. 掌侧韧带　6,6′. 系关节环韧带断端　7,7′. 籽骨交叉韧带　8,8′. 指间指节骨籽骨韧带　9,9′. 内、外侧籽骨远轴侧副韧带　10,10′. 近指环韧带　11. 远指环韧带　12. 籽骨斜韧带　13,13′. 指间近、远韧带　14,15,16. 近指节间关节远轴侧、掌侧和轴侧掌侧韧带　17,17′. 外侧指近指节间关节轴侧和远轴侧副韧带　18,18′. 内侧指近指节间关节轴侧和远轴侧副韧带　19,20. 内侧指籽骨轴侧和远轴侧副韧带　21,22. 内侧指远籽骨轴侧和远轴侧韧带　23,24. 远指节间关节轴侧侧副韧带　25,26. 内侧指指浅屈肌和指深屈肌腱断端

图 3-6　牛髋关节

A,B. 腹侧面　C. 背侧面　1,6. 关节囊　2,4. 股骨头韧带　3. 髋臼横韧带　5. 髋臼唇　7. 髂骨　8. 耻骨　9. 坐骨　10. 股骨

图 3-7　牛膝关节

A. 前面　B. 后面　C. 后近侧端　a. 内侧副韧带　b. 外侧副韧带　c. 膝内侧韧带　d. 膝(中)韧带　e. 膝外侧韧带　f. 外侧半月板胫骨后韧带　g. 内侧半月板胫骨后韧带　h. 半月板股骨韧带　i. 后交叉韧带　j. 前交叉韧带　k. 外侧半月板胫骨前韧带　l. 内侧半月板胫骨前韧带　1. 第 3 腓骨肌　2. 趾长伸肌　3. 胫骨前肌　4. 腘肌　5. 腓骨长肌　6. 趾外侧伸肌　7. 膝盖骨　8. 股膝外侧韧带　9. 股二头肌远侧腱下囊　10,13. 远侧膝下囊　11. 腓骨　12. 半月板　14. 股膝内、外侧韧带　15. 内侧膝旁纤维软骨

图 3-8　牛跗关节

A. 外侧面　1. 胫骨体　2. 距骨　3. 跟骨　4. 中央＋第 4 跗骨　5. 第 2＋第 3 跗骨　6. 第 3、4 跖骨　7. 胫腓后韧带　8. 距跟外侧韧带　9. 第 4 远列跗骨骨间韧带　10. 外侧副韧带胫跖部　11. 外侧副韧带跟腓部　12. 外侧副韧带跟跖部　13. 距中央第 4 跗骨骨间韧带　14. 跗跖骨骨间韧带　15. 骨间肌　16. 外侧踝

B. 内侧面　1. 胫骨体　2. 距骨　3. 中央第 4 跗骨　4. 第 2 和第 3 跗骨　5. 跟骨　6. 第 3、4 跖骨　7. 趾内侧屈肌腱　8. 胫骨后肌和趾外侧屈肌腱　9～11. 内侧侧副韧带　9. 胫距部　10. 胫跟部　11. 胫跖部　12. 跗背侧斜韧带　13. 跖侧长韧带　14. 趾深屈肌腱　15. 骨间肌

图 4-1　牛躯干肌浅层

1. 鼻唇提肌　2. 颧骨肌　3. 咬肌　4. 腮耳肌　5. 颈斜方肌　5′. 胸斜方肌　6,7. 臂头肌　6. 锁枕肌　7. 锁乳突肌　8. 肩胛横突肌　9. 胸下颌肌　10. 三角肌肩峰部　11. 三角肌肩胛部　12. 背阔肌　13. 臂三头肌长头　14. 臂三头肌外侧头　15. 臂肌　16. 腕桡侧伸肌　17. 指总伸肌　18. 指外侧伸肌　19. 腕尺侧伸肌　20. 腕尺侧屈肌　21. 后背侧锯肌　21′. 胸腰筋膜　22. 腹内斜肌　23. 肋间外肌　24. 腹外斜肌　25. 胸腹侧锯肌　26. 胸升肌　27,27′,27″. 臀股二头肌　27. 臀浅肌　27′. 股二头肌前部　27″. 股二头肌后部　28. 阔筋膜张肌　29. 阔筋膜和股外侧肌　30. 臀中肌　31. 半腱肌　32. 小腿筋膜　33. 趾长伸肌　34. 腓骨长肌　35. 趾浅屈肌腱　36. 趾深屈肌

图 4-2　牛前肢肌

A. 外侧面：1. 冈下肌　2. 背阔肌　3. 三角肌肩胛部　4. 前臂筋膜张肌　5. 臂三头肌　6. 指深屈肌尺骨头　7. 腕尺侧伸肌　8. 指外侧伸肌　9. 指总伸肌外侧肌腹　10. 拇长展肌　11. 指总伸肌内侧肌腹　12. 腕桡侧伸肌　13. 臂肌　14. 臂头肌　15. 臂二头肌　16. 三角肌肩峰部　17. 冈上肌

B. 内侧面：1. 肩胛软骨　2. 腹侧锯肌　3. 肩胛下肌　4. 背阔肌　5. 大圆肌　6. 前臂筋膜张肌　7. 臂三头肌　8. 旋前圆肌　9. 腕尺侧屈肌　10. 腕桡侧屈肌　11. 指浅屈肌　12. 指深屈肌　13. 悬韧带　14. 拇长展肌　15. 腕桡侧伸肌　16. 臂肌　17. 臂二头肌　18. 喙臂肌　19. 冈上肌

图 5-1　牛头部肌

1. 鼻唇提肌　2. 上唇提肌　3. 犬齿肌　4. 上唇降肌　5. 颧肌　6. 颧骨肌　7. 颊肌颊部　8. 下唇降肌　9. 下颌舌骨肌　10. 额肌　11. 眼轮匝肌　12. 颈盾肌　13. 盾间肌　14. 额盾肌额部　15. 额盾肌颞部　16. 盾耳浅背肌　17. 盾耳浅副肌　18. 颧耳肌　19. 盾耳浅中肌　20. 腮耳肌　21. 咬肌　22. 斜方肌　23. 锁枕肌　24. 锁乳突肌　25. 胸下颌肌

图 5-2　牛躯干中层肌

a. 项韧带索状部　b. 项韧带板状部　c. 髋结节　1. 背最长肌　1′. 颈最长肌　1″. 寰最长肌　1‴. 头最长肌　2. 腰髂肋肌，与腰最长肌相连　2′. 胸髂肋肌　3. 胸颈棘肌半棘肌　4. 头半棘肌(颈二腹肌)　4′. 头半棘肌(复肌)　5. 头后斜肌　6. 头前斜肌　7. 头长肌　8. 横突间长肌　9. 颈背侧横突间肌　10. 腹侧斜角肌　10′. 背侧斜角肌　11. 肋间外肌　12. 腹外斜肌　13. 腹内斜肌　14. 肋退肌　15. 阔筋膜张肌　16. 臀中肌

图 5-3　牛躯干肌

1. 头半棘肌　2. 颈最长肌和第 2 胸神经　3. 胸腰筋膜(棘横突部)　4. 前背侧锯肌　5. 后背侧锯肌　6. 胸髂肋肌　7. 中斜角肌　8. 背侧斜角肌　9. 腹侧斜角肌　10. 胸头肌　11. 胸腹侧锯肌　12. 胸直肌　13. 肋间外肌　14. 腰最长肌　15. 臀股二头肌　16. 腹外斜肌　17. 腹直肌　18. 腹内斜肌　19. 腹内斜肌腱膜　20. 臀中肌　21. 臀副肌　22. 股四头肌　23. 肋间内肌

图 6-1　牛后肢肌

A. 外侧面　(阔筋膜张肌和臀股二头肌已除去) 1. 腹内斜肌　2. 臀中肌　3. 荐结节阔韧带　4. 股外侧肌　5. 内收肌　6. 半膜肌和半腱肌　7. 腓肠肌　8. 胫骨前肌　9. 腓骨长肌　10. 第三腓骨肌及其腱　11,12. 趾长伸肌　11. 内侧肌腹及其腱　12. 外侧肌腹　13. 趾短伸肌　14. 趾外侧伸肌及其腱　15. 趾深屈肌及其腱　16. 趾近侧环韧带　17. 趾浅屈肌　18. 系关节跖侧环韧带　19. 比目鱼肌

B. 内侧面　1. 腰小肌　2. 髂腰肌　3. 阔筋膜张肌　4. 股直肌　5. 缝匠肌　6. 耻骨肌　7. 股薄肌　8. 趾内侧屈肌(趾长屈肌)　9. 第 3 腓骨肌　10. 趾长伸肌内侧肌腹腱　11. 趾长伸肌外侧肌腹腱　12. 趾深屈肌腱　13. 悬韧带　14. 趾浅屈肌腱　15. 趾深屈肌　16. 趾浅屈肌　17. 腓肠肌　18. 半腱肌　19. 半膜肌

图 7-1　牛蹄

A. 蹄掌侧面　Ⅱ～Ⅴ. 第 2～5 指　1. 蹄枕　2. 蹄底　3. 蹄壁　4. 白带　5. 蹄缘真皮　6. 蹄冠真皮　7. 蹄底真皮　8. 蹄壁真皮　9. 第 2 指枕　10. 第 2 指蹄壁　11. 第 2 指蹄底

B. 蹄背内侧面　Ⅱ～Ⅳ. 第 2～4 指　1. 蹄缘真皮　2. 蹄冠真皮　3. 蹄壁真皮　4 蹄冠沟　5. 蹄壁表皮小叶　6,7. 蹄壁外面　6. 蹄壁远轴侧部　7. 蹄壁轴侧部　8. 第 2 指蹄壁

图 7-2　牛乳房横切面观

1. 乳房中隔　2. 腺小叶　3. 输乳窦(乳池)腺部　4. 输乳窦乳头部　5. 乳头管　6. 输乳管(乳道)

图 8-1　牛头部正中切面

1. 上鼻甲　2. 中鼻甲　3. 下鼻甲　4. 下鼻道　5. 中鼻道　6. 上鼻道　7. 筛骨迷路　8. 鼻骨　9. 额前窦　10. 额后窦　11. 额骨　12. 下颌骨　13. 枕骨　14. 蝶骨(底蝶骨和前蝶骨)　15. 上颌骨的腭突(硬腭)　16. 腭窦　17. 寰椎　18. 枢椎　19. 底舌骨　20. 鼻端开大肌　21. 鼻唇腺　22. 切齿　23. 唇腺　24. 口腔舌下隐窝　25. 舌(颏舌肌)　26. 颏舌骨肌　27. 下颌舌骨肌　28. 咽鼓管咽口　29. 咽腔　30. 软腭(腭腺)　31. 会厌　32. 舌骨会厌肌　33. 肩胛舌骨肌　34. 下颌腺　35. 甲状软骨　36. 胸骨舌骨肌　37. 垂皮　38. 喉腔　39. 声襞　40. 环状软骨　41. 杓状软骨　42. 气管　43. 项韧带索状部　44. 寰枕背侧膜　45. 头背侧小直肌　46. 斜方肌和夹肌　47. 头背侧大直肌　48. 头后斜肌　49. 头长肌(右侧)　50. 头长肌(左侧)　51. 咽后内侧淋巴结　52. 头腹侧直肌、寰枕关节腔　53. 颈长肌　54. 食管　55. 大脑半球　56. 矢状窦、胼胝体　57. 穹窿　58. 丘脑间黏合　59. 视交叉　60. 小脑　61. 脑垂体　62. 中脑　63. 延髓　64. 脊髓

图 8-2　牛口腔顶和口腔底舌下部

Ⅰ. 口腔顶　B. 齿枕　P_3. 第 3 前臼齿　M_1. 第 1 臼齿　a. 上唇　a′. 人中　a″. 口角　b,b′. 口腔前庭　d. 具有颊肌、颊腺的颊　e. 咬肌　f. 面动脉和静脉　f′. 腮腺管　1. 切齿乳头　2. 硬腭及腭褶,后者具有角质化的乳头　2′. 腭缝　3. 软腭

Ⅱ. 口腔底舌下部　J_2. 第 2 切齿　A. 犬齿　a. 下唇　a′. 唇乳头　1. 口底器　2. 具有下

颌腺和单口舌下腺开口的舌下阜

图 8-3　家畜舌

A. 犬舌　B. 猪舌　C. 牛舌　D. 马舌　a. 舌尖　b. 舌体　b′. 正中沟(犬)　c. 舌根　d. 舌圆枕(反刍动物)　d′. 舌窝(牛)　e. 软腭　f. 腭舌弓　g. 软腭游离缘　h,i. 腭咽弓　k. 会厌　l. 杓状软骨小角突　m. 杓状会厌襞　n. 梨状隐窝　o. 咽食管结合(犬、猫)　p. 鼻咽部　q. 咽鼓管咽口(马)　r. 喉咽部后部　r′. 食管(犬)　1. 丝状、锥状和豆状乳头　2. 菌状乳头　3. 轮廓乳头　4. 叶状乳头(猪、马)　5. 舌扁桃体　6. 腭扁桃体　7. 腭帆扁桃体

图 9-1　牛胃

Ⅰ. 左侧面　Ⅱ. 右侧面　Ⅲ. 瘤胃和网胃左侧切面　Ⅳ. 瓣胃和皱胃右侧切面
1. 背侧弯　2. 腹侧弯　3. 左纵沟　4. 左副沟　5. 前沟　6. 后沟　7. 背囊　8. 瘤胃房　9. 腹囊　10. 瘤胃隐窝　11. 背侧冠状沟　12. 腹侧冠状沟　13. 后背盲囊　14. 后腹盲囊　15. 瘤网胃沟　16. 右纵沟　17. 右副沟　18. 瘤胃岛　19. 瘤胃内口　20. 肉柱　21. 瘤胃乳头　22. 瘤网口　23. 瘤网褶　24. 贲门　25. 网胃沟　26. 右唇　27. 左唇　28. 网瓣口　29. 网胃嵴和房　30. 瓣胃弯　31. 瓣胃底　32. 瓣叶　33. 叶间隐窝　34. 乳头　35. 瓣胃沟　36. 瓣皱口　37. 皱胃大弯　38. 皱胃小弯　39. 皱胃底　40. 皱胃体　41. 幽门部　42. 幽门枕　43. 幽门括约肌　44. 皱胃旋褶　45. 皱胃帆　46. 皱胃沟
A. 瘤胃　B. 网胃　C. 瓣胃　D. 皱胃　E. 十二指肠

图 9-2　牛肠模式图

1～6. 十二指肠　1. 前部　1′. 乙状袢　2. 前曲　3. 降部　4. 后曲　5. 升部　6. 十二指肠空肠曲　7. 回肠口　11～15. 升结肠　11. 近袢　12. 升结肠向心回　13. 中心曲　14. 离心回　15. 远袢　16. 乙状结肠　17. 肠系膜　18. 回盲襞　21. 十二指肠结肠襞　A. 幽门部　B. 十二指肠　C. 空肠　D. 回肠　E. 盲肠　F,F′. 升结肠　G. 横结肠　H. 降结肠　J. 直肠

图 9-3　猪胃、肠模式图

Ⅰ. 胃　a. 贲门　b. 胃底　c. 胃体　d,e. 幽门部　d. 幽门窦　e. 幽门管　f. 幽门　g. 食管　h. 十二指肠前部　i. 胃大弯　k. 胃小弯　1. 胃憩室　1′. 胃憩室基部螺旋褶　2. 无腺部　3. 贲门腺区　4. 胃底腺区　5. 幽门腺区　6. 胃沟　7. 幽门括约肌　8. 幽门枕　9. 十二指肠大乳头及胆总管开口
Ⅱ. 1～6. 十二指肠　1. 前部　2. 前曲　3. 降部　4. 后曲　5. 升部　6. 十二指肠空肠曲　7. 回肠口　12～14. 升结肠　12. 升结肠向心回　13. 中心曲　14. 离心回　17. 肠系膜　18. 回盲襞　21. 十二指肠结肠襞　A. 幽门部　B. 十二指肠　C. 空肠　D. 回肠　E. 盲肠　F,F′. 升结肠　G. 横结肠　H. 降结肠　J. 直肠

图 9-4 马肠模式图

1～6. 十二指肠 1. 前部 2. 前曲 3. 降部 4. 后曲 5. 升部 6. 十二指肠空肠曲 7. 回肠口 7′. 盲结口 8. 盲肠底 9. 盲肠体 10. 盲肠尖 12～14. 升结肠 12. 升结肠腹侧结肠 12′. 胸骨曲 13. 骨盆曲 14. 背侧结肠 14′. 膈曲 17. 肠系膜 18. 回盲襞 19. 盲结襞 20. 升结肠系膜 21. 十二指肠结肠襞 22. 降结肠系膜 A. 幽门部 B. 十二指肠 C. 空肠 D. 回肠 E. 盲肠 F, F′. 升结肠 G. 横结肠 H. 降结肠 J. 直肠

图 9-5 犬肠模式图

1～6. 十二指肠 1. 前部 2. 前曲 3. 降部 4. 后曲 5. 升部 6. 十二指肠空肠曲 7. 回肠口 17. 肠系膜 18. 回盲襞 21. 十二指肠结肠襞 A. 幽门部 B. 十二指肠 C. 空肠 D. 回肠 E. 盲肠 F, F′. 升结肠 G. 横结肠 H. 降结肠 J. 直肠

图 9-6 家畜肝(脏面)

A. 犬 B. 猪 C. 牛 D. 马 a, a′. 左叶 a. 左外叶, 左叶(牛) a′. 左内叶 b, b′. 右叶 b. 右外叶(犬, 猪), 右叶(牛, 马) b′. 右内叶 c. 方叶 d, d′. 尾叶 d. 尾状突 d′. 乳头突 e. 胆囊(马无) 1～3. 肝门处的血管和胆总管 1. 肝动脉的肝支 2. 肝门静脉 3. 胆总管(马除外) 3′. 胆囊管 3″. 肝总管(猪、马), 左肝管(犬、牛) 3‴. 左、右肝管(马)
4. 后腔静脉 5. 圆韧带 6. 食管压迹

图 10-1 牛肺

A. 左侧面 1. 气管 2～5. 肋面 2. 后叶 3. 前叶后部 4. 左肺前叶前部 5. 右肺前叶前部 6. 背侧缘 7, 10. 锐缘 7. 腹侧缘 8. 心压迹 9. 膈面 10. 底缘 11. 叶间裂
B. 右侧面 1. 气管 2～5. 肋面 2. 后叶 3. 中叶 4. 前叶后部 5. 前叶前部 6. 背侧缘 7, 10. 锐缘 7. 腹侧缘 8. 心切迹 9. 膈面 10. 底缘 11. 左肺前叶前部 12. 前、后叶间裂

图 10-2 猪和牛的喉软骨

A. 猪 1. 会厌软骨 2. 甲状软骨 3. 杓状软骨 4. 环状软骨 5. 气管软骨
B. 牛 1. 会厌软骨 2. 甲状软骨 3. 杓状软骨 4. 环状软骨 5. 气管软骨

图 10-3 马喉软骨(左图)及喉腔正中切面(右图)

左图 1. 会厌软骨 2. 甲状软骨 3. 环状软骨 4. 杓状软骨 5. 气管 6. 环杓关节 7. 环甲关节
右图 1. 会厌 2. 杓状软骨小角突 3. 前庭襞 4. 声襞 5. 喉室 6. 环状软骨板 7. 环甲韧带

图 10-4 牛外鼻和鼻腔示意图

A. 外鼻 B. 鼻软骨 C. 鼻腔横切面 1. 总鼻道 2. 上鼻道 3. 上鼻甲 4. 中鼻道 5. 下鼻甲 6. 下鼻道 7. 口腔前庭 8. 舌圆枕 9. 鼻唇镜 10. 鼻孔 11. 翼沟和鼻翼

12. 内侧副鼻软骨 13. 背外侧鼻软骨 14. 外侧副鼻软骨 15. 腹外侧鼻软骨 16. 静脉丛 b. 颊乳头 d. 硬腭 j. 腭窦

图 11-1 牛肾及肾盏

1. 肾门 2. 肾动脉和静脉 3. 输尿管 4. 肾叶 5. 肾髓质 6. 肾锥体 7. 外部 8. 内部 9. 叶间动脉和静脉 10. 肾乳头 11. 肾柱 12. 肾窦内的集收管 13. 肾皮质 14. 肾小盏

图 11-2 猪肾纵切面

1.肾动脉和静脉 2.输尿管 3.肾皮质 4.肾髓质 5.肾小盏 6.肾大盏 7.肾盂 8.肾乳头 9.纤维囊

图 11-3 马肾腹侧面(右肾剖开)

1. 后腔静脉 2. 腹主动脉 3. 左肾 4. 肾动脉 5. 肾静脉 6. 肾淋巴结 7. 输尿管 8. 左肾上腺 9. 右输尿管 10. 终隐窝 11. 肾盂 12. 髓质 13. 中间区 14. 皮质 15. 右肾 16. 右肾上腺

图 11-4 公犬泌尿生殖系统

1. 右肾 2. 输尿管 3. 膀胱 4. 睾丸 5. 附睾 6. 精索 7. 鞘环 8. 输精管 9. 前列腺 10. 尿道海绵体 11. 阴茎退缩肌 12. 阴茎海绵体 13. 阴茎头 13′. 阴茎头球 14. 阴茎骨 15. 包皮腔 16. 包皮 17. 直肠

图 12-1 公牛泌尿生殖器官模式图

1. 输尿管 2. 右侧睾丸 3. 附睾 4. 输精管 5. 膀胱 6. 精囊腺 7. 输精管壶腹 8. 前列腺体部 9. 尿道球腺 10. 阴茎乙状弯曲 11. 阴茎头 12. 坐骨海绵体肌 13. 阴茎退缩肌 14. 肾

图 12-2 公牛左侧睾丸和附睾(后内侧面)

a～a‴. 睾丸 a. 睾丸头端 a′. 尾端 a″. 附睾缘 a‴. 游离缘 b. 附睾头 b′. 附睾体 b″. 附睾尾 c. 输精管 d. 睾丸血管 1. 睾丸系膜,断端 2. 附睾尾韧带,断端 3. 精索系膜,断端 4. 睾丸囊

图 12-3 睾丸和附睾的结构图

1. 白膜 2. 睾丸小隔(间隔) 3. 精曲小管 4. 睾丸网 5. 睾丸纵隔 6. 睾丸输出小管 7. 附睾管 8. 输精管 9. 睾丸小叶 10. 精直小管

图 12-4 阴囊结构模式图

1. 腹膜 2. 腹横筋膜 3. 腹内斜肌 4. 躯干外筋膜 5. 提睾肌 6. 皮肤 7. 肉膜 8. 精索外筋膜 9. 精索内筋膜 10. 提睾肌筋膜 11. 鞘膜壁层 12. 鞘膜脏层(固有鞘膜) 13. 鞘膜腔 14. 睾丸固有韧带 15. 附睾尾韧带 16. 阴囊缝 17. 阴囊 18. 阴囊韧带

19. 阴囊中隔 20. 睾丸系膜 21. 睾丸 22. 附睾 23. 睾丸动脉 24. 输精管 25. 输精管系膜 26. 阴茎 27. 腹股沟管浅环 28. 提睾肌 29. 腹股沟管深环 30. 鞘环

图 12-5 公牛和绵羊阴茎前端

A. 牛 1. 尿道 2. 包皮 3. 包皮缝 4. 阴茎头缝 5. 阴茎头 6. 尿道外口
B. 绵羊 1. 尿道突 2. 阴茎头 3. 阴茎头冠 4. 海绵体结节(可不填) 5. 阴茎头颈 6. 包皮 7. 包皮缝 8. 阴茎缝(可不填)

图 12-6 家畜副性腺

A. 牛 B. 犬 C. 猪 D. 马 1. 输尿管 2. 膀胱 3. 输精管 4. 输精管壶腹 5. 精囊腺 6. 前列腺体部 7. 尿道及尿道肌 8. 尿道球腺 9. 坐骨海绵体肌 10. 球海绵体肌 11. 阴茎退缩肌 12. 脐尿管疤痕

图 13-1 母牛生殖器官关系位置(右侧面)

1. 卵巢 2. 输卵管 3. 子宫角 4. 子宫体 5. 膀胱 6. 子宫颈管 7. 子宫颈阴道部 8. 阴道 9. 阴道动脉子宫支(子宫后动脉) 10. 阴道动脉 11. 阴门 12. 阴部内动脉 13. 肛门 14. 直肠 15. 荐中动脉 16. 髂内动脉 17. 子宫动脉(子宫中动脉) 18. 卵巢动脉 19. 子宫阔韧带

图 13-2 母猪生殖器官(背侧面)

1. 膀胱 2. 输卵管 3. 卵巢囊 4. 阴道 5. 尿道外口 6. 阴蒂 7. 子宫体 8. 子宫阔韧带 9. 卵巢 10. 输卵管腹腔口 11. 子宫角

图 13-3 母牛生殖器官(背侧面)

1. 卵巢 2. 输卵管子宫口 3. 卵巢固有韧带 4. 子宫角 5. 子宫阜 6. 角间韧带 7. 子宫体 8. 卵巢囊 9. 输卵管 10. 输卵管腹腔口 11. 输卵管漏斗和输卵管伞 12. 阴道穹窿 13. 阴道 14. 阴瓣 15. 尿道外口 16. 阴蒂 17. 阴唇 18. 阴道前庭 19. 前庭大腺开口 20. 子宫颈阴道部和子宫外口 21. 子宫颈管 22. 子宫内口
m. 前庭缩肌 r. 输尿管 s. 膀胱

图 13-4 母犬生殖器官(背侧面)

1. 卵巢动脉 2. 卵巢动脉子宫支 3. 子宫动脉 4. 背正中褶 5. 阴道动脉 6. 阴道前庭 7. 阴蒂 8. 尿道外口 9. 阴道 10. 膀胱 11. 子宫颈 12. 右子宫角 13. 子宫阔韧带 14. 右卵巢 15. 卵巢悬韧带

图 14-1 牛的心

1. 右心室 2. 左心室 3. 左心耳 4. 左冠状动脉的锥旁室间支 4′. 左冠状动脉的旋支 4″. 左冠状动脉的窦下室间支 5. 肺干 6. 右心耳 7. 主动脉 8. 动脉韧带 9. 前腔静脉 10,10′. 左、右肺动脉 11,11′. 左、右肺静脉 12. 左奇静脉 13. 右奇静脉 14. 后腔静脉 15. 右冠状动脉

图 14-2 心纵切面

1. 前腔静脉 2. 界沟 3. 右心房 4. 房间隔 5. 左心房 6. 左房室瓣 7. 右房室瓣 8. 右心室 9. 室间隔 10. 左心室 11. 窦房结 12. 房室结 13,14. 房室束的右支和左支

图 14-3 牛胸腔血管(左侧面)

1. 斜方肌 2. 菱形肌 3. 胸最长肌 4. 颈腹侧锯肌 5. 肩胛背侧动脉、静脉 6. 背侧斜角肌和副神经 7. 肋间最上动脉、静脉,交感干 8. 第 8 颈神经,颈深动脉、静脉 9. 第 7 颈神经,椎动脉、静脉 10. 第 1 肋骨 11. 颈胸神经节 12. 肋颈干、肋颈静脉、颈中神经节 13. 迷走交感干、颈总动脉、颈内静脉 14. 锁骨下袢、胸导管 15. 前腔静脉、臂头干、胸心神经 16. 胸主动脉 17. 颈长肌 18. 食管 19. 左侧喉返神经、左奇静脉 20. 迷走神经、气管 21. 肺静脉 22. 肺干、膈神经 23. 左心耳 24. 左心室 25. 心包 26. 左锁骨下动脉、静脉 27. 颈外静脉 28. 头静脉 29. 胸廓外动脉、静脉 30. 胸廓内动脉、静脉 31. 右肺前叶前部 32. 右肺副叶 33. 第 7 肋骨 34. 膈左脚 35. 膈中心腱 36. 膈肋部 37. 第 10 肋骨 38. 胸骨 39. 纵隔后淋巴结 40. 颈浅动脉、静脉 41. 颈深动脉、静脉的分支 42. 胸深肌 43. 腹外斜肌

图 14-4 腹主动脉的分支图

1. 右肾上腺 2. 左肾上腺 3. 肝 4. 胆囊 5. 肝动脉 6. 腹腔动脉 7. 肠系膜前动脉、后腔静脉 8. 膈右内侧脚 9. 膈左内侧脚 10. 膈左外侧脚 11. 肋间内肌 12. 肋退肌 13. 主动脉 14. 右肾动脉、静脉 15. 右肾 16. 左肾 17. 左肾动脉、静脉 18. 腰大肌 19. 腰小肌 20. 卵巢动脉、静脉 21. 旋髂深动脉、静脉 22. 髂内侧淋巴结 23. 肠系膜后动脉、左输尿管 24. 左脐动脉 25. 髂外动脉、静脉 26. 髂内动脉、静脉 27. 右输尿管、闭孔神经 28. 坐骨神经 29. 腹直肌 30. 乳房体 31. 荐正中动脉、静脉 32. 骨盆联合 33. 腰方肌

图 15-1 牛头颈部动脉

1. 颈总动脉 2. 枕动脉 3. 腭升动脉 4. 退化的颈内动脉 5. 脑膜中动脉 6. 颈外动脉 7. 舌面干 8. 舌动脉 9. 面动脉 10. 舌深动脉 11. 舌下动脉 12. 颏下动脉 13. 下唇动脉 14. 上唇动脉 15. 眶下孔 16. 耳后动脉 17. 咬肌支 18. 颞浅动脉 19. 面横动脉 20. 角动脉 21. 上颌动脉 22. 下齿槽动脉 23. 颏动脉 24. 至异网的前、后支 25. 颧动脉 26. 眼角动脉 27. 鼻外侧后动脉 28. 鼻背动脉 29. 眶下动脉 30. 蝶腭动脉 31. 腭大和腭小动脉

图 15-2 母牛骨盆腔动脉

1. 腹主动脉 2. 卵巢动脉 3. 输卵管支 4. 子宫支 5. 肠系膜后动脉 6. 荐正中动脉 7. 髂外动脉 8. 旋髂深动脉 9. 阴部腹壁干 10. 腹壁后动脉 11. 阴部外动脉 12. 阴唇腹侧支(乳房后动脉) 13. 腹壁后浅动脉(乳房前动脉) 13′. 与旋髂深动脉浅支吻合 14. 乳房中动脉 15. 乳房支 16. 髂内动脉 17. 脐动脉 18. 子宫动脉 19. 输尿管支 20. 膀胱前动脉 21. 臀后动脉 22. 髂腰动脉 23. 臀前动脉 24. 阴部内动脉 25. 阴道

动脉 26. 子宫支 27. 膀胱后动脉 28. 输尿管支 29. 尿道支 30. 直肠中动脉 31. 会阴背侧动脉 32. 尿道动脉 33. 前庭动脉 34. 会阴腹侧动脉 35. 直肠后动脉 36. 阴唇背侧支和乳房支 37. 阴蒂动脉

A. 腰椎 B. 荐骨 C. 尾椎 D. 骨盆联合 a. 直肠 b. 输尿管 c. 膀胱 d. 尿道 e. 卵巢 f. 输卵管 g. 子宫 g′. 子宫颈 h. 阴道 i. 阴道前庭 k. 阴蒂 l. 阴门 n. 乳房 p. 腹股沟浅淋巴结

图 15-3 牛前肢和后肢的动脉(内侧面)

Ⅰ. 前肢 1. 腋动脉 2,2′,2″. 肩胛上动脉 3,7. 肩胛下动脉 4. 旋肱后动脉 4′. 桡侧副动脉 5. 胸背动脉 5′. 至胸深肌的肌支 6. 旋肩胛动脉 8. 臂动脉 8′,8″. 肌支 9. 旋肱前动脉 10. 臂深动脉 11. 尺侧副动脉 12. 二头肌动脉和肘横动脉 13. 骨间总动脉 14. 正中动脉 14′. 前臂深动脉 15. 指掌侧第 3 总动脉 15′. 掌浅弓外侧部 16. 桡动脉 16′. 腕背侧支 16″. 掌深支 16‴. 掌浅支 16Ⅳ. 与掌心第Ⅱ动脉的吻合支 17. 掌浅弓内侧部,连接掌心第Ⅱ动脉 18. 指掌侧第Ⅱ总动脉 18′. 指掌侧固有动脉 19. 颈浅动脉 20. 升支 21. 肩胛前支 22. 肩胛上支及肩峰支 23. 三角肌支

Ⅱ. 后肢 1. 腹主动脉 1′. 右侧第 4 腰动脉 1″. 右侧第 5 腰动脉 2. 左侧睾丸动脉 2′. 右侧睾丸动脉 3. 左侧髂外动脉 3′. 右侧髂外动脉 4. 肠系膜后动脉 5. 荐正中动脉 6. 左侧髂内动脉 6′. 右侧髂内动脉 7. 左侧脐动脉 7′. 右侧脐动脉 8. 输精管动脉 9′. 右侧髂腰动脉 10′. 右侧第 6 腰动脉 11. 左侧臀前动脉 11′. 右侧臀前动脉 12. 闭孔动脉 13. 前列腺动脉 14. 臀后动脉 15. 阴茎动脉 16. 会阴腹侧动脉,阴部内动脉的终支 17. 阴茎球动脉 18. 阴茎背侧动脉 19. 尾正中动脉及其尾支 20. 旋髂深动脉 21. 股深动脉 22. 阴部腹壁干 22′. 腹壁后动脉 22″. 阴部外动脉 23. 闭孔支 24. 旋股内侧动脉 25. 股动脉 25′. 股后近侧动脉和至股四头肌的肌支 25″. 隐动脉的肌支,股后中动脉和股后远侧动脉 25‴. 膝中动脉 26. 旋股外侧动脉,降支 27. 升支和横支 28. 隐动脉 28′. 皮支 28″. 后支 28‴. 跟支 28Ⅳ. 内侧踝支 29. 膝降动脉 30. 胫后动脉 31. 腘动脉 31′. 小腿动脉 32. 小腿骨间动脉 33. 胫前动脉 34. 足背动脉 34′. 跗内侧动脉 35. 跖背侧第 3 动脉 35′. 趾背侧第 3 总动脉 35″. 趾背侧第 2 总动脉 36. 足底外侧动脉 37. 足底内侧动脉 37′. 关节支 38. 深支 39. 浅支 40. 趾跖侧第 2 总动脉 40′. 趾跖侧第 3 总动脉 41. 跖底动脉横向吻合连接处 42. 第 3 趾跖远轴侧固有动脉 42′. 第 2 趾跖轴侧固有动脉

图 17-1 脊髓结构模式图

1. 椎弓 2. 硬膜外腔 3. 脊硬膜 4. 硬膜下腔 5. 背侧根 6. 脊神经节 7. 腹侧根 8. 背侧柱 9. 腹侧柱 10. 腹侧索 11. 外侧索 12. 背侧索 13. 蛛网膜下腔

图 17-2 牛脑的正中切面

1. 胼胝体 2. 端脑隔 3. 穹窿 4. 第 3 脑室脉络组织 5. 松果体 6. 室间孔 7. 丘脑间黏合 8. 前连合 9. 灰质终板 10. 中脑顶盖 11. 第 3 脑室 12. 中脑水管 13. 大脑脚 14. 脑桥 15. 第 4 脑室 16. 延髓 17. 前髓帆 18. 后髓帆 19. 第 4 脑室盖隐窝

20. 嗅球 21. 视交叉 22. 视神经(右侧) 23. 神经垂体隐窝(漏斗隐窝) 24. 乳头体 25. 神经垂体 26. 腺垂体 27. 小脑活树前干 28. 小脑活树后干 29. 第4脑室脉络丛 30. 小脑 31. 冠状沟 32. 压上沟 33. 压沟 34. 内压沟 35. 胼胝体沟

图 17-3 牛脑的腹侧面

1. 嗅球 2. 视神经 3. 动眼神经 4. 滑车神经 5. 三叉神经 5′. 三叉神经运动根 5″. 感觉根 6. 外展神经 7. 中间面神经 8. 前庭蜗神经 9. 舌咽神经 10. 迷走神经 11. 副神经 11′. 副神经脊髓根 12. 舌下神经 13. 内侧嗅束 14. 外侧嗅束 15. 嗅三角 16. 前穿质 17. 梨状叶 18. 视交叉 19. 视束 20. 神经垂体隐窝 21. 乳头体 22. 脚间窝 23. 大脑脚 24. 脑桥 25. 斜方体 26. 延髓锥体 27. 大脑纵裂 28. 嗅脑外侧沟 29. 梨状叶沟 30. 第4脑室脉络组织 31. 小脑

图 17-4 牛脑的背侧面

1. 嗅球 2. 大脑纵裂 3. 冠状沟 4. 薛氏裂 5. 中上薛氏沟 6. 内缘沟 7. 缘沟 8. 外缘沟 9. 前上薛氏沟 10. 前极 11. 中外缘回 12. 枕回(新皮质后极) 13. 中外缘回(外侧部) 14. 后外薛氏回 15. 后上薛氏沟 16. 斜沟 17. 大脑横裂 18. 小脑蚓部 19. 小脑半球 20. 延髓

图 17-5 马脑干背侧面

1. 侧脑室脉络丛 2. 海马 3. 松果体 4. 前丘 5. 后丘 6. 小脑前脚 7. 小脑中脚 8. 听结节 9. 前庭区 10. 小脑后脚 11. 背正中沟 12. 副神经根 13. 迷走神经根 14. 舌咽神经根 15. 前庭耳蜗神经根 16. 面神经根 17. 三叉神经根 18. 滑车神经根 19. 内侧膝状体 20. 外侧膝状体 21. 丘脑枕 22. 丘脑 23. 丘脑前结节

图 18-1 牛头颈部解剖(外侧面,第 2 层)

1. 鼻唇提肌 2. 上唇提肌、犬齿肌和上唇降肌 3. 颧骨肌 4. 咬肌 5. 颊肌臼齿部 6. 下唇降肌 7. 颧肌 8. 颊肌颊部 9. 下颌舌骨肌 10. 额肌 11. 眼轮匝肌 12. 颈盾肌 13. 盾间肌 14. 额盾肌额部 15. 额盾肌颞部 16. 盾耳浅背肌 17. 盾耳浅副肌 18. 颧耳肌 19. 盾耳浅中肌 20. 枕舌骨肌 21. 上颌静脉、二腹肌 22. 菱形肌 23. 夹肌 24. 头前斜肌 25. 头外侧直肌 26. 头最长肌 27. 寰最长肌 28. 头长肌 29. 肩胛舌骨肌 30. 舌面静脉、胸骨甲状肌 31. 胸骨舌骨肌 32. 眼角静脉 33. 眶下动脉和静脉 34. 面动脉和静脉、腮腺管 35. 面深静脉丛 36. 颊动脉、面深静脉 37. 颊神经 38. 下唇静脉 39. 腮腺神经 40. 颈外动脉、面神经 41. 颊背侧支 42. 颊腹侧支 43. 鼻外侧动脉 44. 上唇动脉 45. 下唇浅动脉 46. 颧神经颧颞支 47. 颞浅动脉和静脉 48. 耳颞神经、面横动脉 49. 耳睑神经耳前支 50. 耳后动脉、耳睑神经 51. 上颌动脉 52. 颈内静脉、副神经腹侧支 53. 颈总动脉、迷走交感干 54. 食管 55. 第三颈神经分支 56. 腮腺 57. 下颌腺 58. 颊背侧腺 59. 颊腹侧腺 60. 咽后外侧淋巴结 61. 下颌淋巴结 62. 甲状腺 63. 颈前淋巴结、腹侧横突间肌(寰部) 64. 气管 65. 下颌骨 66. 盾状软骨 67. 茎突舌骨 68. 副神经背侧支 69. 喉返神经 70. 第二颈神经分支

图 18-2 牛头部正中矢状切面

1. 上鼻甲 2. 中鼻甲 3. 下鼻甲 4. 下鼻道 5. 中鼻道 6. 上鼻道 7. 鼻骨 8. 额窦 9. 鼻中隔软骨 10. 额骨 11. 枕骨 12. 蝶骨(底蝶骨和前蝶骨) 13. 枕髁 14. 上颌骨腭突 15. 腭骨水平板 16. 鼻黏膜 17. 腭窦 18. 下颌骨 19. 腭嵴 20. 锥状颊乳头 21. 前臼齿(乳齿) 22. 第1臼齿 23. 舌骨 24. 腭帆提肌 25. 腭帆张肌 26. 翼肌 27. 二腹肌后腹、副神经 28. 舌下神经、咽后外侧淋巴结 29. 喉前神经 30. 迷走神经、枕动脉 31. 颈总动脉、交感干 32. 颈前神经节 33. 舌咽神经 34. 茎舌骨肌、舌面干 35. 舌静脉、舌下神经 36. 舌神经和动脉 37. 舌下腺、下颌腺管 38. 下颌舌骨肌 39. 下颌腺 40. 颈外静脉 41. 大脑半球 42. 侧脑室 43. 第3脑室 44. 中脑顶盖(四叠体) 45. 小脑 46. 延髓 47. 海绵窦 48. 硬膜

图 18-3 牛胸腔血管和神经(右侧面)

1. 右膈脚 2. 膈中心腱 3. 膈肋部 4. 膈前静脉 5. 纵隔后淋巴结、迷走神经背侧干 6. 支气管支、迷走神经腹侧干 7. 肺动脉分支、肺静脉 8. 右侧膈神经、气管支气管 9. 前腔静脉 10. 后腔静脉 11. 右肺副叶 12. 食管 13. 主动脉、胸导管、交感干胸部 14. 颈长肌 15. 肋间最上动脉、静脉 16. 椎动脉、静脉 17. 颈深动脉、静脉 18. 颈胸神经节、肋颈干、肋颈静脉 19. 颈中神经节 20. 膈神经根 21. 喉返神经、颈内静脉 22. 颈外静脉 23. 气管 24. 锁骨下袢 25. 迷走交感干、颈总动脉 26. 胸廓内动脉、静脉 27. 胸头肌 28. 臂头干 29. 右锁骨下动脉、静脉 30. 颈浅动脉、静脉 31. 胸廓外动脉、静脉 32. 右心室 33. 心包 34. 胸骨 35. 第6肋骨 36. 第6肋软骨 37. 肩胛骨和肩部肌 38. 第7颈神经 39. 左侧胸壁

图 18-4 牛骨盆和股部内侧面(第1层)

1. 第6腰椎 2. 荐骨 3. 骨盆联合面 4. 坐骨结节 5. 腹内斜肌 6. 阔筋膜张肌 7. 股阔筋膜 8. 股直肌 9. 股内侧肌 10. 缝匠肌前部 11. 缝匠肌后部 12. 耻骨肌 13. 腰小肌(止点) 14. 髂肌(内侧部) 15. 尾骨肌 16. 肛提肌 17. 闭孔外肌盆内部 18. 股薄肌 19. 小腿筋膜 20. 半膜肌 21. 半腱肌 22. 腹股沟弓 23. 腹直肌止点 24. 膝内侧韧带 25. 后腔静脉 26. 髂总静脉、主动脉 27. 髂内动脉、静脉 28. 臀前动脉、静脉 29. 坐骨神经 30. 髂外动脉、静脉 31. 股深动脉、静脉 32. 阴部腹壁干、生殖股神经 33. 股动脉、静脉 34. 子宫动脉、股神经 35. 脐动脉 36. 阴道动脉、静脉、闭孔神经 37. 直肠后神经 38. 阴部内动脉、静脉 39. 荐正中动脉 40. 腹壁后动脉 41. 阴部外动脉、静脉 42. 旋髂深动脉、静脉、股外侧皮神经 43. 隐动脉、神经、内侧隐静脉 44. 会阴腹侧动脉、静脉、会阴深神经 45. 阴部神经、至尾骨肌的分支 46. 臀后神经

图 19-1 前肢内侧面和后肢外侧面的神经

A. 前肢 1. 肩胛上神经 2. 臂神经丛 3. 腋神经 4. 腋动脉 5. 尺神经 6. 肌皮神经和正中神经干 7. 正中神经 8. 肌皮神经的前臂内侧皮神经 9. 桡神经

B. 后肢 1. 坐骨神经 2. 肌支 3. 胫神经 4. 腓总神经 5. 小腿外侧皮神经 6. 腓浅神经 7. 腓深神经

图 19-2 牛前脚部的神经

A. 背侧面 1. 尺神经背侧支 2. 指背侧第 4 总神经 3. 第 4 指背远轴侧固有神经 4. 第 5 指背固有神经 5. 指背侧固有神经 6. 指背侧第 2、3 总神经 7. 前臂内侧皮神经 8. 桡神经浅支

B. 掌侧面 1. 尺神经掌侧支 2. 尺神经背侧支 3. 1 的浅支 4. 指掌侧第 4 总神经 5. 正中神经外侧支与尺神经掌侧支的交通支 6. 第 5 指掌侧固有神经 7. 第 4 指掌远轴侧固有神经 8. 1 的深支 9. 指掌侧第 2 总神经 10. 第 2 指掌侧固有神经 11. 第 3 指掌远轴侧固有神经 12. 第 3 指掌轴侧神经 13. 第 4 指掌轴侧神经 14. 尺神经 15. 正中神经

图 19-3 牛后脚部的神经

A. 背侧面 1. 腓浅神经 2. 隐神经 3,4,6,10,15. 皮支 5. 趾背侧第 2 总神经 7. 第 2 趾背轴侧固有神经 8. 第 3 趾背远轴侧固有神经 9. 趾背侧第 3 总神经 11. 与跖背侧第 3 神经的交通支 12. 第 3 趾背轴侧固有神经 13. 第 4 趾背轴侧固有神经 14. 趾背侧第 4 总神经 16. 第 4 趾背远轴侧固有神经 17. 第 5 趾背轴侧固有神经 18. 腓深神经 19. 跖背侧第 3 神经 20. 与第 3 趾跖轴侧固有神经的交通支 21. 与第 4 趾跖轴侧固有神经的交通支

B. 跖侧面 1. 胫神经 2. 小腿后皮神经 3. 足底内侧神经 4. 趾跖侧第 2 总神经 5. 第 2 趾跖侧固有神经 6. 第 3 趾跖远轴侧固有神经 7. 与第 3 趾背远轴侧固有神经的交通支 8. 趾跖侧第 3 总神经 9. 第 3 趾跖轴侧固有神经 10. 第 4 趾跖轴侧固有神经 11. 足底外侧神经 12. 深支 13. 趾跖侧第 4 总神经 14. 第 4 趾跖远轴侧固有神经

参 考 文 献

[1] Dyce K M, Sack W O, Wensing C J G. Textbook of Veterinary Anatomy. 4th edition. London: W. B. Saunders Company, 2010.

[2] Constantinescu G, Schaller O. Illustrated Veterinary Anatomical Nomenclature. 3rd revised edition. Germany: Enke Verlag Stuttgart, 2012.

[3] Budras K D, Habel R E, Wunsche A, et al. Bovine anatomy, An illustrated text. Germany: Schlutersche, 2003.

[4] Horst Erich Konig, Hans-Georg Liebich. Veterinary anatomy of domestic mammals. Schattauer, Stuttgart, Germany, 2007.

[5] Popesko P. Atlas of Topographical Anatomy of the Domestic Animals. Volume Ⅰ, Ⅱ, Ⅲ. 3rd edition. London: W. B. Saunders Company, 1975.

[6] Getty R. Sisson and Grossman's the Anatomy of the Domestic Animals. 5th edition. Philadelphia: W. B. Saunders Company, 1975.

[7] Nickel R,Schummer A, Seiferle E, et al. The Viscera of the Domestic Mammals. 2nd edition. Berlin, Hamburg: Verlag Paul Parey, 1979.

[8] Nomina Anatomica Veterinaria. Committee on Veterinary Gross Anatomical Nomenclature. 6th edition. The Editorial Committee Hanover(Germany),2017. http://www.wava-amav.org/

[9] Evans H E, de Lahunta A. Miller's anatomy of the dog. 4th edition. Elsevier Saunders, 2013.

[10] Smuts M M S,Bezuidenhout A J. Anatomy of the Dromedary. Oxford:Clarendon Press,1987.

[11] Horst Erich König, Hans-Georg Liebich. 家畜兽医解剖学教程与彩色图谱. 3 版. 陈耀星,刘为民,主译. 北京:中国农业大学出版社,2009.

[12] 周浩良,雷治海,陈嘉绩. 家畜解剖学. 北京:中国农业科学技术出版社,1998.

[13] 马仲华. 家畜解剖学及组织胚胎学. 3 版. 北京:中国农业出版社,2003.

[14] 雷治海,刘英,朱明光. 骆驼解剖学. 香港:天马图书有限公司,2002.

[15] 西北农学院,甘肃农业大学,山西农学院. 家畜解剖图谱. 西安:陕西人民出版社,1973.

[16] 林辉,等. 猪解剖图谱. 北京:中国农业出版社, 1992.

[17] 中国人民解放军兽医大学. 马体解剖图谱. 长春:吉林人民出版社,1979.

[18] 南京农学院,甘肃农业大学,北京农业大学,等. 拉·汉兽医解剖学名词. 长沙:湖南科学技术出版社,1986.

[19] 谢铮铭. 驴马实地解剖. 2 版. 北京:中国农业出版社, 1987.

[20]《中国水牛解剖》研究协助组. 中国水牛解剖. 长沙:湖南科学技术出版社,1984.

[21] 林大诚. 禽类国际解剖学名词. 北京:北京农业大学,1984.

[22] 张金龙,雷治海. 实验动物解剖学. 北京:中国农业出版社,2020.

[23] 陈耀星,崔燕. 动物解剖学与组织胚胎学(全彩版). 北京:中国农业出版社,2019.